液压气动经典图书元件系列

柱塞式液压泵（马达）变量控制及应用

吴晓明　编著

机械工业出版社

本书主要介绍了体积弹性模量、液阻、液容、动态封闭容腔和压力等一些基本概念；液压半桥及液压伺服滑阀基础理论；柱塞式液压变量泵（马达）的基本工作原理与变量调节方式和分类方法；轴向柱塞式开式回路液压泵的变量调节原理；闭式回路柱塞式液压泵的变量控制方式；柱塞式变量马达的变量调节原理；径向柱塞式变量泵的变量调节原理；柱塞式变量泵与变量马达的实际应用。

本书取材适当，内容适于教学和自学，可供从事流体传动与控制专业的科研设计人员、制造调试和使用维护部门的工程技术人员学习参考，也可作为大专院校相关专业硕士研究生的教学参考资料。

图书在版编目（CIP）数据

柱塞式液压泵（马达）变量控制及应用/吴晓明编著. —北京：机械工业出版社，2022.5

（液压气动经典图书元件系列）

ISBN 978-7-111-70334-1

Ⅰ.①柱… Ⅱ.①吴… Ⅲ.①柱塞泵－多变量控制 Ⅳ.①TH322

中国版本图书馆 CIP 数据核字（2022）第 044009 号

机械工业出版社（北京市百万庄大街 22 号　邮政编码 100037）

策划编辑：张秀恩　　　　　责任编辑：张秀恩
责任校对：郑　婕　张　薇　封面设计：马精明
责任印制：郜　敏

三河市国英印务有限公司印刷

2022 年 7 月第 1 版第 1 次印刷

169mm×239mm · 15.75 印张 · 1 插页 · 304 千字

标准书号：ISBN 978-7-111-70334-1

定价：79.00 元

电话服务　　　　　　　　　网络服务
客服电话：010-88361066　　机　工　官　网：www.cmpbook.com
　　　　　010-88379833　　机　工　官　博：weibo.com/cmp1952
　　　　　010-68326294　　金　书　网：www.golden-book.com
封底无防伪标均为盗版　机工教育服务网：www.cmpedu.com

前　言

　　柱塞式流体机械主要指轴向柱塞式和径向柱塞式液压泵和液压马达，是液压系统的核心元件。特别是柱塞式液压变量泵和变量马达，由于其可以通过变量控制装置在一定范围内调整自己的输出特性，可以满足不同的实际工作需要。柱塞式流体机械靠其组成的容积调速回路，对大功率控制系统尤其具有显著的节能效果，近年来在各个生产领域尤其是在工程机械上的使用越来越广泛。

　　柱塞式液压变量泵和变量马达的变量机构有多种，主要可以分为两大类：第一类属于外加信号控制变量，按操纵型式分为手动、机动、电动、液控和电液比例控制等；第二类属于内控控制变量，按调节方式分为恒功率、恒压力、恒流量以及它们的组合方式等。

　　柱塞式液压变量泵（马达）的变量调节原理涉及液压流体力学、液压阻力回路系统学（A、B、C 三类液压半桥理论）、液压元件、控制理论和液压伺服与比例反馈控制原理等方面的诸多知识，内容比较复杂，以往的一些本科教材、手册中专门介绍柱塞式变量泵（马达）变量调节原理方面的内容并不多，即使是流体传动与控制专业的本科毕业生对这方面的知识也缺乏系统的学习和了解，新入学的研究生也面临同样的问题，针对这种现状，本书作者开设了"柱塞式流体机械变量调节与控制技术"这门硕士研究生课程，经过 5 年多的教学实践，学生普遍反映良好，通过不断对教学内容进行完善，编写了本书，主要目的就是让从事流体传动与控制专业的硕士研究生掌握柱塞式变量泵和（马达）的变量调节相关技术，进而达到正确使用、调试和维护柱塞式液压变量泵（马达）的目的。

　　本书借鉴了《液压变量泵（马达）变量调节原理与应用》（第 2 版）一书的部分内容。书中第 1 章主要介绍了体积弹性模量、液阻、液容、动态封闭空腔和压力等一些基本概念；第 2 章则讲述了液压半桥及液压伺服滑阀的基础理论；第 3 章介绍了柱塞式液压变量泵（马达）的基本工作原理与变量调节方式和分类方法；第 4 章讲述了轴向柱塞式开式回路液压泵的变量调节原理；第 5 章讲述了闭式回路柱塞式液压泵的变量控制方式；第 6 章讲述了柱塞式变量马达的变量调节原理；第 7 章主要讲述了径向柱塞式变量泵的变量调节原理；第 8 章讲述了柱塞式变量泵与变量马达的实际应用。其中第 4~6 章是本书的主要内容。

本书取材适当，内容适于教学和自学，可供从事流体传动与控制专业的科研设计人员、制造调试和使用维护部门的工程技术人员学习参考，也可作为大专院校相关专业硕士研究生的教学参考资料。

本书在编写过程中参考了大量参考文献，引用了力士乐、萨奥、丹佛斯、派克、川崎、林德、丹尼逊、北部精机、摩根、锋利等公司的产品样本资料，由于篇幅所限未能一一列出，在此对原作者表示衷心的感谢。

由于时间和条件限制，书中难免有疏漏和错误之处，请读者指正。

作 者

目　录

第1章

几个基本概念

1.1 油液的体积弹性模量

一个充满油液的液压缸，移动其活塞可以改变其中液体的体积，如图 1-1 所示通过对活塞加压使原始压力 p_0 增加 Δp，原始体积 $V_0 = Al_0$ 则减少了 ΔV_{F1}，即

$$\Delta V_{F1} = A\Delta l = -V_0 \frac{\Delta p}{\beta_e} \qquad (1\text{-}1)$$

式中　ΔV_{F1}——原始体积减少量；

　　　A——活塞面积；

　　　Δl——活塞移动量；

　　　β_e——体积弹性模量。

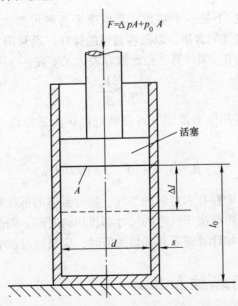

图 1-1　充满油液的液压缸（用于说明液体的可压缩性）

因为压力流体是可压缩的，考虑到由于压力增大时流体体积减小，因此式（1-1）右边需加一负号，以使压缩系数为正。

体积弹性模量 β_e（Pa）为

$$\beta_e = -V_0 \frac{\partial p}{\partial V} \tag{1-2}$$

1.2 可压缩性系数

体积弹性模量的倒数 β 被称作可压缩系数。

$$\beta = \frac{1}{\beta_e} \tag{1-3}$$

式（1-1）对时间 t 微分可得到压缩性流体的流量 q_k，其正比于压力变化率 $\dot{p}$。

$$q_k = \frac{\mathrm{d}\Delta V_{Fl}}{\mathrm{d}t} = \frac{V_0}{\beta_e}\dot{p} \tag{1-4}$$

1.3 液容

比例系数 C_H 被称为液容：

$$C_H = \frac{V_0}{\beta_e} \tag{1-5}$$

体积弹性模量 β_e 不是一个常数，其取决于各种可变参数，如压力、温度、未溶解在压力油中空气的含量，以及容器壁的弹性。通常用考虑了上述影响因数的等效体积弹性模量 β'_e 来计算。由此液容表达式变成：

$$C_H = \frac{V_0}{\beta'_e} \tag{1-6}$$

β_e 在普通的温度和压力范围下可以被近似认为是常量，对于基于矿物油的压力流体，它表示为

$$\beta_e \approx 1.6 \times 10^9 \frac{N}{m^2} = 1600\mathrm{MPa}$$

假如在压力流体中存在未溶解的空气，其对流体的可压缩性会产生严重的影响。空气溶解过程长短取决于气泡的尺寸和作用的时间。因此对于液压系统的等效体积弹性模量，假如计算需要其确切的值时，应该通过试验来确定。

1.4 动态封闭容腔和压力

在液压缸封闭容腔中，液体由于受压而产生压力（其程度受体积弹性模量、

容腔总容积等制约）的原理，实际上是液压传动技术的根基。显而易见，封闭容腔中如果仅仅是充满液体，而无外界的作用力，如果忽略液体受重力作用，是不会产生压力的。正是由于在封闭容腔中的液体受到（外部）作用力，而且常伴随不应忽略的体积有所减小，才产生压力（这里应该有两层意思：首先液体要将执行元件的几何容腔 V 充满，其次，要补充由于液体压缩而减少的那部分体积）。这种情况在液压传动系统中也是一个基本现象。例如工作液体在充满执行元件（例如液压缸）的工作容腔之前，系统一般建立不起什么压力，只有当工作液体充满执行元件的工作容腔，推动执行元件克服外界负载时，系统才建立起由外界负载所决定的压力（当然系统压力往往由像溢流阀这类压力阀来加以限制）。也正是由于这个缘故，我们有理由将一般封闭容腔的压力公式在一定条件下，拓展应用于液压系统的压力容腔。对于此拓展了的概念，应用时应注意以下几点。

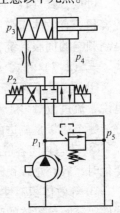

1）动态封闭容腔的界面是以集中参数为依据而不是按分布参数考虑的。动态封闭容腔的界面是液压泵、液压马达、液压缸等的工作腔，以及管路内壁面、阀口、节流器等。例如在图 1-2 所示液压系统中，在图示工况下，液压泵的压油腔加上从压油腔到方向阀阀口、压力阀进口的相应管道内壁面，形成第一个封闭容腔；从方向阀口到节流阀口的管道内壁面形成第二个封闭容腔；从节流阀口到液压缸的管道内壁面加上液压缸无杆腔，形成第三个封闭容腔；从液压缸有杆腔加上从液压缸到方向阀回油阀口的管道内壁面，形成第四个封闭容腔；方向阀口至油箱液面的管道内壁面形成第五个封闭容腔。

图 1-2　液压系统及压力区的划分

2）在一个动态封闭容腔中，压力处处相等，即一个封闭容腔为同一压力区。如图 1-2 所示的液压系统可划分为 p_1、p_2、p_3、p_4、p_5 等 5 个压力区。

3）在实际运行的液压系统中，ΔV 的含义从"压力区（封闭容腔）油液总变化量"拓展为"流进与流出压力容腔（动态封闭容腔）液流的流量之差"。由于流量差 $\Delta q = \dfrac{\Delta V}{\Delta t}$，所以液压系统中动态封闭容腔压力的基本公式应为

$$\Delta p = \frac{\beta'_{\mathrm{e}} \Delta q}{V} \Delta t \tag{1-7}$$

式中　Δp——在 Δt 时间内动态封闭容腔压力的变化值；

　　　Δq——在 Δt 时间内流进与流出动态封闭容腔（压力容腔）液流的流量差；

　　　V——动态封闭容腔（压力容腔）的总容积；

　　　β'_{e}——等效体积弹性模量。

式（1-7）可改写成

$$p(t) = \frac{\beta_e'(t)}{V} \int_0^t \sum q \, dt \qquad (1-8)$$

这里所谓的动态封闭容腔就是通常概念上的压力容腔。实际上，式（1-7）和式（1-8）就是压力容腔流量连续性方程的变化形式，对式（1-8）两端微分可得

$$\sum q = \frac{V}{\beta_e'} \dot{p} \qquad (1-9)$$

式中　V——动态封闭压力容腔（压力容腔）的总容积；

　　$\sum q$——流进与流出动态压力容腔（压力容腔）液流的流量差。

可见，式（1-7）和式（1-8）是反映动态封闭容腔中压力与流量，以及容腔容积、有效体积弹性模量之间的基本关系式，它适用于所有的液压系统，不论是高频响的伺服系统，还是一般的开关系统。

式（1-7）和式（1-8）表明：

① 动态封闭容腔压力的变化与流进、流出压力容腔的流量差成正比，也就是说，流进流量多于流出流量时，容腔压力升高；反之亦然。在使用时，关键是分清哪个流量是流进的，哪个流量是流出的。

② 动态封闭容腔压力的变化与容腔的总容积成反比。同样的当进出口流量变化时，容腔总容积越大，压力变化越小。

③ 等效体积弹性模量 β_e' 的影响是显然的，要留意的是 β_e' 不但包括了油液、管件等容腔包容体的弹性模量，还包括油液中的含气量等因素。

④ 如将式（1-7）右边的时间 Δt 移到左边，$\Delta p / \Delta t$ 就是一般概念上容腔的压力飞升速率，可见，压力飞升速率与等效容积模数和流进与流出动态封闭容腔（压力区）液流的流量差成正比，与封闭容腔的体积成反比。

1.5　流量

在液压技术中，流过液阻的流量 q_V 与液阻前后的压差 Δp 之间的关系的通用表达式为

$$q_V = KA\Delta p^m \qquad (1-10)$$

式中　K——系数，与液阻的过流通道形状和液体性质有关；

　　A——过流断面面积；

　　m——指数，对于细长孔，$m = 1$；对于薄壁孔，$m = 0.5$；在一般情况下
　　　　　介于两者之间。

由式（1-10）可知，压差与流量之间具有非线性关系，这是电与液比拟中之间的主要差别。

1.6 固定液阻

从广义上来说，凡是能局部改变液流的流通面积使液流产生压力损失或在压差一定的情况下，分配调节流量的液压阀口以及类似的结构，如薄壁小孔、短孔、细长孔、缝隙等，都称之为液阻。

有两种不同的液阻，一种是大雷诺数下总是取决于黏度的湍流流动的细长孔液阻，另一种是不取决于黏度的层流流动的节流液阻。常见的固定液阻结构和流量压力特性曲线如图1-3所示。

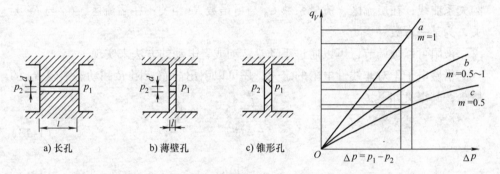

图1-3 常见的固定液阻结构和流量压力特性曲线

（1）细长孔 对于式（1-10）中指数 $m = 1$ 所对应的细长孔（$l/d \geqslant 4$）来说，其中起主导作用的压力损失不是局部阻力损失，而是沿程阻力损失。它是由油液黏性摩擦引起的，因此受油温变化的影响较大，一般很少作为液阻应用于液压元件和液压系统中。细长管内流动状态为层流，其流量 $q_V (\text{m}^3/\text{s})$ 计算公式可表示为

$$q_V = \frac{\pi d^4 \Delta p}{128 \mu l} \tag{1-11}$$

式中 l——管长（m）；

     d——管子内径（m）；

     μ——液体的动力黏度（Pa·s）；

     Δp——压差（Pa）。

（2）控制阀口、薄刃节流孔 为了减少由于油温变化对控制精度带来的影响，提高控制性能，在液压变量泵控制技术中几乎所有的阀口、节流孔都做成薄

刃型（$l/d \leqslant 0.5$）。此时的压力损失以局部压力损失为主，几乎不存在沿程阻力损失成分，因而与油液黏度变化无关，即其控制特性不受油温变化的影响，流量公式为

$$q_V = C_\mathrm{d} A \sqrt{\frac{2}{\rho} \Delta p} \qquad (1\text{-}12)$$

式中　　C_d——流量系数；

$\quad\quad\ A$——阀口通流面面积（m^2）；

$\quad\quad\ \rho$——液体密度（$\mathrm{kg/m}^3$），液压油的 ρ 为 $700 \sim 900 \mathrm{kg/m}^3$；

$\quad\quad\ \Delta p$——阀口前后压差（Pa）。

对这些不同形式但均为薄刃型的液阻来说，其流量系数与雷诺数之间有相似的关系曲线；在层流区，流量系数 C_d 与雷诺数 Re 相关；在湍流区，C_d 与 Re 无关，为某一常数。

液阻可以被调节，可以通过手动、液动或者电动的方法来实现。

借鉴电子学对非线性电阻的定义，还可以引出静态液阻 R 和动态液阻 R_d 的概念，其定义如下：

$$R = \frac{\Delta p}{q_V} \qquad (1\text{-}13)$$

$$R_\mathrm{d} = \frac{\mathrm{d}\Delta p}{\mathrm{d}q_V} \qquad (1\text{-}14)$$

静态液阻 R 是液阻两端压差与流量的比值，它是液阻对稳态流体阻碍作用的一种度量；而动态液阻 R_d 是液阻两端压差微小增量与流量微小增量的比值，它是液阻对动态流体阻碍作用的一种度量。

静态液阻和动态液阻一般都是压差 Δp 或流量 q_V 的函数。由式（1-10）可得，静态液阻 R 为

$$R = \frac{\Delta p}{q_V} = \frac{\Delta p^{1-m}}{KA} \qquad (1\text{-}15)$$

动态液阻 R_d 为

$$R_\mathrm{d} = \frac{\mathrm{d}\Delta p}{\mathrm{d}q_V} = \frac{\Delta p^{1-m}}{KAm} \qquad (1\text{-}16)$$

在式（1-15）和式（1-16）中，若 $m = 1$，$R = R_\mathrm{d} = 1/(KA)$，液阻与流量无关，这样的液阻又称为线性液阻；若 $m < 1$，液阻值与液阻两端的压差或流量有关，这样的液阻为非线性液阻。非线性液阻的静态液阻 R 值和动态液阻 R_d 值是

不同的，如常用的薄刃型非线性液阻的指数 $m = 0.5$，其压力流量特性
为式（1-12）。

静态液阻值 R 为

$$R = \frac{\Delta p}{q_V} = \frac{\sqrt{\Delta p}}{C_d A \sqrt{2/\rho}} = \frac{q_V}{K^2 d^4} = \frac{\sqrt{\Delta p}}{K d^2} \tag{1-17}$$

式中　$K = \sqrt{\dfrac{C_d^2 \pi^2}{8\rho}}$

动态液阻值 R_d 为

$$R_d = \frac{d\Delta p}{dq_V} = \frac{2\sqrt{\Delta p}}{C_d A \sqrt{2/\rho}} \tag{1-18}$$

显然，对于薄刃型非线性液阻来说，其动态液阻值 R_d 是静态液阻 R 的
2 倍。

当研究液阻回路的稳态特性时，例如，计算分压回路各点的压力值、分析变
量泵控制器的稳态特性时，使用静态液阻。当研究液阻回路的动态特性时，如分
析变量泵控制器液阻对其动态特性的影响，则需要使用动态液阻。

1.7　先导液桥中的可变液阻

先导液桥常用的可变液阻有滑阀、锥阀和喷嘴挡板阀三类。它们的共同优点
是，结构和工艺上容易构成可变的小通流断面，改变通流断面的控制力和调节行
程都较小。为了减少由于油液温度变化对控制精度带来的影响，提高控制性能，
在液压技术中几乎所有的阀口、节流孔都做成薄刃型结构（$l/d \leqslant 0.5$），此时的
压力损失以局部压力损失为主，几乎不存在沿程损失成分，因而与油液黏度变化
无关，即其控制特性不受油温变化的影响，流量公式按式（1-12），阀口流量系
数值如图 1-4 所示。

从液阻特性来看，滑阀、锥阀和喷嘴挡板阀三者都属于锐边节流孔型。

先导液桥中的固定液阻，最常用的是短管型节流器。理论上推荐采用薄壁锐
边孔口，因其流量系数在较大程度上不受黏度或油温变化的影响。从工艺性出
发，采用圆柱形节流孔尤为普遍。与可变液阻一样，固定液阻的流量压降关系也
按式（1-12）计算。

图 1-5 是固定液阻的流量系数。

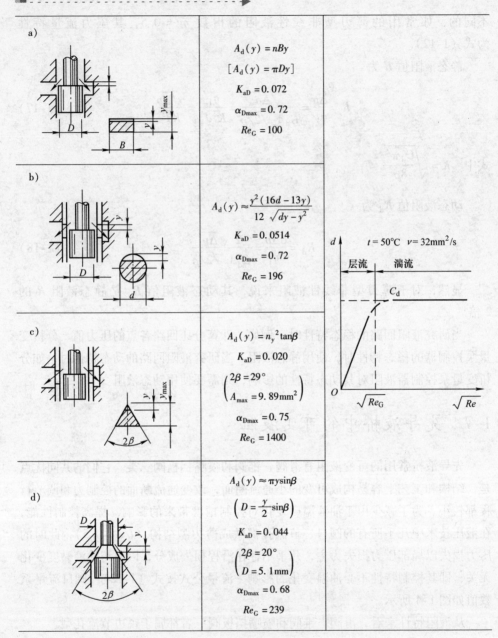

图 1-4　典型先导阀口的流量系数

$A_d(y)$—阀口节流面积　n—矩形（或三角形）窗口的个数　B—阀口宽度（或周长）

y—阀口开度　D—阀芯直径　K_{aD}—与阀口结构形式相关的系数　α_{Dmax}—阀口流量系数

Re_G—层流与湍流分界点的雷诺数　β—三角形窗口顶角（或阀芯锥角）之半

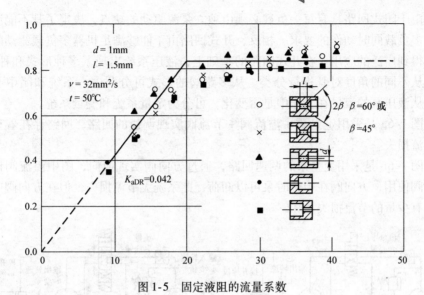

图 1-5　固定液阻的流量系数

1.8　开式和闭式回路

对于液压工程师而言，需要考虑三类基本回路：开式回路、闭式回路和半闭式回路。半闭式回路是这两类回路的一种混合，通常在需要通过充液阀进行容积补偿的场合（比如回路中用到单出杆液压缸）使用。

1.8.1　开式回路

开式回路一般是指：泵的吸油管位于液面的下方，油箱液面对大气压力呈开放状态。由于液压油箱的内、外气压保持平衡，因而确保了液压泵较好的吸油特性。入口管路不得存在阻力，否则会造成压力下降到低于所谓的吸油压力水头或吸油压力限值。但在某些特殊情形下（也即吸油侧为低压），可以利用柱塞泵（马达）自身所具有的自吸特性。考虑到泵的自吸能力和避免产生吸空现象，对自吸能力差的液压泵，通常将其工作转速限制在额定转速的 75% 以内，或增设一个辅助泵进行灌注。在开式回路中，通过方向阀的控制作用将液压油输送到执行元件；然后，以同样的方式经方向阀返回油箱。

开式回路的典型特性是吸油管路长度短，管径大；方向阀采用与流量相关的管径；过滤器/冷却器采用与流量相关的管径；油箱的容积取泵的最大流量的若干倍，由于系统工作完的油液回油箱，因此可以发挥油箱的散热、沉淀杂质的作用；液压泵的布置紧邻油箱，或位于油箱的下方；驱动转速受到最低吸油压力的限制；负载的回程，需靠控制阀保持稳定状态。

由于闭式回路具有每一负载必须由独立泵源驱动的缺点，决定了其不能满足机器多负载同时动作的要求。相反，开式回路由于能够满足机器多负载驱动的要求而得到广泛的应用。在开式回路的基础上，液压系统出现了多种形式和种类，可以从不同的角度对其进行分类。从多路阀的形式可分开中心系统和闭中心系统；从液压泵的流量在工作中是否变化，可分为定量系统和变量系统。

图 1-6a 是采用定量泵 + 溢流阀 + 节流阀实现调速的回路，回路存在着节流和溢流损失。

图 1-6b 是采用变量泵的调速回路，通过方向阀实现换向，图中溢流阀作为安全阀使用，方向阀在中位时泵可以卸荷，此系统无节流损失，但在方向阀中位时仍有少量的节流损失。

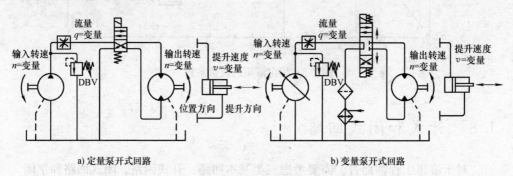

a) 定量泵开式回路   b) 变量泵开式回路

图 1-6　开式回路

1.8.2　闭式回路

如果来自执行元件（用油设备）的油液直接返回到液压泵的进油口，就称这一类液压系统为闭式回路，如图 1-7 所示。根据负载（或起动转矩）的不同方向，分为高压侧和低压侧。高压侧采用溢流阀加以保护，从而将过高的负载压力卸荷到低压侧，液压油仍留在回路之中。只有液压泵和液压马达（取决于运行数据）所产生的持续泄漏流量需要从外部补充，这部分流量一般由一只辅泵（通过法兰直接安装到主泵）来加以补充。通过一台单向阀，从一只小油箱持续抽取充足的油液（补油流量）并送入闭式回路的低压侧。补油泵所产生的任何过剩（相对于开式回路而言）流量，则通过一只补油溢流阀返回油箱。由于补充了回路低压侧的油液，因而改善了主泵的运行特性。

闭式回路具有以下典型特性：①系统结构较为紧凑，与空气接触机会较少，空气不易渗入系统，故传动的平稳性好；②工作机构的变速和换向靠调节泵或马达的变量机构实现，避免了在开式回路换向过程中所出现的液压冲击和能量损失；③方向阀尺寸小，只用于先导控制；④过滤器/冷却器尺寸较小；⑤油箱容积较小，尺寸只需匹配补油泵的流量和系统体积即可；⑥转速通过补油，可实现较高的限值；⑦布置位置灵活，安装方便；⑧具有中位控制方式，完全可实现反向转动；⑨通过驱动马达实现制动功率的反馈功能。

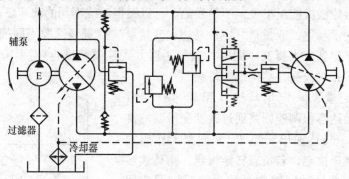

图 1-7　闭式回路

1.9　流量控制系统

1.9.1　阀控（节流调速）系统

定量泵与各种控制阀配合进行调速控制。其特点是响应快，可进行微小流量调节，但能量损失大，效率低，多用于小功率场合。

图 1-8 是采用开中心系统的三位六通阀的简单节流调速。液压系统具有两条供油路，一条是旁通油路 1、另一条是并联油路 2，流入执行元件的液压油经过并联油路，通过改变阀口的开口量来进行调节，多余的压力油则通过旁通油路（溢流阀）流回油箱。简单节流控制系统调速特性受负载压力和液压泵流量的影响较大，且该系统操纵性能和微调性能较差。此外，由于采用这种油路的液压执行元件在进行复合动作时相互之间有干扰，使得复合动作操纵比较困难，复合动作协调性较差。

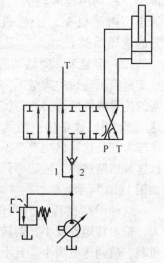

图 1-8　阀控节流控制

1.9.2　泵控（容积调速）系统

由各种变量泵与相关变量控制阀配合进行调速控制，其特点是能量损失小，效率高，并能实现多种功能的复合控制，如恒压、恒流、$P+q+P$（P—功率）

等；尽管响应速度较慢，但已能满足大部分工业应用的要求。

容积调速是通过不断调节液压泵或者液压马达的输入、输出流量，使系统的流量与执行元件的负载流量相适应。特别是在通过调节液压泵的流量的系统中，能很好地避免溢流能量损失，不易发热。可以根据系统不同的调速要求，来选择定量泵 - 变量马达、变量泵 - 定量马达、变量泵 - 变量马达等不同的搭配方式，故系统效率得到大大提高。同时，这种调速方式控制精度也较高，动态性能也好。但造价相对较高，结构也较复杂。

（1）变量泵 - 定量马达容积调速　变量泵 - 定量马达容积调速回路通过改变变量泵的排量 V_p 调节，马达输出转矩 T_m 和回路工作压力都由负载转矩决定，若负载转矩恒定，则马达转矩恒定，因此这种回路常被称为恒转矩调速回路，其工作特性曲线如图1-9所示。

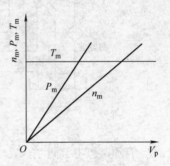

图1-9　变量泵 - 定量马达容积
调速回路特性曲线
T_m—马达输出转矩　n_m—马达
输出转速　P_m—马达输出功率
V_p—泵排量

这种回路中，液压泵的工作压力基本上等于负载压力，且液压泵的输出流量与系统所需的流量相匹配，系统几乎不存在工作溢流，所以其工作效率较高。变量泵排量可以调得很小，故调速范围较大，适用于恒转矩场合，如小型内燃机车、工程机械、船用绞车等装置的液压系统。

（2）定量泵 - 变量马达容积调速　定量泵 - 变量马达容积调速回路通过改变变量液压马达的排量 V_m 来改变液压马达的输出转速 n_m。这种调速回路的液压泵的流量为恒值，马达的转速 n_m 与其排量 V_m 成反比，马达的输出转矩 T_m 与马达的排量 V_m 成正比；当负载转矩恒定时，回路的工作压力和马达输出功率都不随速度的变化而变化，所以这种回路被称为恒功率调速回路，其工作特性曲线如图1-10所示。

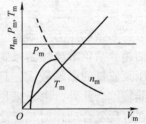

1-10　定量泵 - 变量马达容积
调速回路特性曲线
V_m—马达排量

这种回路在转速升高的时候，内摩擦阻力会增大，输出转矩会减小，若转矩过小很可能会无法拖动负载，故调速范围小，且不能实现马达换向，主要适用于造纸、纺织机械的卷绕装置等液压系统的恒功率场合。

（3）变量泵 - 变量马达容积调速　变量泵 - 变量马达容积调速回路实际上是综合了变量泵 - 定量马达和定量泵 - 变量马达两种调速方式。在起动时，将液压马达排量 V_m 调到最大，由小到大改变泵的排量 V_p，直到最大，使马达转速上升,马达的输出功率增大,从而在低速时获得大的转矩。此时,负载基本不变,马达输出转矩恒值,而与马达转速的变化无直接关系。这时系统处于恒转矩工作状态。

在正常工作时,保持泵的排量处于最大,变量马达的排量可随负载的变化自动调节,负载增大,马达排量变大,负载减小,马达排量减小,而使系统压力基本保持不变,故泵的出口压力在很小的范围内波动,这时系统处于恒功率工作状态。如果不计系统效率,则马达的输出功率就等于泵的输入功率,基本保持不变。由于液压泵和液压马达的排量均可改变,故增大了调速范围。其工作特性曲线如图 1-11 所示。

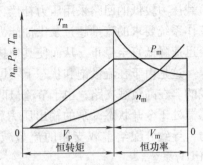

图 1-11 变量泵–变量马达容积
调速回路特性曲线

此系统在实际的应用中,它的调节过程一般和上述调整方式相反,即机器在工作过程中,随着外负荷的增加,先调整马达的排量,此阶段为恒功率调速阶段。当马达排量最大时,系统还不能很好地适应外负荷的变化,然后再调整泵的排量,此阶段为恒转矩调速阶段。这种回路的调速范围等于变量泵的调速范围与变量马达的调速范围的乘积,其值很大,主要适用于既要恒功率又要恒转矩的场合,例如港口起重运输机械和矿山采掘机械等设备的液压系统中。

1.9.3 负载敏感控制系统

根据液压源类型,负载敏感系统可分为开中心系统和闭中心系统两种。开中心系统(Opened Center Load Sensing System,OLSS)采用输出流量恒定的油源供油,以定差溢流阀作为负载敏感控制元件;而闭中心系统(Closed Center Load Sensing System,CLSS)通常采用输出流量随负载需要变化的油源供油,即以液压泵直接作为负载敏感控制元件。

以液压泵直接作为负载敏感控制元件的负载敏感控制液压系统能自动地将负载所需的压力或流量变化的信号传到负载敏感泵变量控制机构的敏感腔,使其压力参量发生变化,从而调整系统中供油单元(变量泵)的运行状态,使其几乎仅向系统提供负载所需要的液压功率,最大限度地减少压力与流量两项相关损失,实现流量调节,保证流向执行元件的流量与其负载无关,而只跟控制阀阀芯开口大小有关。以液压泵作为负载敏感控制元件的液压系统原理图如图 1-12 所示,其中为了保

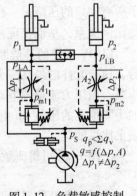

图 1-12 负载敏感控制
系统(LS 系统)

证控制精度采用了进口压力补偿器。

将负载敏感控制应用于液压工程机械时，为了保证正常工作，泵输送的压力只能与最高负载压力相适应，即负载敏感控制只在最高负载回路起作用，对其他负载压力较低的回路采用压力补偿，以使阀口压差保持定值。当阀口全打开时使工作系统要求的流量超过泵供油能力的极限时，最高负载回路上的执行元件速度会迅速降低直至停止，从而使其他执行元件失去复合动作的协调能力。

这是由于在流量饱和状态下不可能使所有节流口两端的压差都达到设定值造成的。在高负载支路，由于节流口两端压差低于设定值，因此，该支路的压力补偿器处于全开状态，泵的输出压力就无法上升到可以驱动高负载联所需要的压力，导致分配给重载支路的流量减小。为克服这个缺点，Rexroth 公司开发了LUDV 系统。

LUDV 系统，即负载独立流量分配系统，是以执行元件最高负载压力控制泵和压力补偿的负载独立流量分配系统，当执行元件所需流量大于泵的流量时，系统会按比例将流量分配给各执行元件，而不是流向轻负载的执行器，其液压系统原理图如图 1-13 所示。

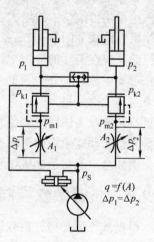

流量分配型压力补偿器是基于比例溢流原理，最高负载压力作为比例控制信号传递给所有的压力补偿器，同时负载敏感控制器也在最高负载压力的作用下，对液压泵的排量进行控制，使泵的输出压力较最高负载压力高出一个固定值，这样所有的多路阀阀口的压降都被控制在同一值。即使泵出现供油不足的现象，虽然执行元件的速度会下降，但由

图 1-13　LUDV 系统

于所有阀口的压降是一致的，因此各工作机构的工作速度还会按阀的开口面积保持比例关系，从而保证挖掘机动作的准确性。

LUDV 系统的补偿原理如图 1-13 所示，将压力补偿器设计在测量阻尼孔之后，执行元件的最高压力 p_1（设 $p_1 > p_2$）的信号传递给所有的压力补偿器和液压泵，由压力流量调节器给定的约为 2MPa 的压差作为调节压差 Δp 作用于系统，加于阻尼孔的压差 Δp 由于压力 $p_{m1} = p_{m2}$ 而相等，泵按阻尼孔截面面积 A_1 和 A_2 成正比供油。

由图 1-13 可得流量分配阀出口的压力与最高负载压力 p_1 的关系为

$$p_{m1} - p_1 = p_{k1}, \quad p_{m2} - p_1 = p_{k2}$$

若调整两补偿器的开启压力，使得 $p_{k1} = p_{k2} = p_k$

则有：$p_{m1} = p_{m2}$

这意味着各补偿器均受较高的负载压力控制，故各回路的流量分配阀后的压力可保持相等。所以 $\Delta p_1 = \Delta p_2 = \Delta p$ = 常数，流经两阀的流量：

$$q_{V1} = C_1 A_1 \sqrt{2\Delta p/\rho} \tag{1-19}$$

$$q_{V2} = C_2 A_2 \sqrt{2\Delta p/\rho} \tag{1-20}$$

式中　C_1、C_2——流量系数；

　　　A_1、A_2——阀口开度；

　　　　ρ——油液的密度；

　　　Δp——阀前、后的压差，$\Delta p = p_s - p_{m1}$ 或 p_{m2}。

式（1-19）和式（1-20）可写成：

$$q_{V1} = f(A_1), q_{V2} = f(A_2)$$

即两回路所得的流量只与节流阀的开度成比例。

流量分配特性：当液压泵的供油量 q_p 在多个执行元件同时操作不能满足需要时，Δp_1 和 Δp_2 将相应减少，由于所有压力平衡阀上作用有最大的压力信号 p_1，所以流量继续以与负载压力无关的方式进行分配，即 $\dfrac{q_{V1}}{q_{V2}} = \dfrac{A_1}{A_2}$，由此实现了流量的比例分配。

随着不饱和度的增加，泵的压力减小，控制阀节流口两端的压差以及流量都要减小，各个执行元件按照各自控制阀节流口的开度为比例降低速度。即使在饱和的情况下，高负载的执行器也不会立刻停止。

负载敏感系统的优缺点：在这两种负载敏感技术中，泵都是作为机液式压力闭环控制器来确保供应压力超出最高负载压力一个固定的压力差 Δp。由于泵供应的压力不断地随最高负载压力调整，使系统避免了流量损失，因而比"开中心系统"系统节约能源。此外，负载压力的变化通过负载敏感回路将压力信号传给泵，而这个压力控制回路受许多因素影响，控制难度较大。而且负载敏感回路同时通向控制阀的压力补偿器和泵压力控制器，可能引起后两者的干涉，增加液压振荡的倾向。

尽管上述两种控制有很多优点，但是在系统响应和能源效率方面还有改进的余地。

另外，只有在操纵杆生成先导压力命令，阀芯移动和负载信号被发送到泵的控制回路后，变量泵才能产生响应。

1.9.4　变转速控制系统

通过改变拖动定量泵的转速，来改变泵的输出流量，可以通过变频器控制异步电动机或者伺服电动机来实现。与常规的阀控、泵控系统相比，其基本特点是，既有泵控系统节能的特色，又接近阀控系统的快速性。目前，变转速控制系统的应用主要受到定量泵可能的最低转速（小流量区）和最高可能转速（大流量区）的限制，以及大功率变频器可靠性与经济性的制约。

第 2 章

液压半桥及液压伺服滑阀基础理论

变量泵的变量控制装置通常是由阀控缸组合、反馈机构以及液压半桥来实现，其中液压半桥主要由固定液阻或可变液阻组成。

2.1 液阻的功能

在第 1 章里已经对液阻的类型进行了讨论，液阻在柱塞式液压泵（马达）变量机构中的作用表现在两个方面：阻力特性和控制特性。

阻力特性是指液阻（通流面积）与其压差之间的函数关系，此时液阻为固定液阻（一般固定阀口，面积等于流道的面积）或调定过流截面的可变液阻[例如控制阀口，一般可变阀口（最大面积大于、等于流道面积），比例方向阀阀口（流道面积至少等于 4 倍最大阀口面积）]，用于形成压差或压差反馈作用使变量控制液压缸或阀芯运动并稳定工作在某一位置，可形成动态阻尼或动压反馈用于系统稳定控制。

控制特性是指压差一定，改变液阻调节流经液阻的流量。

这是从两个不同的角度来观察同一个事物，或者说一个事物的两个侧面的功能。但两者都是受压差流量公式的约束，或者说满足压差流量方程。

2.2 液压半桥的基本类型

液压半桥多用于液压控制器件的先导控制油路，故常称为先导液压半桥。液压半桥是一个非常实用的桥路，半桥液阻网络由两个液阻构成，由可变液阻和固定液阻组合而成。从工程实用出发，可将液压半桥归纳为三种基本类型（见图 2-1）。A 型是输入与输出均为可变液阻，且受同一输入控制信号的差动联控；B 型是输入为固定液阻，输出为受输入信号控制的可变液阻；C 型与 B 型相反，输入为可变液阻，输出为固定液阻。工程上，B 型半桥应用最广，三种液压半桥的相对出现率见表 2-1。

表 2-1　三种液压半桥的相对出现率

桥型	输入液阻	输出液阻	相对出现率	增益
A 半桥	可变	可变	5%	2
B 半桥	固定	可变	93%	1
C 半桥	可变	固定	2%	1

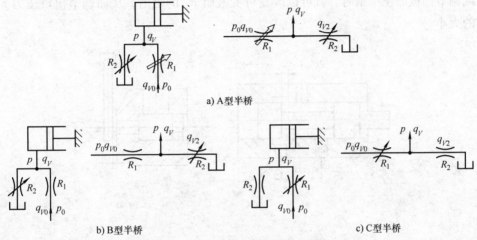

a) A 型半桥

b) B 型半桥　　　　　　　　　　　　　　　　　c) C 型半桥

图 2-1　三种液压半桥的基本结构

一个 A 型半桥液阻网络的例子是由双边控制滑阀构成的，图 2-2a 中 p_0 为入口压力，p 为出口压力，出口与被控元件的油口相通。阀芯与阀体的相对运动构成了两个可变液阻 R_1 和 R_2，当阀芯在外力作用下左移时，可变液阻 R_1 的过流面积增大，R_2 的过流面积减小。在入口压力 p_0 不变的情况下，出口压力 p 是随着阀芯位移量 y 的增大而增大的。图 2-2b 是图 2-2a 的简化原理图，图中空心箭头表示液阻的阻值随 y 的增大而减小，实心箭头表示液阻的阻值随 y 的增大而增大。

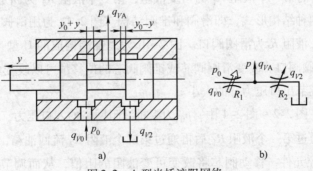

图 2-2　A 型半桥液阻网络

　　B 型半桥的第一个液阻 R_1 为固定液阻，第二个液阻 R_2 为可变液阻。常用的 B 型半桥可变液阻有三种结构形式，即滑阀、锥阀和喷嘴挡板阀。图 2-3a 为用滑阀构成的 B 型半桥液阻网络，液阻 R_2 为滑阀阀口。图 2-3b 为用喷嘴挡板阀构成的 B 型半桥液阻网络，液阻 R_2 为喷嘴挡板阀阀口。图 2-3c 为用锥阀构成的 B 型半桥液阻网络，液阻 R_2 为锥阀阀口。当改变滑阀阀芯和锥阀阀芯的位移量或调节挡板的位移量时，就可以改变可变液阻 R_2 的阻值，从而调节出口压力 p 的大小。

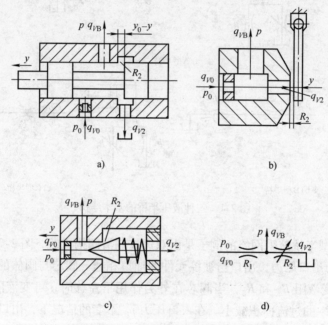

图 2-3　B 型半桥液阻网络

　　C 型半桥的第一个液阻 R_1 为可变液阻，第二个液阻 R_2 为固定液阻。C 型半桥常用的有两种结构形式，即滑阀和锥阀结构。图 2-4a 为用滑阀构成的 C 型半桥液阻网络，液阻 R_1 为滑阀阀口。图 2-4b 为用锥阀构成的 C 型半桥液阻网络，液阻 R_1 为锥阀阀口。改变滑阀阀芯或锥阀阀芯的位移量可以改变可变液阻 R_1 的阻值，从而调节出口压力 p 的大小。

　　总之，在图 2-2 ~ 图 2-4 中，p_0 为半桥液阻网络的入口压力，出口压力为 p，一部分流体通过第一个液阻 R_1 后再通过第二个液阻 R_2 流回油箱，另一部分流体 q_v 则进入被控元件，移动阀芯将改变可变液阻的阻值，从而调节出口压力 p 和出口流量 q_v 的大小。

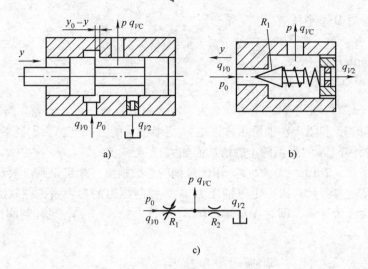

图 2-4　C 型半桥液阻网络

2.3　液压半桥的流量压力特性

半桥液阻网络只有一个输出控制口，设入口压力为 p_0，通过输出控制口流向执行元件的流量为 q_V，出口压力为 p，则该流量 q_V 是可变液阻开口量 y 和出口压力 p 的函数，将 $q_V = f(p, y)$ 的函数关系用曲线绘出来，称为半桥液阻网络的特性曲线。为了便于比较不同类型的液阻网络特性，采用无量纲的参数绘制曲线，称为无量纲的特性曲线。

在分析本节的半桥液阻网络特性时，假定可变液阻由滑阀构成，并设滑阀是全周阀口，其通流面积与阀芯位移 y 成线性关系。

半桥液阻网络特性曲线描述了控制信号 y 和输出控制口的液压参数 p 和 q_V 三者之间的函数关系。三者的任意一个都可以作为参变量，而其他两个作为自变量和因变量。为便于推导，设定从输出控制口向外流出的流量 q_V 为正值，当阀芯位移 $y = 0$ 时，规定 A 型半桥的两个液阻开口长度相等，其值均为 y_0；当阀芯有位移 y 时，液阻 R_1 的轴向开口长度度为 $y_0 + y$，液阻 R_2 的轴向开口长度为 $y_0 - y$，A 型半桥的输出口流量用表示 q_{VA} 表示，则对 A 型半桥有

$$q_{VA} = q_{V0} - q_{V2} = b(y_0 + y)\sqrt{p_0 - p} - b(y_0 - y)\sqrt{p} \qquad (2\text{-}1)$$

式中　　　　q_{V0}——通过第一个液阻 R_1 的流量；

　　　　　　q_{V2}——通过第二个液阻 R_2 的流量；

$b(y_0 + y), b(y_0 - y)$——R_1 和 R_2 的液导，$b = C_d \pi d \sqrt{2/\rho}$，$C_d$ 为流量系数，d 为阀芯开口直径。

同样，对 B 型半桥有

$$q_{VB} = c\sqrt{p_0 - p} - b(y_0 - y)\sqrt{p} \qquad (2\text{-}2)$$

对 C 型半桥有

$$q_{VC} = b(y_0 - y)\sqrt{p_0 - p} - c\sqrt{p} \qquad (2\text{-}3)$$

在式（2-2）和式（2-3）中，c 为固定液阻的液导，令 $c = by_0$。阀芯位移 y 的方向如图 2-3 和图 2-4 中所示，注意 C 型半桥 y 的方向与 A、B 型半桥不同，即 C 型半桥液阻 R_1 的阻值随 y 的增加而加大。

为了将式（2-1）~式（2-3）用无量纲的参数描绘，规定以阀口预开口量 y_0 为阀口开度的参考量，以恒定进油压力 p_0 为控制压力的参考量，控制流量的参考量按最大流量计算，即对 A 型半桥将 R_2 阀口全关，$y = y_0$，且控制阀口的压力为 0，此时

$$q_{VA\max} = b(y_0 + y) = 2by_0\sqrt{p_0}$$

B 型半桥以 R_2 阀口全关，且控制阀口的压力为 0，此时

$$q_{VB\max} = by_0\sqrt{p_0}$$

C 型半桥的参考流量与 B 型半桥取相同的值，即

$$q_{VC\max} = by_0\sqrt{p_0}$$

将式（2-1）两边分别除以 $q_{V\max}$ 和 $2by_0\sqrt{p_0}$，则有

$$\frac{q_{VA}}{q_{VA\max}} = \frac{1}{2}\left(1 + \frac{y}{y_0}\right)\sqrt{1 - \frac{p}{p_0}} - \frac{1}{2}\left(1 - \frac{y}{y_0}\right)\sqrt{\frac{p}{p_0}} \qquad (2\text{-}4)$$

以 $\dfrac{q_{VA}}{q_{VA\max}} = \overline{q}_{VA}$ 为参变量，以 $\dfrac{y}{y_0} = \overline{y}$ 为横坐标，以 $\dfrac{p}{p_0} = \overline{p}$ 为纵坐标，得到 A 型半桥无量纲的特性曲线，如图 2-4a 所示，在图 2-4a 中，$\overline{q}_{VA}$ 的值分别为 0.50、0.25、0、-0.25、-0.50，$\overline{y}$ 的取值范围为 -1 到 1，$\overline{p}$ 的取值范围为 0 到 1。

将式（2-2）两边分别除以 $q_{VB\max}$ 和 $by_0\sqrt{p_0}$，则有

$$\frac{q_{VB}}{q_{VB\max}} = \sqrt{1 - \frac{p}{p_0}} - \left(1 - \frac{y}{y_0}\right)\sqrt{\frac{p}{p_0}} \qquad (2\text{-}5)$$

将式（2-3）两边分别除以 $q_{VC\max}$ 和 $by_0\sqrt{\dfrac{p}{p_0}}$，则有

$$\frac{q_{VC}}{q_{VC\max}} = \left(1 - \frac{y}{y_0}\right)\sqrt{1 - \frac{p}{p_0}} - \sqrt{\frac{p}{p_0}} \qquad (2\text{-}6)$$

用与 A 型半桥液阻网络相同的方法可得到 B 型和 C 型半桥的无量纲的特性曲线，如图 2-5b 和图 2-5c 所示。从图 2-5b 和图 2-5c 可见，B 型和 C 型半桥的无量纲特性曲线图互为镜像。

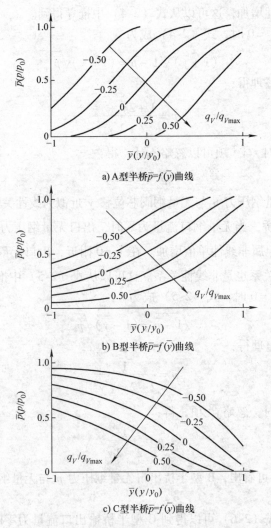

a) A型半桥 $\bar{p}=f(\bar{y})$ 曲线

b) B型半桥 $\bar{p}=f(\bar{y})$ 曲线

c) C型半桥 $\bar{p}=f(\bar{y})$ 曲线

图 2-5　半桥液阻网络 $\bar{p}=f(\bar{y})$ 曲线

　　先考察 $q_V/q_{V\mathrm{max}}=0$ 的曲线。半桥液阻网络的出口流量为零，表示半桥液阻网络只有压力输出，而没有流量输出。有些液阻网络所控执行元件位移量很小，如压力控制阀的先导液阻网络是用来控制主阀阀芯运动的，因主阀阀芯的位移量很小，因此所需流量很小，在正常工作时其输出流量基本为零，主要是通过输出口压力来控制主阀。所以研究半桥液阻网络输出流量为零时的压力——阀芯位移特性很有实际意义。

　　对于 A 型半桥，从图 2-5a 可知，$\bar{y}$ 值从 $-y_0$ 增加到 y_0，出口压力是增加的，但不是线性地增加。在 $\bar{y}=0$ 附近的一段区域内，出口无量纲压力 $\bar{p}$ 随着 $\bar{y}$

的增加而近似线性增加，这可以从式（2-4）中推导得到。

当 $q_{VA}/q_{VA\max}=0$ 时，式（2-4）成为

$$(1+\overline{y})\sqrt{1-\overline{p}}=(1-\overline{y})\sqrt{\overline{p}}$$

两边平方并整理得：

$$\overline{p}=\frac{1+2\overline{y}+\overline{y}^2}{2+2\overline{y}^2}$$

当 $\overline{y}$ 值较小时，$\overline{y}^2$ 项可以忽略不计，得：

$$\overline{p}=0.5+\overline{y} \tag{2-7}$$

显然出口无量纲压力 $\overline{p}$ 与无量纲阀芯位移 $\overline{y}$ 近似为线性关系。

对于 B 型半桥，当无量纲口流量为零时，出口无量纲压力 $\overline{p}$ 也是随着 $\overline{y}$ 的增加而增加的，但属非线性单值增加。在 $\overline{y}=0$ 附近，出口无量纲压力 $\overline{p}$ 与无量纲阀芯位移 $\overline{y}$ 的关系也是非线性关系。这可以从式（2-5）中推导得到。

当 $q_{VB}/q_{VB\max}=0$ 时，式（2-5）成为

$$\sqrt{1-\overline{p}}=(1-\overline{y})\sqrt{\overline{p}}$$

两边平方并整理得：

$$\overline{p}=\frac{1}{2-2\overline{y}+\overline{y}^2}$$

当 $\overline{y}$ 值较小时，忽略 $\overline{y}^2$ 项，得：

$$\overline{p}=\frac{1}{2-2\overline{y}} \tag{2-8}$$

从式（2-8）可看出，B 型半桥出口无量纲压力 $\overline{p}$ 与无量纲阀芯位移 $\overline{y}$ 为非线性关系。

同样，通过式（2-6）可以得到 C 型半桥输出口流量为零时的输出控制口，压力 $\overline{p}$ 与 $\overline{y}$ 的函数关系为

$$\overline{p}=\frac{1-2\overline{y}+\overline{y}^2}{2-2\overline{y}+\overline{y}^2}$$

当 $\overline{y}$ 值较小时，忽略 $\overline{y}^2$ 项，得：

$$\overline{p}=\frac{1-2\overline{y}}{2-2\overline{y}}=1-\frac{1}{2-2\overline{y}} \tag{2-9}$$

从式（2-9）可看出，C 型半桥压力无量纲出口压力 $\overline{p}$ 与无量纲阀芯位移 $\overline{y}$ 为非线性关系，且与 B 型半桥图像互为镜像。

对于半桥液阻网络输出控制口流量不为零时的无量纲出口压力与无量纲阀芯

位移的关系，从图 2-5 可以看出，在 $\bar{y}=0$ 附近，输出流量不同的曲线族有相近的出口压力 - 位移特性。

当 $\bar{y}$ 的值趋近于 -1 或 1 时，$\bar{y}^2$ 项已不可忽略，因而出口无量纲压力 $\bar{p}$ 与无量纲阀芯位移 $\bar{y}$ 为非线性关系。对于 A 型半桥，当 $\bar{y}$ 的值趋近于 -1 时，R_1 的液阻值趋近于 ∞，若此时要求出口流量 q_{VA} 为正，则必然只有通过 R_2 从油箱吸油，使无量纲出口压力 $\bar{p} < 0$。此时式 (2-1) 已不能正确描述流量平衡方程。当 $\bar{y}$ 的值趋近于 1 时，R_1 的液阻值趋近于 ∞，若此时要求无量纲出口流量 $\bar{q}_{VA}$ 为负，则必然有经 R_1 的流量从出口流向入口，使无量纲出口压力 $\bar{p} > 1$。这两种情况都不是由入口压力 p_0 所控制，故在图 2-4 中未画出。如 $q_{VA}/q_{VAmax} = 0.5$ 的线只画出 $\bar{y} = 0 \sim 1$ 段，$q_{VA}/q_{VAmax} = -0.5$ 的曲线只画出了 $\bar{y} = -1 \sim 0$ 段。而对于无量纲出口压力 $\bar{p} < 0$ 或 $\bar{p} > 1$ 的曲线未画出。对于 B 型和 C 型半桥液阻网络的压力 - 阀芯位移特性曲线，当 $\bar{y}$ 的值越接近于 1 时，无量纲出口压力 $\bar{p}$ 也会出现 $\bar{p} > 1$，或 $\bar{p} < 0$ 的情况，这一部分曲线图中也未画出。

在实际应用当中，半桥液阻网络主要是对出口的压力进行控制，出口流量 q_V 一般很小，因此研究参变量 $q_V/q_{Vmax} = 0$ 的压力 - 阀芯位移特性有重要的意义。

应当指出，上述讨论的前提是恒压源供油、无泄漏、无摩擦和不考虑液体的可压缩性，所以是理想的半桥液阻网络。

2.4　压力增益和流量增益

众所周知，液阻网络出口流量和压力是为了控制执行元件的运动。出口流量越大，被控执行元件的运动速度越快；出口压力越高，驱动外负载的能力就越大。液阻网络的出口流量和压力是通过改变可变液阻的阻值来实现的，对于本章分析的半桥液阻网络，实际上是通过调节阀芯位移量 y 来调节出口压力和流量的。毫无疑问对外输出的最大压力和最大流量是设计液阻网络的重要指标，压力增益和流量增益则反映了液阻网络的控制特性。

2.4.1　压力增益

对与 $\bar{q}_V = 0$ 的曲线 $\bar{p} = f(\bar{y})$，在该曲线上各点的斜率 $\partial \bar{p}/\partial \bar{y}\big|_{\bar{q}_V=0}$ 反映了压力 $\bar{p}$ 随 $\bar{y}$ 变化的灵敏度。在曲线的不同点，其斜率是不同的。定义 $\bar{q}_V = 0$ 和 $\bar{y} = 0$ 时的曲线斜率为半桥液阻网络的压力增益 e_0，它是液阻网络的特征参数，

用公式表示为

$$e_0 = \frac{\partial \overline{p}}{\partial \overline{y}}\bigg|_{q_V=0, y=0} \tag{2-10}$$

根据式（2-1），可求的 A 型半桥液阻网络的压力增益为

$$e_{0A} = \frac{\partial p}{\partial y}\bigg|_{q_V=0, y=0} = \frac{p_0}{y_0} \tag{2-11}$$

同样由式（2-2）可求得 B 型半桥液阻网络的压力增益为

$$e_{0B} = \frac{p_0}{2y_0} = \frac{1}{2}e_{0A} \tag{2-12}$$

由式（2-3）可求得 C 型半桥液阻网络的压力增益为

$$e_{0C} = -\frac{p_0}{2y_0} = -e_{0B} \tag{2-13}$$

2.4.2　流量增益

对于式（2-4）~式(2-6)，可以做出以 $\overline{p}$ 为参变量，$\overline{q}_V = f(\overline{y})$ 的一族无量纲的特性曲线，该曲线族表示出口压力为常值时，出口流量随 y 的变化规律，对于本节讨论的内容，因过流面积与 y 成正比，因此 $\overline{q}_V = f(\overline{y})$ 是一族曲线，只是各条曲线的斜率不同。定义 $\overline{q}_V = f(\overline{y})$ 曲线在 $p = p_0/2$，$y = 0$ 处的斜率为半桥液阻网络的流量增益，用 c_0 表示，得：

$$c_0 = \frac{\partial q_V}{\partial y}\bigg|_{p=p_0/2, y=0} \tag{2-14}$$

图 2-6 所示为 A 型半桥的 $\overline{q}_V = f(\overline{y})$ 曲线族，由式（2-1）可得 A 型半桥的流量增益 c_{0A}

$$c_{0A} = \frac{\partial q_V}{\partial y}\bigg|_{p=p_0/2, y=0} = b\sqrt{2p_0} \tag{2-15}$$

由式（2-2）可得 B 型半桥的流量增益 c_{0B}

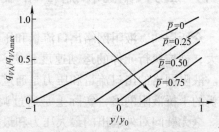

图 2-6　A 型半桥 $\overline{q}_V = f(\overline{y})$ 曲线族

$$c_{0B} = \frac{b}{2}\sqrt{2p_0} = \frac{1}{2}c_{0A} \tag{2-16}$$

由式（2-3）可得 C 型半桥的流量增益 c_{0C}

$$c_{0C} = -\frac{b}{2}\sqrt{2p_0} = -c_{0B} \tag{2-17}$$

由上可见，无论是压力增益还是流量增益，A 型半桥液阻网络均为 B 型半桥

液阻网络的 2 倍。C 型半桥的压力增益和流量增益都是负值，这是因为在图 2-5 中，当 $\overline{y}$ 值增加时，C 型半桥液阻 R_1 的通流面积减小，在出口压力不变的情况下，出口流量必然减少，因而 C 型半桥的压力增益和流量增益为负值。如改变 y 的方向，则 C 型半桥的压力增益和流量增益将为正值。

2.4.3　流量压力系数

以 $\overline{y}$ 为参变量，$\overline{q}_V = f(\overline{p})$ 的流量压力特性曲线如图 2-7 所示，图中横坐标为 $\overline{p}$，纵坐标为 $\overline{q}_V$，参变量 $\overline{y}$ 的值从 -1 至 1，该曲线族表示 $\overline{y}$ 为常数时，半桥液阻网络出口无量纲压力与无量纲出口流量的关系。

显然，无量纲出口压力增加时，出口无量纲流量必然减少，流量压力特性曲线越平坦，说明无量纲出口流量受外负载的影响越小。定义 $\overline{q}_V = f(\overline{p})$ 的曲线在 $\overline{p} = 0.5$、$\overline{y} = 0$

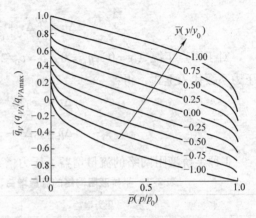

图 2-7　$\overline{q}_V = f(\overline{p})$ 曲线族

处斜率的负值为半桥液阻网络的流量压力系数，用字母 k_0 表示为

$$k_0 = -\left.\frac{\partial q_V}{\partial p}\right|_{p = p_0/2, y = 0} \tag{2-18}$$

另外由偏导数公式，有

$$k_0 = -\frac{\partial q_V}{\partial y}\frac{\partial y}{\partial p} = \frac{c_0}{e_0}$$

对式（2-1）求偏导数，可得 A 型半桥液阻网络的流量压力系数 k_{0A} 为

$$k_{0A} = -\left.\frac{\partial q_V}{\partial p}\right|_{p = p_0/2, y = 0} = \frac{\sqrt{2}by_0}{\sqrt{p_0}} \tag{2-19}$$

对式（2-2）求偏导数，可得 B 型半桥液阻网络的流量压力系数 k_{0B} 为

$$k_{0B} = -\left.\frac{\partial q_V}{\partial p}\right|_{p = p_0/2, y = 0} = \frac{\sqrt{2}by_0}{\sqrt{p_0}} \tag{2-20}$$

对式（2-3）求偏导数，可得 C 型半桥液阻网络的流量压力系数 k_{0C} 为

$$k_{0C} = -\left.\frac{\partial q_V}{\partial p}\right|_{p = p_0/2, y = 0} = \frac{\sqrt{2}by_0}{\sqrt{p_0}} \tag{2-21}$$

显然，3 种半桥液阻网络的流量压力系数相同，这是因为在 $y = 0$ 时，已设

定固定液阻与可变液阻的阻值相同，如果不作此假设，固定液阻与可变液阻阻值不同，则3种半桥液阻网络的流量压力系数也不会相同。

利用式（2-1）、式（2-2）和式（2-3）给出出口压力和出口流量线性化的增量表达式，可以看出各参数之间的关系。

$$\Delta q_V = \frac{\partial q_V}{\partial y}\Delta y + \frac{\partial q_V}{\partial p}\Delta p \tag{2-22}$$

$$\Delta p = \frac{\partial p}{\partial y}\Delta y + \frac{\partial p}{\partial q_V}\Delta q_V \tag{2-23}$$

对于零点工况（$y = 0$，$q_V = 0$，$p = p_0/2$），可将压力增益、流量增益和流量压力系数代入上式，得：

$$\Delta q_V = c_0 \Delta y - k_0 \Delta p \tag{2-24}$$

$$\Delta p = e_0 \Delta y - \frac{1}{k_0}\Delta q_V \tag{2-25}$$

3种半桥液阻网络的流量增益、压力增益和流量压力系数见表2-2。

表2-2　半桥液阻网络的流量增益、压力增益和流量压力系数

半桥类型	压力增益 e_0	流量增益 c_0	流量压力系数 k_0
A 型半桥	$\dfrac{p_0}{y_0}$	$b\sqrt{2p_0}$	$\dfrac{\sqrt{2}by_0}{\sqrt{p_0}}$
B 型半桥	$\dfrac{p_0}{2y_0}$	$\dfrac{b}{2}\sqrt{2p_0}$	$\dfrac{\sqrt{2}by_0}{\sqrt{p_0}}$
C 型半桥	$-\dfrac{p_0}{2y_0}$	$-\dfrac{b}{2}\sqrt{2p_0}$	$\dfrac{\sqrt{2}by_0}{\sqrt{p_0}}$

前已述及，半桥液阻网络是由两个液阻构成，其中 A 型半桥的两个液阻都是可变液阻，B 型半桥和 C 型半桥液阻网络各只有一个可变液阻，由图2-2可知，当阀芯有位移时，A 型半桥总是一个液阻的阻值增加，而另一个液阻的阻值降低。而 B 型和 C 型半桥液阻网络具有 1 个可变液阻，因而其压力增益和流量增益都只是 A 型半桥的一半，A 型半桥的压力 - 位移特性在 $y = 0$ 附近线性度好，便于精确控制。显然 A 型半桥的控制特性比 B 型半桥和 C 型半桥优越，正因为如此，A 型半桥在伺服控制阀中得到了普遍的应用。A 型半桥的不足之处是 2 个可变液阻用 1 个信号进行控制，机械加工精度要求更高，相应元器件价格也更高。B 型半桥的优势是结构简单，价格便宜，密封性好，可以用锥阀、喷嘴挡板阀等构成。B 型半桥在压力控制阀的先导油路中应用较多。C 型半桥因第 2 个液阻是固定液阻，当液阻 R_1 完全关闭时，输出控制口仍然通过固定液阻 R_2 与油箱相通，使被控元件未能与外界封闭，具有一定的不可控性，因而使用不多。另外

还有 D 型半桥，2 个液阻都是固定液阻，因而压力增益和流量增益都是零，D 型半桥不能单独作为控制液阻网络用，但与其他的液阻网络组合可以构成有效的控制网络。

2.5 液压半桥构成的基本原则

先导液桥是由液阻构成的无源网络，需要外部压力源（来自主控制级或外部油源）供油。就半桥本身构成而言，应遵守以下基本原则：

1）两个液阻中，至少有一个可变液阻（液阻可看成是多个液阻并串联后的当量液阻）。

2）可变液阻的变化必须受先导输入控制信号的控制，输入控制信号可以是手动、电液比例、电动、液动和机动等多种方式。

3）先导半桥的输出控制信号从两个液阻之间引出。

4）液压半桥可以并联。

5）液压半桥可以是多级的，前一级半桥的出口往往就是下一级液桥的入口。

液阻回路和液桥特性的分析研究将有助于液压元件和系统的分析与综合。具体说来，引入液压桥路主要作用有两个：第一，利用基本桥路的典型无量纲特性曲线，可方便地对实际系统的基本特性进行估算；第二，运用桥路构成的基本原则和先导液阻工作点分析，可方便地对实际系统进行原理与特性的定性分析。对于先导液桥，其主要控制对象是各种控制阀和变量液压泵。尽管这些对象的控制系统可以有不同的工作原理和设计窍门，但都必须符合液桥构成的一些基本原则，否则可能无法正常工作，或特性很差，不能满足工程控制的基本要求。

2.6 对先导控制液桥的要求

先导液桥，特别是液压半桥在变量液压泵的控制机构中广泛采用。为了有助于对液桥特性的分析和理解，对先导液桥提出以下几点要求：

1）可变液阻的控制力要小，先导级移动部件具有较小的惯性，才能保证较高的灵敏度。

2）先导液桥的控制流量要小，才能减小控制功率的消耗。

3）固定液阻和可变液阻都应采用对小流量敏感的结构，同时要兼顾有适当的通流面积，以防止阻塞。

4）液桥的输出口压力 p 和对排油腔的流量 q_V 应与控制信号 y 呈足够近似的线性关系和较大的增益。

5）在比例电磁铁、先导级和功率级之间必须设置反馈回路，才能提高控制元件的稳定性和控制精度；先导级的结构和液阻网络的组成，应考虑建立机械、液压反馈的可能性，当然也可采用电反馈方式。

2.7 滑阀式液压放大器

2.7.1 滑阀的工作边数

区别于一般用于方向阀的滑阀，这里的滑阀指伺服滑阀，根据滑阀上控制边数（起控制作用的阀口数）的不同，有单边、双边和四边滑阀控制式三种结构类型，如图2-8所示。

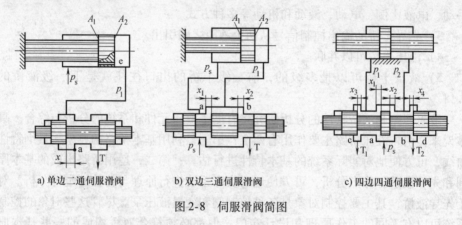

a) 单边二通伺服滑阀　　b) 双边三通伺服滑阀　　c) 四边四通伺服滑阀

图2-8　伺服滑阀简图

图中，p、A、x分别为油液的压力、流量、阀口的开口度。

图2-8a为单边二通伺服滑阀。它有一个控制边a（可变节流口），有负载口和回油口两个通道，故又称为二通伺服滑阀。x为滑阀控制边的开口量，控制着液压缸右腔的压力和流量，从而控制液压缸运动的速度和方向。压力油进入液压缸的有杆腔，通过活塞上的阻尼小孔e进入无杆腔，并通过滑阀上的节流边流回油箱。当阀芯向左或向右移动时，阀口的开口量增大或减小，这样就控制了液压缸无杆腔中油液的压力和流量，从而改变液压缸运动的速度和方向。

图2-8b为三通伺服滑阀。它有两个控制边a、b（可变节流口）。有负载口、供油口和回油口三个通道，故又称为三通伺服滑阀。一路压力油直接进入液压缸有杆腔；另一路经阀口进入液压缸无杆腔并有一部分经阀口流回油箱。当阀芯右移或左移时，x_1增大x_2减小或x_1减小x_2增大，这样就控制了液压缸无杆腔中油液的压力和流量，从而改变液压缸运动的速度和方向。

以上两种形式只适用于控制单出杆的液压缸。

图 2-8c 为四边伺服滑阀，它有四个控制边 a、b、c、d（可变节流口）。有两个负载口、供油口和回油口共四个通道，故又称为四通伺服滑阀。其中 a 和 b 是控制压力油进入液压缸左右油腔的，c 和 d 是控制液压缸左右油腔回油的。当阀芯左移时，x_1、x_4 减小，x_2、x_3 增大，使 p_1 迅速减小，p_2 迅速增大，活塞快速左移，反之亦然。这样就控制了液压缸运动的速度和方向。这种伺服滑阀的结构形式既可用来控制双杆液压缸，也可用来控制单杆液压缸。

由以上分析可知，三种结构形式伺服滑阀的控制作用是相同的。四边伺服滑阀的控制性能最好，双边伺服滑阀居中，单边伺服滑阀最差。但是单边伺服滑阀容易加工、成本低，双边伺服滑阀中等，四边伺服滑阀工艺性差加工困难，成本高。一般四边伺服滑阀用于精度和稳定性要求较高的系统，单边和双边伺服滑阀用于一般精度的系统。

图 2-9 为伺服滑阀在零位时的几种开口形式，图 2-9a 为负开口（正遮盖）、图 2-9b 为零开口（零遮盖）、图 2-9c 为正开口（负遮盖）。

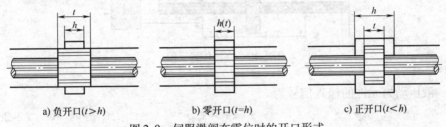

a) 负开口($t>h$)　　　b) 零开口($t=h$)　　　c) 正开口($t<h$)

图 2-9　伺服滑阀在零位时的开口形式

2.7.2　通路数

按通路数滑阀有二通、三通和四通等几种。二通滑阀（单边阀）只有一个可变节流口（可变液阻），使用时必须和一个固定节流口配合，才能控制一腔的压力，用来控制差动液压缸。三通滑阀只有一个控制口，故只能用来控制差动液压缸。为实现液压缸反向运动，需在有杆腔设置固定偏压（可由供油压力产生）。四通滑阀有两个控制口，故能控制各种液压执行器。

2.7.3　凸肩数与阀口形状

阀芯上的凸肩数与阀的通路数、供油及回油密封、控制边的布置等因素有关。二通阀一般为两个凸肩，三通阀为两个或三个凸肩，四通阀为三个或四个凸肩，三凸肩滑阀为最常用的结构形式。凸肩数过多将增加阀的结构复杂程度和长度以及摩擦力，影响阀的成本和性能。

滑阀的阀口形状有矩形、圆形等多种形式。矩形阀口又有全周开口和部分开口，矩形阀口的开口面积与阀芯位移成正比，具有线性流量增益，故应用较多。

2.8 反馈机构

2.8.1 直接位置反馈

图2-10是一种直接位置反馈的结构形式，将输出功率的执行元件与控制伺服滑阀阀套直接相连。

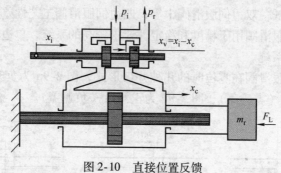

图 2-10 直接位置反馈

液压动力元件的输入信号为

$$x_v = x_i - x_c \tag{2-26}$$

2.8.2 机构反馈

将输出功率零件与液压伺服滑阀阀杆之间通过机械机构进行连接，如图2-11所示，液压动力元件的输入信号为

$$x_v = \frac{b}{a+b}x_i - \frac{a}{a+b}x_c \tag{2-27}$$

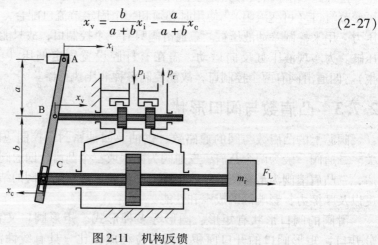

图 2-11 机构反馈

2.8.3　弹簧位移 - 力反馈

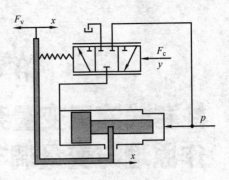

图 2-12　弹簧位移 - 力反馈

位移 - 力反馈是利用变量活塞的位移，通过弹簧反馈使先导阀芯在力平衡条件下关闭阀口，从而使变量活塞定位，如图 2-12 所示。所采用的比例电磁铁行程只要求和先导阀芯的最大位移相当。先导阀芯的操作既可以直接利用电磁铁推力，也可以利用液压力，这时应将一独立可控的控制压力作为输入信号引至先导阀芯右端面，使反馈弹簧力与液压力平衡，而泵的排量与控制压力成比例。

2.8.4　电反馈

采用各类电传感器与电液比例阀或电液伺服阀一起构成闭环电液控制系统。例如采用位移传感器，检测执行机构的位移，并将其反馈至输入端形成位置闭环控制，也可以通过采用压力传感器实现压力闭环控制，对变量泵来讲压力控制与排量控制一起还可以实现功率复合控制。电液位置控制系统如图 2-13 所示。

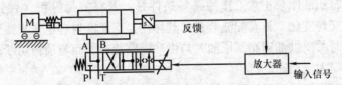

图 2-13　电液位置控制系统

第 3 章

柱塞式液压变量泵(马达)的基本工作原理与变量调节方式和分类方法

3.1 柱塞式液压变量泵（马达）的基本工作原理

3.1.1 柱塞式容积泵的工作原理

柱塞式容积泵的基本工作原理：形成若干个密封的工作腔，当密封工作腔的容积从小向大变化时，形成部分真空、吸油；当密封工作腔的容积从大向小变化时，进行压油（排油）。

柱塞式容积液压泵正常工作的必备条件是：具有密封容积（密封工作腔），密封容积能交替变化。具有配流装置，其作用是保证密封容积在吸油过程中与油箱相通，同时关闭供油通路，压油时与供油管路相通，而与油箱切断，吸油过程中油箱必须与大气相通。

柱塞式容积液压泵吸油腔的压力决定于吸油高度和吸油管路压力损失；排油腔的压力，则决定于负载和排油管路以及控制阀口的压力损失。排出的理论流量，仅由有关几何尺寸和转速确定，而与排油压力无关，这是液压泵的重要特性。排油压力通过泄漏和油液的压缩性影响到实际流量，一般随排油压力的升高，实际流量降低。

3.1.2 柱塞式容积变量泵变量调节原理

变量调节的主要目的是控制系统的流量。在工程实践中，与流量有关的问题，可以从以下不同的角度来考察与分析。

（1）阻力控制 不取决于黏度的层流节流孔口以及总是取决于黏度的在大雷诺数下的湍流的节流孔口可被用于调节依赖于节流口压差的流量。因此，在液压装置中不变的节流孔口（节流阀）常用于对振动施加阻尼，而且在工作期间可以依靠手动（或液动、电动等方法）调节阻抗（节流阀开度），以设定不同的输出速度。因为流量还取决于节流孔两端的压差，因此调节速度取决于负载同时还取决于调节阀阀口的开度。

（2）排量控制　排量的调节可以通过手动或者依靠其他驱动方式——例如由电动机构或由液压机构实现。与定量泵加节流阀回路相比，变排量的泵效率更高，这种控制方式被广泛应用于大功率的控制系统。

泵的手动调节可通过手轮和一根丝杠实现，一般需要克服很大的调节力，以至于响应速度完全取决于机械传动。手动调节可用于所有的可调节泵，也包括马达。这种调节方式被用于不需要经常调整排量的工作场合。在闭式回路中，流量方向的改变可通过一个过中心的泵或者马达的排量调节实现。电机械调节可以用一台电动机、一台蜗杆减速器或者一个滚珠丝杠实现。也可以使用恒压油源对泵的变量缸进行液压变量调节，使用压力控制阀或者用方向阀对弹簧对中型双出杆变量缸进行控制，控制阀输出压力乘以变量缸有效作用面积产生的控制力与变量缸的对中弹簧产生的弹性力平衡，使泵的排量稳定输出至某一值。调节时间取决于最大的控制流量和控制活塞的面积。对全排量控制，一般情况下控制时间近似等于 200ms。

泵的液压变量调节也可以通过使用弹簧回程的单作用变量液压缸结构实现，这样的单作用液压缸可以用简单的办法——使用压力控制阀控制。在单作用控制活塞处，控制活塞大腔的静压力产生的作用力与弹簧力、泵机械反作用力之间实现了力的平衡。这个控制方式的使用可以产生简单的、只有几个工作位置的系统，例如当从高速到低速切换时。

对于马达，采用这样单一的控制方式就经常可以满足要求，因为一般情况下变量马达过中心调节不会发生。马达的变量液压调节可以通过弹簧回程的单作用液压缸实现。

对于电液比例调节，泵或马达的变量液压缸通常由比例阀或伺服阀控制。在许多应用场合，变量液压缸的位置可用位移传感器检测并反馈至输入端，实现位置闭环控制。在调节位置之时在闭环回路内泵的所有反作用力都可以被补偿调节，调节时间在 20 ~ 200ms 范围之内。

（3）压力控制　压力控制的任务是保持系统的压力为常数而不受负载影响。系统压力作用在一台控制阀上，一个弹簧力或者一个由一台小溢流阀引起的参考压力作用在控制阀芯的两个端面上，控制阀起到一个放大器的作用，其克服弹簧力使作用在泵变量控制缸上的系统压力发生改变，控制泵的排量减少，使系统输出压力保持不变，如图 3-1 所示。压力控制误差取决于控制活塞的直径、弹簧和控制阀，压力控制的误差为 0.05 ~ 1MPa。泵在恒压控制过程中总是自适应地输送流量去满足液压缸的需要（排量控制）。如此可以被避免压力溢流阀的高功率损失。

该控制方式一般用于需要恒压的系统或者大功率的系统。为了防止超压发生，系统必须要强制性安装一台附加的安全阀以确保系统安全。

为了保持一个稳定的工作点并且还要对泵本身进行润滑，至少需要一个接近4%的排量限制，用于泵的泄漏损失。

压力控制也可以与其他的控制功能结合，因此控制阀经常有附加的控制能力。例如，可实现流量压力复合控制。

一个特别简单的泵的压力控制的类型是零排量控制。这里变量控制活塞被调节与一个和压力无关的弹簧相平衡，如图 3-2 所示。一旦系统压力小于液压缸弹簧力，泵的排量保持在最大，活塞被定位于机械行程限制器限制的位置。随着压力的增加，弹簧被压缩，泵被调回至零排量。零排量控制主要服务于保持一个最终的压力而没有输出流量，通常仅用于加载和保压。

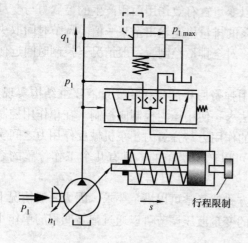

图 3-1　恒压控制

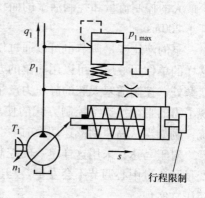

图 3-2　零排量控制

在特殊的情况下，利用一台马达也可实现恒压控制，进入马达入口的二次压力作用在马达的变量控制液压缸上，控制结果能使系统压力保持为常值。负载转矩增加引起系统压力的增加，此时表示在图 3-3 的压力控制起作用，系统压力增加马达排量增加，排量增加使得在设定的压力下的输出转矩 T_2 增加。这样就可以通过控制马达排量使系统压力保持不变。因此无论马达负载转矩如何变化，对于其他的并联连接的液压缸都可以获得常压控制。

（4）流量控制　流量控制的任务是保持泵输出流量为一常值。因此可以避免由于负载压力干

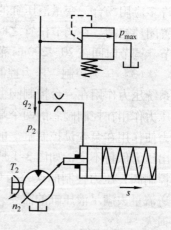

图 3-3　变量马达的直接压力控制

扰造成的流量变化，这对于一个开环回路是不可能的。使用可调节的变量泵，输入速度的变化、压力的变化等干扰因素将不会对实际流量产生影响。

由于流量难于被直接测量，明确与流量有联系的另一个控制变量则是一个节流孔口的压差。节流孔口把实际的控制流量转换为控制压差，在液压回路中压差是可以相对容易地被检测到，当控制回路保持压差恒定，就可以获得常值的流量。

在压力–流量复合控制系统中，压力控制可以设计成优先于流量控制，当一个极限压力（压力设定）被超过时，压力控制器作用，通过减少泵的排量，使泵出口压力恒定。

（5）速度控制　速度控制用来控制二次元件（液压马达）的转速，以便此液压马达可以提供足够的转矩来维持所需的速度。连接到具有恒压的系统，此转矩与排量成比例，从而也与马达斜盘倾角成比例。

二次调节系统是以调节一个接在恒压网络中的变量液压马达的排量，来调节液压马达轴上的转矩，从而控制整个系统的功率流，达到调速和调节转矩的目的，也就是说，液压马达轴的转向以及轴上能量的流动方向及大小（传动系统向负载提供能量为主动工况，从负载吸收能量为制动工况），在容积传动系统中主要是通过改变泵的流量来实现的，而二次调节系统中是通过改变液压马达的转矩来实现。

具有电子控制的二次调节速度控制回路如图 3-4 所示。无论怎样，靠简单的比例（P）控制得到一个稳定的工作模式是不可能的。为此，比例微分（PD）控制或者添加的辅助控制变量，例如二次元件变量缸的位移 y 将被用位置反馈内环实现复合控制。

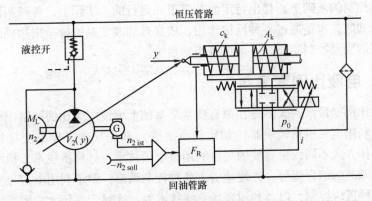

图 3-4　二次调节速度控制系统

（6）功率控制　在许多应用场合，泵的液压角功率（最大功率）对一般的液压系统是不需要的，最大的流量仅仅在低压时才需要，最大的压力仅在低有限流量下才可能出现。一台原动机的功率，例如一台电动机或柴油机的功率是有限的，因此需要保护以避免超载。在所有的情况下，通过调节变量泵，可以有效地利用恒功率控制可以被有效地利用，以便取得一个最优的工作负载，功率控制也经常被叠加在其他控制上作为功率限制。

考察与分析液压泵本身的变量控制，对应于上述（2）~（6）项的内容，应属于本书讨论的范畴。

3.1.3　柱塞式容积调节变量泵的控制实质

容积调节变量泵的最基本类型其实是排量调节泵，它能在任一给定的工作压力下，实现排量与输入信号成比例的控制功能。由于泵的容积效率随工作压力升高而降低，故这种泵的输出流量得不到精确的控制。需注意的是，广义地讲，变量泵主要是指泵的流量可以变化。在实际中，除了工程机械上有时采用改变发动机转速来调节泵的流量外，变量泵大多数是通过改变泵的几何参数或配流角度来调节液压泵的流量。柱塞式斜盘泵、斜轴泵就是改变斜盘或摆缸与主轴线的夹角 α，该夹角与泵的排量参数是一一对应的。尽管具体结构各不相同，但都是通过液阻调节原理来实现的。排量调节泵也可以称为变排量泵，甚至直接称为变量泵。

排量调节是利用变量机构的位置控制作用，使泵的排量与输入信号成比例。以上讨论的压力调节、流量调节和功率调节则是分别针对泵的输出参数压力、流量或功率进行控制，为此要利用泵的出口压力或反映流量的压差与输入信号进行比较，然后通过变量机构的位置变化来确定泵的排量。这三种控制功能实际上都是在排量控制的基础上，提出特定调节要求而运行的。实际上，各种所谓的适应控制，说到底，也是通过各种反馈作用，依靠自动改变泵的排量来达到的，所以可以说泵的变量控制实质是一个位置控制系统。

3.1.4　电液比例变量泵

电液比例变量泵，大多是在原有变量泵基础上增设电液比例控制先导阀而实现的，即利用电-机械转换器（如比例电磁铁）和先导阀来操纵变量机构。这不仅是操作方式不同，更重要的是可利用微电子技术、计算机技术、检测反馈技术和容积调节的综合优势，方便地引入各种控制策略，便于利用电信号实现功率协调或各种适应控制，以及利用现场总线技术等，这对于高压大功率系统的性能改进和节能，都具有重要意义。

电液比例变量泵的先导控制，仍可归结于 A、B、C 三类液压半桥。对于柱塞式斜盘泵等的变量液压缸活塞与先导阀之间的反馈联系，可以是位置直接反馈、位移-力反馈、流量-位移力反馈等机械反馈形式，也可以是液压反馈和电反馈等多种形式。

3.1.5　容积调节变量泵的特点

1）变量泵的控制本质上是位置控制系统，分别针对泵的输出参数（压力 p、流量 q 和功率 P）进行的调节，都是依靠排量的变化来适应功能的要求。

2）当前变量泵发展的两个重要趋势是：第一，在基泵基础上更换设置一些调节器件，就可具备多种控制输入方式。如液压控制、液压手动伺服控制、机械伺服控制、电控、电液比例控制等。第二，在基泵基础上更换设置若干调节器件，就可实现多种控制功能的复合，如 $p+q$、$P+p$、$P+q$、$P+p+q$，以及速度敏感控制、电反馈多功能控制等（也称为补偿）。

3）先导控制分自控与外控，泵分单向变量与双向变量。自控双向变量泵，要解决变量机构过零位的动力问题，通常采用配置蓄能器等措施。自控单向变量泵，不加控制信号时，靠在小腔的弹簧保持斜盘在最大位置。对于外控双向变量泵，不加控制信号时常靠双弹簧保持斜盘为零的极限位置。

4）变量缸有单出杆双作用缸，和 $180°$ 布置的大小直径两个单作用缸组合。后者的小缸、大缸，分别相当于前者的小腔（有杆腔）和大腔（无杆腔，敏感控制腔）。

5）单向变量泵变量往往采用两台变量控制缸控制泵的排量，变量缸大、小腔（大缸，小缸）面积比以 $2:1$ 为佳，且小腔（小缸）总是直接与泵出口压力油相连通（内控单向变量时，弹簧在此腔）；大腔（大缸）为控制敏感腔，控制油的进出需经过变量控制阀的控制。

6）恒压泵能在负载所需流量发生变化时，保持与输入控制信号相对应的系统压力不变。

7）为增强系统的稳定性，通常在恒压控制阀的 A—T 通道并联一个常通液阻。

8）恒流泵能在负载压力变化或原动机转速波动时保持与输入控制信号相对应的输出流量不变。恒流泵压力能适应负载的需要，故常称为负载敏感泵、功率匹配泵等。

9）在复合功能泵中，恒功率控制，速度敏感控制一般均优先于其他功能起作用。

3.1.6　柱塞容积式变量马达的工作原理

柱塞式液压马达是将液体压力能转换为机械能的装置，输出转矩和转速，是液压系统的执行元件。马达与泵在原理上有可逆性，但因用途不同结构上有些差别：马达要求正反转，其结构具有对称性。

所谓容积式变量马达，一般也是指排量可变的马达，最常见的是轴向柱塞马达，改变马达斜盘倾角即可改变马达排量，在同等输入流量的前提下，减小排量，马达转速变高，因此使用变排量马达可以达到调速的目的。

容积式液压马达的基本工作原理：形成若干个密封的工作腔，进油时，密封工作腔的容积从小向大变化；排油时，密封工作腔的容积从大向小变化，其输出是转矩和转速。

液压马达的实际工作压差取决于负载转矩的大小，当被驱动负载的转动惯量大、转速高，并要求急速制动或反转时会产生较高的液压冲击，为此，应在系统中设置必要的安全阀、缓冲阀。

变量马达的控制意义在于：①满足执行机构对速度和转矩的要求；②充分发挥泵的能力，使泵始终在高压下工作，还能够充分地降低系统的工作流量。

同泵的排量控制方式相同，通过采用不同的控制原理，柱塞式液压马达可以实现恒功率控制、恒转矩控制以及恒速控制。

3.2 柱塞式液压变量泵（马达）的变量调节方式和分类方法

柱塞式液压变量泵（马达）可以通过排量调节来适应复杂工况要求，这个突出的优点使其得到广泛使用。柱塞式变量泵（马达）只有排量一个被控对象，在采用不同的控制方式时，可以使柱塞式变量泵（马达）具有不同的输出特性。应根据具体的应用场合，选用相适应的变量控制形式，以便获得合适的输出特性。

柱塞式液压变量泵（马达）的变量控制按照变量控制的驱动方式，可分为手动、机动、电动、液动、比例、伺服、气动及它们之间的复合操纵等，按泵表现出的变量特性可分为压力控制、流量控制、功率控制、负载敏感控制、功率限制控制、转矩限制控制以及由它们组合形成的多种复合控制方式。其中，液动变量往往能获取泵或系统压力，直接将控制目标转化为控制信号，实现自动变量，常用的恒压控制、负载敏感流量控制等都是这种形式。电液复合变量则不仅具备液动变量的优点，也能充分利用电信号控制灵活的特性。因此液动变量和电液复合变量是轴向液压柱塞泵变量控制的发展趋势。尤其电液复合变量可在液压泵变量控制中引入电子技术、计算机技术的发展成果，更值得重点关注。按照是否有反馈可以分为开环和闭环控制，闭环控制又有恒压、恒流、恒功率和负载敏感的适应性控制等。如果从触发液压泵变量的因素分析，也可以从产生原因上对变量控制加以分类：①压力感应变量控制。该控制方式感应泵或系统压力，使排量发生变化以达到一定的控制目标，例如恒压变量控制、恒功率变量控制、负载敏感变量控制。②独立变量控制。如电比例排量控制、液控比例排量控制，其变量是根据操作者的预期和意愿，施加外部控制信号产生的，而不是感应系统某变量因素。③转速感应变量控制。感应柱塞泵的转速，产生特定的控制信号，使排量变化达到一定控制目标的控制方式称为转速感应变量控制。

表 3-1 ～ 表 3-11 给出了柱塞式液压变量泵和液压变量马达最常用的变量调节方式以及它们的特性曲线。各种调节方式的区别如下：

（1）控制回路的类型　指开式回路还是闭式回路，变量泵也因此分开式回路变量泵和闭式回路变量泵。通常，开式系统泵相对于闭式系统泵有更多的要求，例如要求其有较好的自吸能力，较低的噪声和较多的变量型式，所以闭式系统泵一般不能用于开式系统。

（2）传递动力的不同（液压式或机械式）　液压式通过改变先导控制压力来控制泵的排量，压力改变，排量也跟着改变。机械式往往通过手动或步进电动机转动手轮，驱动泵的变量机构。

（3）控制方式（直动式或先导式）　原理类似于溢流阀的先导控制和直接控制，采用先导控制可以节省控制功率，但结构复杂。

（4）运行曲线（定位和可调式）　实际是固定的变量方式和可调的变量方式之分，如恒功率变量，其调定的压力 - 流量曲线形状是条双曲线，形状是固定的，而采用电液比例控制，可以按实际需求实现不同的输出压力 - 流量曲线形状。

（5）开环（无反馈式）　泵输出的压力或流量是开环控制的，若有干扰存在，会使输出量发生变化而不能纠偏，控制精度不高。

（6）机械 - 手动式　如手动伺服变量控制，通过手动操控滑阀的开口，产生相应的输出压力和流量来控制泵的变量机构。

（7）电气 - 机械式　如电动变量柱塞泵 DCY14 - 1B，通过可逆电动机驱动螺杆和调节螺母，推动滑阀产生开度，从而驱动变量调节液压缸，最终调节泵的斜盘倾角，改变泵的输出排量。

（8）机械 - 液压式　类似机液伺服系统，如 CY14 - 1B 系列泵中的伺服变量控制。

（9）电气 - 液压式　通常采用比例电磁铁进行控制，如用比例阀来控制变量泵的变量液压缸，改变泵的排量，泵的排量与电磁铁的电流成正比。

（10）液压 - 液压式　如 HD 液控方式，取决于先导控制压力 p_{st} 的压差，液压泵变量缸通过 HD 控制装置将控制压力提供给液压泵的变量活塞。泵斜盘和排量无级可变。每个控制管路对应一个一定的液流方向。

（11）闭环（有反馈式）　采用电液比例控制变量泵（马达）的出油口（或进油口）装有检测其工作压力 p 和流量 q 的传感器，对于液压泵来说，输出特性就是输出压力 p 和流量 q 的函数 $f(p, q)$，通过对所检测到的流量和压力信号进行处理后根据工作需要控制变量泵的电液比例控制器，改变泵输出的流量和压力以达到液压装置所需的工作要求。

（12）液压-机械式　通过先导液压油提供恒定的先导压力来操控泵的变量机构，通过改变控制压力的大小来调节泵的排量，通常要比手动省力。

（13）液压-电气式　这种方式是用电-机械转换元件（如电磁铁或电动机），通过液压控制阀带动泵的变量机构动作，控制精度一般不如比例阀或伺服阀控制的变量调节系统高。

表3-1　液压泵的变量调节（机械-手动式）

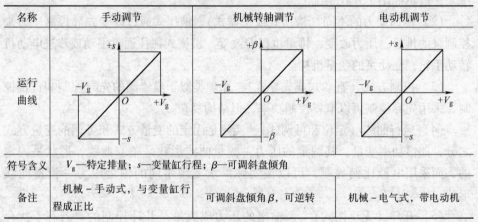

名称	手动调节	机械转轴调节	电动机调节
运行曲线			
符号含义	V_g—特定排量；s—变量缸行程；β—可调斜盘倾角		
备注	机械-手动式，与变量缸行程成正比	可调斜盘倾角 β，可逆转	机械-电气式，带电动机

表3-2　液压泵的变量调节（机械-液压式）

名称	直动式液压调节（与压力有关）	液压调节（与变量缸行程有关)[①]	液压调节（与变量缸行程有关）
运行曲线			
符号含义	V_g—特定排量；p_{st}—先导压力；s—变量缸行程；β—可调斜盘倾角		
备注	机械-液压式，与先导压力 p_{st} 成正比	机械-液压式，与可调斜盘倾角 β 成正比	机械-液压式，与变量缸行程 s 成正比

① 零位有死区。

40

表 3-3　液压泵的变量调节（液压 - 液压式）

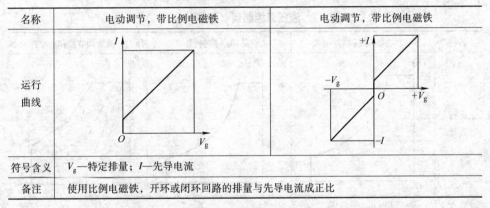

名称	液压调节（与压力有关）	液压调节（与压力有关）	液压调节（与变量缸行程有关）[①]
运行曲线			
符号含义	V_g—特定排量；p_{st}—先导压力		
备注	开环回路或反转运行时，排量正比于液压泵的先导压力		

① 零位有死区。

表 3-4　液压泵的变量调节（电动 - 液压式）

名称	电动调节，带比例电磁铁	电动调节，带比例电磁铁
运行曲线		
符号含义	V_g—特定排量；I—先导电流	
备注	使用比例电磁铁，开环或闭环回路的排量与先导电流成正比	

表 3-5　液压泵的变量调节（电气 - 液压式）

名称	液压调节，与流量有关	液压调节，带伺服阀	电子调节
运行曲线			
符号含义	V_g—特定排量；V_s—定位排量；U—先导电压；p_{HD}—高压；I—先导电流		
备注	与定位排量 V_s 成正比，可反转	安装电液伺服阀，排量与先导电流 I 成正比	带伺服阀电液控制，可反转运行，电子放大器可实现控制功能

41

表 3-6　液压泵控制器（液压式）（一）

名称	压力调节器	流量调节器	压力和流量调节器
运行曲线	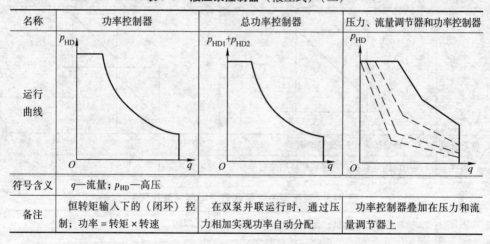		
符号含义	q—流量；p_{HD}—高压		
备注	通过系统压力适应，保持泵的流量恒定	通过泵的流量适应，保持系统压力恒定	机械式压力调节器叠加在流量控制上

表 3-7　液压泵控制器（液压式）（二）

名称	功率控制器	总功率控制器	压力、流量调节器和功率控制器
运行曲线			
符号含义	q—流量；p_{HD}—高压		
备注	恒转矩输入下的（闭环）控制；功率＝转矩×转速	在双泵并联运行时，通过压力相加实现功率自动分配	功率控制器叠加在压力和流量调节器上

表 3-8　各种液压泵的控制器

名称	负载敏感式功率控制器	压力截止和负载敏感式功率控制器	压力、流量调节器电子式
运行曲线			

（续）

名称	负载敏感式功率控制器	压力截止和负载敏感式功率控制器	压力、流量调节器电子式
符号含义	p_{HD}—高压；q—流量；p_{hydr}—液体压力；⚡—电信号；p_{soil}—需要的压力；q_{soil}—需要的流量		
备注	在负载敏感上叠加压力调节器，泵可根据负载进行调节	最大驱动力受到功率控制器的限制；泵的流量取决于执行机构	电子式控制可作为液压组合式调节器的备选器件

表 3-9　液压马达的变量调节（液压式）

名称	液压调节（与先导压力有关）	液压两点式调节
运行曲线	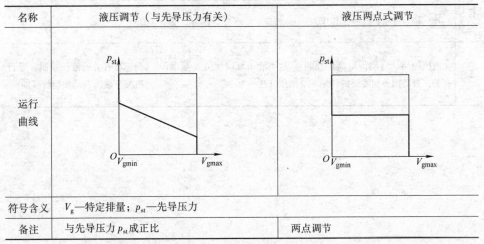	
符号含义	V_g—特定排量；p_{st}—先导压力	
备注	与先导压力 p_{st} 成正比	两点调节

表 3-10　液压马达的变量调节（电动 - 液压式）

名称	电动调节（带比例电磁铁）	电动两点式调节（带开关电磁铁）
运行曲线		
符号含义	V_g—特定排量；I—电磁铁线圈电流	
备注	带比例电磁铁	带开关电磁铁，两点调节

表 3-11　液压马达控制器

名称	自动控制，与高压有关	速度调节，次级控制	液压控制，与速度有关
运行曲线	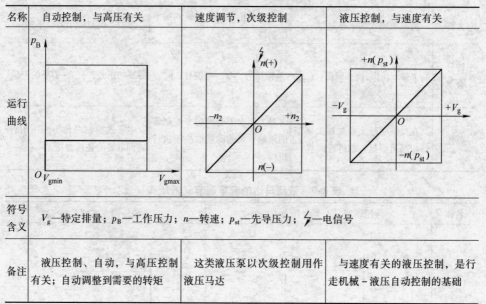		
符号含义	V_g—特定排量；p_B—工作压力；n—转速；p_{st}—先导压力；⚡—电信号		
备注	液压控制、自动，与高压控制有关；自动调整到需要的转矩	这类液压泵以次级控制用作液压马达	与速度有关的液压控制，是行走机械–液压自动控制的基础

第4章

轴向柱塞式开式回路液压泵的变量调节原理

在第 3 章中，对变量泵（马达）的变量控制方式进行了分类，主要有排量调节、压力调节、流量调节和功率调节，其分别针对泵的输出参数排量、压力、流量或功率进行控制。这几种控制功能实际上都是在排量控制的基础上，提出特定调节要求而运行的。

4.1 比例控制排量调节泵

4.1.1 直接控制——直接位置反馈式排量控制

这种反馈连接方式相当于常规变量泵的伺服变量方式，即变量活塞跟踪先导阀的位移而定位，可分为位移直接反馈和位移－力反馈两种类型。图 4-1 中所示的 F_c 为与输入信号相当的输入力，其可以是手动、机械或液压产生的，这种变量机构有以下的特点：

1）稳态时变量活塞和先导阀芯的位移相等。

2）变量活塞的响应速度，取决于先导阀的输出流量。

3）先导阀芯的通流面积是 $(y-x)$ 的函数，所以总是在开口量很小的情况下跟踪，如图 4-1 所示，y 为先导阀芯位移，x 为变量活塞位移。

4）先导阀口零位附近的流量增益和压力增益，决定这种方式的响应性能。

研究表明，以上所述特点除第 1）项仅适用于图 4-1a 所示的位移直接反馈型外，其余三项几乎是所有变量机构的共同特点。

图 4-1 说明了直接位置反馈式排量控制泵的工作原理，变量原理图只画出接受输入信号的变量控制阀和变量缸，并以变量缸的位移代表变量泵几何参数（斜盘倾角或径向柱塞泵的定、转子之间的偏心距）的变化，它们是三通阀控制差动缸——直接位置反馈机液伺服系统。在图 4-1a 所示的位移直接反馈中，变量控制的先导阀套通过连杆与变量活塞机构相连。位移直接反馈的原始状态为先导阀处于中位，变量活塞小腔直接作用着先导控制油压，变量活塞大腔（控制

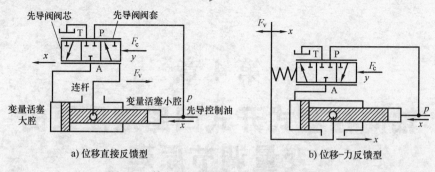

a) 位移直接反馈型　　　　　　　　　b) 位移-力反馈型

图 4-1　单向排量调节泵（变排量泵）原理

敏感腔）充满控制油液，变量活塞处于轴向力平衡状态，泵的排量与输入信号 F_c 对应。并设定 x 方向是使排量调节参数增大方向。由输入信号增大时的动作分解可知，增大的输出力使阀芯左移，在将先导阀口（A→T）逐步打开时，变量活塞大腔的部分油液（与信号增量对应）通过打开的阀口流回油箱（先导阀处在左位的位置），引起变量活塞左移（先导阀口流量的积分决定变量活塞的位移）并带动先导阀阀套一起左移，将刚才打开的先导阀口重新关闭，进入一个新的平衡位置。这里，实现了泵的排量（变量活塞位移）与输入信号的近似线性的关系。

图 4-1b 为位移–力反馈控制原理，其通过反馈杠杆把变量缸的位移通过弹簧转换为力与控制力进行比较，在液压系统中，由于力与力的比较最容易实现，因此位移–力反馈控制原理得到了广泛应用。该结构在伺服阀与反馈杠杆之间装有一根弹簧，弹簧一直与反馈杠杆接触；先导级的位移输入一般由比例电磁铁给定，先导级的力平衡决定阀口开度，先导阀口流量的积分决定变量活塞的位移。此位移通过反馈弹簧使先导阀口关闭，使变量活塞定位在一个新的位置上。

4.1.2　HD 型液压排量控制

与先导压力有关 HD 液压控制主要用于开式和闭式泵。Rexroth 公司生产的 HD – A10VSO 型液压排量控制的液压职能原理图如图 4-2a 所示，其由一台伺服滑阀和变量控制缸组成。用先导控制压力来控制泵的排量，X_1 油口接先导控制压力，泵的排量与先导压力成正比，油口 X_1 的压力作用在控制阀阀芯的左腔，推动阀芯向右移动，控制阀左位工作，来自系统的压力油经阀口进入控制缸的右腔，推动变量活塞杆左移，使泵的排量增大，随着变量缸活塞杆的左移，与活塞杆连接的反馈杆使控制阀的弹簧压缩，弹簧力增加，控制阀口开度减少，直到与控制压力平衡，阀口关闭，泵的排量因此确定在一个与控制压力成比例的位置。先导控制压力与排量之间呈线性关系，如图 4-3 所示。

HD – A4VSO 控制结构如图 4-2b 所示。变量机构的先导部分是液压控制的伺服滑阀，驱动阀芯的输入信号是外部独立可控的压力油液，油液通过 X_2 口作用于阀芯端面，阀芯的受力情况决定阀口开度，阀口流量的积分决定变量活塞的位移，该位移通过位移－力反馈组件转变为力作用于阀芯，在平衡阀芯所受的液压力后，最终关闭阀口，使变量活塞定在某一新的位置，以达到改变泵排量的目的。

变量机构的具体工作过程为：当液压力驱动阀芯向左移动时，先导阀处于右位，高压油液通过节流口进入控制腔，推动活塞杆向右移动，同时活塞杆带动反馈组件通过阀芯中心弹簧向阀芯施加向右的作用力，直至关闭阀芯，截断油路，变量活塞杆停止移动，柱塞泵排量稳定在某一状态；反之，阀芯向右移动时，变量活塞的控制腔与低压腔 T 口相连，恒压腔的高压油液会推动活塞杆向左移动，直至达到新的平衡状态。这样就实现了先导液压控制型比例阀利用次级活塞的位移经机械转换方式反馈至前级，构成级间位置反馈闭环。

当先导压力信号丢失时，泵控制系统通过内置的弹簧定心机构回摆至初始最大排量位置。需要注意的是，先导控制装置中心的弹簧并不是安全装置。由于控制装置中的污染，如液压油中的污染物、磨损颗粒以及系统以外的颗粒等，阀芯可能会被卡在任意位置。在这种情况下，泵的流量不在遵循操作员的命令输入。回路设计中应考虑有适当的紧急切断功能，可以使机器立即处于安全的状态（例如停止）。

在 A4VSO 上所需的最小控制压力必须是 P 口外接。这样可以在泵自身控制压力不足的情况下在中位以外实现控制。一旦泵 B 口输出压力 p_B 大于 P 口外接压力，泵内部压力即开始提供控制压力。

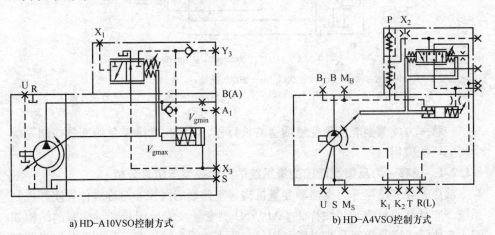

a) HD–A10VSO控制方式　　　b) HD–A4VSO控制方式

图 4-2　HD 型液压排量控制职能原理图

B—压力油口　S—泄漏油口　U—轴承冲洗油口　R—进气口（堵死）

A_1—高压控制油口　X_3—接压力切断阀（堵死）　Y_3—外部控制压力油口

X_1、X_2—先导控制压力油口将一台远程溢流阀装在泵的控制油路上，可以实现压力切断功能（见图4-4）。通常这台溢流阀与泵是分离安装的，要求连接直管长度不应超过5m。HD·G控制的工作原理是，当泵的出口压力未达到远程溢流阀的设定值时，泵的排量随控制压力成比例变化。当泵的出口压力达到远程溢流阀的设定值时，溢流阀卸荷，排量控制缸右端相当于接通油箱，控制缸右腔压力降低，压力油推动控制缸使泵降到最小排量。此时泵保持恒压状态，即恒定在远程溢流阀设定的压力下。远

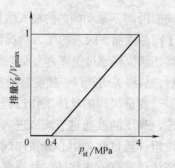

图4-3　HD液压排量控制
的调节曲线

程溢流阀可实现泵输出压力的远程遥控，改变远程溢流阀的压力调节旋钮可改变系统压力值，泵的输出压力不会超过远程溢流阀的压力设定值。

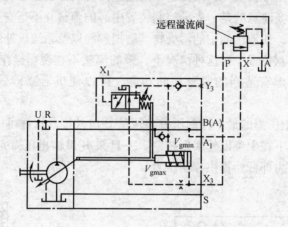

图4-4　HD·G控制液压职能图
B—压力管口　S—泄漏油口　U—轴承冲洗油口　R—进气口（堵死）
A₁—高压控制口　X₃—接压力切断阀　Y₃—外部控制压力油口　X₁—先导压力油口

位移–力反馈型能实现变量活塞的长行程，因此在大排量泵的变量控制系统中得到广泛应用。

4.1.2.1　位移–力反馈型液控变量系统的数学模型与仿真分析

液压先导式位移–力反馈型变量机构属于典型的阀控非对称缸位置闭环控制系统，它具有明显的非线性特征。A10VSO型变量泵先导阀与变量活塞的结构如图4-5所示。变量活塞是非对称结构，左侧小端面为恒压腔，与柱塞泵输出油口接通；右侧大端面为控制腔，与先导阀P口接通。变量活塞位移通过中心反馈弹簧作用于先导阀芯，在力平衡条件下关闭阀口，从而使变量活塞定位。因此，位移–力反馈型液控比例变量系统是闭环控制回路，控制压力在变化范围内对应

于柱塞泵排量的改变。

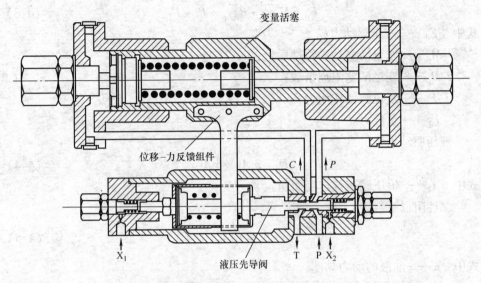

图 4-5　液压先导阀和变量活塞内部结构简图

4.1.2.2　数学模型

根据流量连续性原理，考虑泄漏和油液压缩性影响，控制腔流量特性方程为

$$\frac{\mathrm{d}p_c}{\mathrm{d}t} = \frac{V_c}{\beta_e}(q_p - A_1 y_p - k_c p_c) \tag{4-1}$$

式中　p_c——控制腔压力；

$\quad\quad V_c$——控制腔容积；

$\quad\quad \beta_e$——油液体积弹性模量；

$\quad\quad q_p$——先导阀口通流流量；

$\quad\quad A_1$——控制腔有效作用面积；

$\quad\quad y_p$——变量活塞位移；

$\quad\quad k_c$——泄漏系数。

通过阀口的流量方程为

$$q_p = C_d A_0 \sqrt{\frac{2}{\rho}(p_s - p_c)} \tag{4-2}$$

式中　C_d——流量系数；

$\quad\quad A_0$——先导阀口通流面积；

$\quad\quad \rho$——油液密度；

$\quad\quad p_s$——柱塞泵负载压力。

变量活塞的动力学方程为

$$F_d = M_p \ddot{y}_p + B_p \dot{y}_p + F_t + F_L \qquad (4\text{-}3)$$

式中　F_d——液压驱动力；

　　　M_p——变量活塞运动组件质量；

　　　B_p——变量活塞阻尼系数；

　　　F_t——复位弹簧作用力；

　　　F_L——负载力。

液压驱动力为

$$F_d = p_c A_1 - p_s A_2 \qquad (4\text{-}4)$$

式中　A_2——恒压腔有效作用面积。

黏性阻尼系数为

$$B_p = \frac{\mu}{\delta} A_0 \qquad (4\text{-}5)$$

式中　μ——油液的动力黏度；

　　　δ——活塞间隙；

　　　A_0——变量活塞有效摩擦面积。

弹簧力为

$$F_t = \begin{cases} (|y_p| + y_{kp})k_p, & y_p \neq 0 \\ 0, & y_p = 0 \end{cases} \qquad (4\text{-}6)$$

式中　k_p——弹簧刚度；

　　　y_{kp}——弹簧预压缩量。

根据上述数学模型，在 Matlab 中建立位移－力反馈型液控比例变量系统的仿真模型。

4.1.2.3　仿真计算和动态特性分析

根据某系列柱塞泵的实测数据，得出如表 4-1 所示的主要结构参数。

（1）活塞间隙对动态响应特性的影响　活塞间隙对变量系统的动态响应特性影响明显，如图 4-6 所示。随着间隙的增大，动态响应过程由过阻尼状态变成欠阻尼状态，振荡加剧，响应速度减慢；如果间隙过小，不但增加加工制造困难，而且活塞的摩擦条件会从黏性摩擦变成干摩擦，这同样不利于变量控制系统的调节。

表 4-1　仿真模型参数

参数名称	参数值
阀芯端面弹簧刚度 k_{vt}	60N/mm
阀芯端面弹簧预压缩量 y_{vt}	0

（续）

参数名称	参数值
阀芯中心弹簧刚度 k_{vv}	5.4N/mm
阀芯中心弹簧预压缩量 y_{vv}	11mm
阀芯端面直径 d_v	12.4mm
变量活塞中心弹簧刚度 k_{pt}	33.1N/mm
变量活塞中心弹簧预压缩量 y_{pt}	110.2mm
变量活塞运动组件质量 M_p	13.735kg
控制腔有效作用面积 A_1	52.9cm^2
恒压腔有效作用面积 A_2	24.5cm^2
阀芯运动范围 y_v	±3mm
活塞杆运动范围 y_p	±38.45mm
油液的动力黏度 μ	0.4048Pa·s

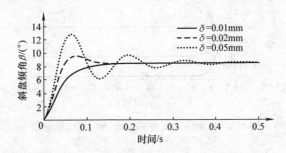

图 4-6　活塞间隙对动态响应特性的影响

（2）控制压力对动态响应特性的影响　通过改变仿真模型的控制压力，分析控制压力对变量系统动态响应特性的影响。控制压力的参数设定见表4-2。

表 4-2　控制压力的参数设定

p_{x2}/MPa	0	0	0	1.0	3.0	4.5
p_{x1}/MPa	4.5	3.0	1.0	0	0	0
Δp_x/MPa	-4.5	-3.0	-1.0	1.0	3.0	4.5

控制压力对先导阀芯、变量活塞动态响应的影响如图4-7、图4-8所示。动态响应时间不受控制压力数值的影响，但变量系统正反两个方向的动态特性不一致，这与变量活塞非对称结构有关。

（3）变量控制系统的比例特性　变量控制系统的比例特性如图4-9所示，分为线性区和闭死区。在线性区范围内，随着控制压力差绝对值的增加，变量活塞的位移趋于线性比例增加。由于受中心复位弹簧预压紧力的作用，控制压力较

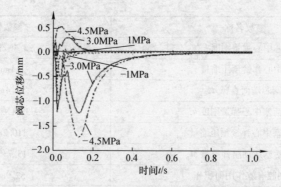

图 4-7　控制压力对先导阀芯动态响应的影响

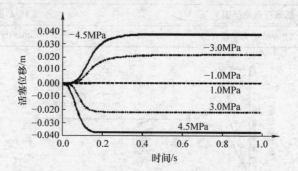

图 4-8　控制压力对变量活塞动态响应的影响

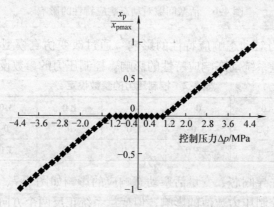

图 4-9　变量控制系统的比例特性

小时，液压驱动力不足以克服弹簧的预压紧力，就会出现图中的闭死区。但是，闭死区的存在也有助于提高斜盘的零位稳态性。

4.1.3　CY 泵伺服变量控制

图 4-10 所示是一种 CY 泵常用的机液伺服变量机构，它是由一个双边控制滑阀和差动活塞缸组成的位置伺服控制系统。其工作原理为：泵输出的压力油由通道经单向阀 a 进入变量机构壳体的下腔 d，液压力作用在变量活塞 4 的下端。当与伺服阀阀芯 1 相连接的拉杆不动时（图 3-10 所示状态），变量活塞 4 的上腔 g 处于封闭状态，变量活塞不动，斜盘 3 在某一相应的位置上。当使拉杆 6 向下移动时，推动阀芯 1 一起向下移动，d 腔的压力油经通道 e 进入上腔 g。由于变量活塞上端的有效面积大于下端的有效面积，向下的液压力大于向上的液压力，故变量活塞 4 也随之向下移动，直到将通道 e 的油口封闭为止。变量活塞的位移量等于拉杆的位移量。当变量活塞向下移动时，通过球铰带动斜盘 3 摆动，斜盘倾角增加，泵的输出流量随之增加；当拉杆带动伺服阀阀芯向上运动时，阀芯将

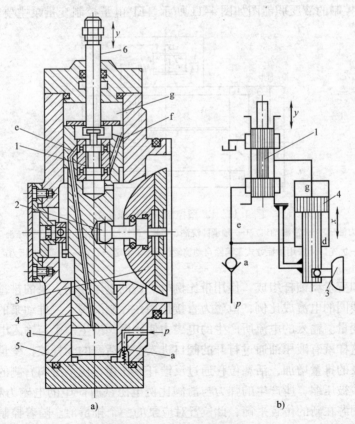

图 4-10　机液伺服变量机构

a）伺服机构结构图　b）液压伺服机构原理图

1—伺服滑阀芯　2—球铰　3—斜盘　4—变量活塞　5—滑阀　6—拉杆

通道 f 打开，上腔 g 通过卸压通道接通油箱，变量活塞向上移动，直到阀芯将卸压通道关闭为止。它的移动量也等于拉杆的移动量。这时斜盘也被带动做相应的摆动，使倾角减小，泵的输出流量也随之相应地减小。由上述可知，伺服变量机构是通过操纵液压伺服阀动作，利用泵输出的压力油推动变量活塞来实现变量的。故加在拉杆上的力很小（约 10N），控制灵敏。拉杆可用手动方式或机械方式操作，斜盘可以倾斜 ±18°，故在工作过程中泵的吸压油方向可以变换，因而这种泵就成为双向变量液压泵。

在上述的通过液压放大使变量活塞移动而改变泵流量的机液伺服变量机构中，控制杆靠手动、电动或机械方式控制，若用比例电磁铁等电－机械转换元件控制，则为电液比例变量泵。

4.1.4　EP 型电液比例排量控制

EP 型控制的液压职能图如图 4-11 所示。EP 电子控制变量泵主要由比例阀、

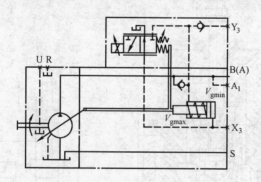

图 4-11　EP 型控制的液压职能图

A、B—压力油口　　S—泄漏油口　　U—轴承冲洗油口　　R—进气口（堵死）　　A_1—高压油口（堵死）

X_3—优先口（采用手控方式来消除自动控制作用）（堵死）　　Y_3—外部控制压力油口

变量活塞和变量反馈杆组成，使用带比例电磁铁的电子控制，泵的排量调节与输入电磁铁线圈的电流成比例，电磁力直接作用在控制滑阀上，推动泵的变量控制活塞实现变量。输入的电流所产生的电磁力使比例阀产生一个与输入电流成正比的开度，这样就有液压油通过打开的阀口进入变量活塞的无杆腔，变量活塞产生位移，使泵的排量增加，活塞位移通过反馈杆又作用在比例滑阀右侧的阀芯弹簧上，使弹簧被压缩，所产生的弹力与滑阀比例电磁铁所产生的电磁力相互平衡，这样滑阀阀芯在新的位置平衡，此位置对应泵的一个排量值。随着控制电流的增加，泵的排量增加。输入电流与泵的排量成比例，其输出特性曲线如图 4-12 所示。

EP 控制加上一台远程调压溢流阀同样可以实现压力切断、遥控功能（EP·G 控制）。其压力切断、遥控原理可以参考 HD·G 控制。

4.1.5　液压力控制的排量调节泵

当采用液压力作为输入信号时，控制压力既可以引自外控油源，也可以引自变量泵的出口，并经减压阀与比例压力阀串联油路分压（见图 4-13a）。这一种控制方式的输入信号就是比例压力阀的控制电流，所以也称为电控变量泵。但就控制原理而言，仍是位移－力反馈式排量调节原理，只是输入信号经过电流－压力转换而已。

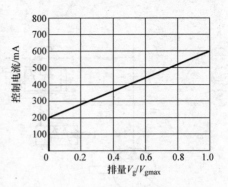

图 4-12　EP 型控制调节输出特性曲线

在图 4-13b 特性曲线中，横轴是输入比例减压阀的电流，电流正比于作用于控制阀左端的压力值 p_c，p_c 值的设定范围如图 4-13b 所示。

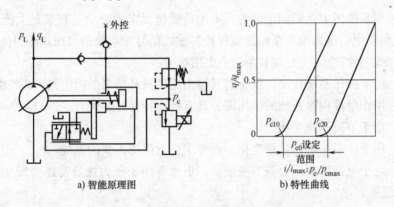

a) 智能原理图　　　　　　b) 特性曲线

图 4-13　液压力控制的排量调节泵原理

4.2　比例控制压力调节泵

4.2.1　基本功能与主要应用

压力调节泵通常称为恒压泵，其基本含义是，变量泵所维持的泵的出口压力（系统压力）能随输入信号的变化而变化。压力调节泵的基本原理与运行特性如图 4-14 所示，可以将压力调节泵的特性综合归纳如下：

1) 变量泵所维持的泵出口压力（系统压力）能随输入信号的变化而变化。

2) 在系统压力未选到压力调节泵的调定压力之前，压力调节泵是一个定量泵，向系统提供泵的最大流量。

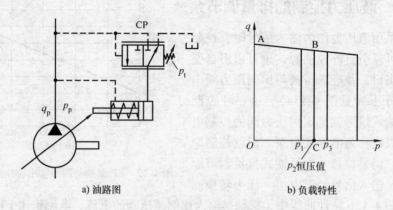

a) 油路图   b) 负载特性

图 4-14　柱塞式恒压泵运行示例图

3）当系统压力达到调定值时，不论负载所要求的流量（在泵最大流量范围内）如何变化，压力调节泵始终能保持与输入信号相对应的泵出口压力值不变。

根据以上特性，压力调节泵的主要用途为：

1）用于液压系统保压，保压时其输出流量只补偿泵的内泄漏和系统泄漏。

2）用作电液伺服系统的恒压源，具有动态特性好的优点。

3）用于节流调速系统。

4）用于负载按所需流量变化，而要求压力保持不变的系统。

5）对于电液比例压力调节变量泵，更经常用于压力流量都需要变化的负载适应系统等。

如前所述，这类泵的特点之一是泵出油口压力的微小变化将引起输出流量的较大变化，以维持泵的输出压力在给定值附近。当负载所需流量变化较大时，由于变量调节不够灵敏（泵控比起阀控来响应要慢一些），输出流量跟不上负载流量的瞬时变化，将会引起压力的较大波动。因此，这类油源通常要配备蓄能器，以适应短期峰值流量的需要。同时，必要时应对脉动压力进行滤波。

恒压泵归纳起来主要有两种用法。

1）主流用法　在图 4-14b 中，运行于 AB – BC 区域，即 AB 段的定量泵供油（大流量）和 BC 段的恒压控制，达到节能目的。此时，安全压力 p_3 必须高于恒压压力 p_2，如果 p_3 低于 p_2，则恒压泵无法进入恒压工况，达不到节能目的。

2）定量泵使用（低压保持全流量输出）　一般仅运行于 AB 段。系统的调节压力 p_1 低于恒压泵的调定压力 p_2，而将对应于 p_2 恒压功能转变为安全限压功能。同时，采用调节恒压泵变量缸几何限位螺钉，来使泵改变流量，兼有手调变量的功能。

3）在未达到保压值前即流量曲线下降段可实现高压对负载的推动，即负载降到设定值以下时可继续提供流量，这样的好处是可以补充系统的泄漏以及动态的保压。因此恒压泵适用于低压快速动作，及高压慢速进给和保压的场合，并具有节能的作用。

在恒压泵应用中，还应注意到两个细节。第一，恒压泵进入恒压工况后，能根据负载的需要改变供给系统的流量，而保持系统压力基本不变。即恒压泵能稳定运行于负载特性线（见图 4-14b 中的 BC 线）上的任意点，并不是一进入压力调定点，流量就要很快变成零。变量泵压力切断功能不能与恒压功能等同起来，压力切断功能的作用是当系统压力达到其调定值时，通过压力切断阀的作用，将泵的输出流量降到可能的最小值，以保护系统，主要是避免溢流发热。可以认为这是一种新思维方式下的安全保护与节能措施。第二，就是恒压泵运行时可以根据负载的需要，不向负载提供流量，但不会运行于排量为零的状况，有一定的小流量用于泵内部的泄漏。

4.2.2　DR 型恒压变量控制

带恒压变量机构的泵属于压力调节泵的范畴，通常也称为恒压泵。由于推动恒压阀动作的控制油，来自变量泵本身出油口，所以，属于自控式（自供式）变量泵。

变量泵的恒压变量控制是指当流量作适应性调节时，压力变动十分微小，可以向系统提供一个恒压源，恒压控制的原理如图 4-14 所示，恒压阀 CP 控制泵的变量活塞的进油和回油，进而控制泵的斜盘倾角，从而使泵的排量发生变化。

在图 4-14 中，假定恒压阀右端调压弹簧预压力的调定值为 p_t，泵的出口流量为 q_p，泵的出口压力为 p_p，则当 $p_p < p_t$ 时，恒压阀的阀芯在弹簧力的作用下左移，使变量活塞顶端与油箱相通，于是泵的输出流量达到最大，即 $q_p = q_{pmax}$；若负载流量 $q_L < q_{pmax}$，即泵的输出流量大于负载所需要的流量，则多余的流量将使系统的压力上升，从而使泵的出口压力上升，当 $p_p > p_t$（由于恒压阀的阀芯动作时行程很小，可认为恒压阀的阀芯弹簧的压紧力始终为其预压力的调定值 p_t）时，CP 阀的阀芯右移使变量活塞顶端引入压力油，于是泵的排量减小，最终在 $q_p = q_L$ 处停止动作，从而泵的出口压力下降，所以在 $q_L < q_{pmax}$ 时，$p_p = p_t$，此时，恒压阀关闭，变量活塞停止运动，变量过程结束，泵的工作压力稳定在调定值。调节调压弹簧的预压力，即可调节泵的工作压力。据此，可以得到恒压控制的压力 - 流量特性曲线，如图 4-14b 所示。可见，不论负载流量 q_L 多大，只要 $q_L < q_{pmax}$，则泵的出口压力基本不变，始终保持为恒压阀弹簧的调定压力 p_t，

即压力 - 流量特性基本垂直于横坐标，从而泵的流量总是与负载流量相适应。当系统要求的流量为零时，泵在很小的排量下工作，所排出的流量正好等于泵在调压弹簧预压力 p_t 时的泄漏量，泵的工作压力仍为 p_t。

图 4-15 所示的变量控制油路与常规油路（见图 4-14）不同，即在最靠近变量缸敏感腔（大腔）的恒压控制阀 A→T 通路之间，并联了一个带液阻 R_1 的通路，以及相应的液阻 R_2 和 R_3。这种布局，将给变量控制及系统运行在快速性、稳定性等方面带来有利影响。例如，仅在恒压控制情况下，当 P→A 相通，即排量减小的控制过程，变量控制油进入变量缸敏感腔，可视为 C 型半桥（先经变量控制阀口可变液阻，并联一个由 R_1、R_2 和 R_3 三者串并联形成的固定液阻）的控制，适当地降低了控制增

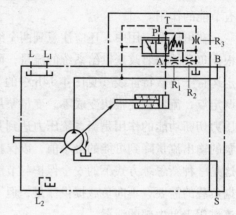

图 4-15　DR 恒压控制职能原理图

B—压力油口　S—进油口

L、L_1—壳体泄油口（L_1 堵死）

益，提高了稳定性（C 型半桥的特点），当 A→T 相通，即排量增大的控制过程，变量缸敏感腔排出的油液经阀口与 R_1、R_2 和 R_3 三者串并联形成的液阻，提高了快速性和稳定性。

恒压变量泵在其变量控制范围内保持系统压力恒定，不受泵流量变化的影响，变量泵仅供应工作必需的油液体积。如果压力超过设定值，则泵排量控制装置自动摆回小角度。所需压力可直接在泵上设定（阀内装，标准型），也可在用于带遥控型单独的顺序阀上设定（属于 DG 控制类型，将在下面讨论），一般的压力设定范围为 5 ~ 35MPa。

压力控制用于在控制范围内使液压系统中的压力维持恒压。因而泵提供的只是系统所需要的油量，其压力可由控制阀进行无级调节。

当 DR 型恒压控制泵达到恒压设定值即截止压力时，输出的流量可以为 0，但并不表示斜盘在零位，而是在倾角很小的位置，使内部流量和内部泄漏量相一致，并维持负载的压力。

实际的 DR 型恒压控制特性曲线如图 4-16 所示。

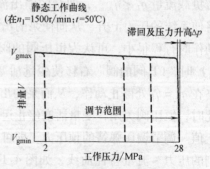

图 4-16　恒压控制特性曲线

在使用 DR 型恒压变量泵时，包括在回路中用于限制最高压力的任意一个溢流阀（安全阀），所设定的安全压力都应当比恒压泵压力设定值至少高 2MPa。

使用恒压泵时应当注意：

1）在系统压力未达到恒压泵的恒压调定值时，一定是以最大流量向系统提供流量，也就是说，它起定量泵的作用。

2）恒压泵在进入恒压工况之前，排量（乘转速就是流量）已经是最大了，所以，要变量的话，流量只会向减小方向进行，也就是说恒压泵在恒压工况下运行时，其流量只能等于或小于最大流量。

3）当系统速度减慢，即要求的流量减小时，恒压变量泵的变量机构会自动将斜盘倾度减小，达到系统需要的流量，并保持系统压力基本不变。当系统进入不再需要流量的保压阶段，则恒压泵就输出只维持内部泄漏所需要的流量，不再向系统供油。

4）恒压泵要能正常工作，除了系统压力要达到调定值这个基本条件外，还要求这个基本条件要有实现的可能性，如果系统的溢流阀调定压力低于恒压泵的调定值，则恒压泵始终不可能进入恒压工况，成了始终是一台排量最大的定量泵了。

液压泵出口压力油作用在阀芯左端，随着液压泵出口压力的增加，阀芯向右移动，当出口压力大于弹簧的调定值时，阀控制口打开，液压泵出口压力油与变量活塞腔接通，推动变量阀套，使泵斜盘处于"零"摆角状态，泵可以根据负载流量的需要自动变量，从而恒定系统压力。压力可以通过控制阀上调压螺钉无级调节，往左旋，压力升高，往右旋，压力降低，恒压泵的调节如图 4-17 所示。

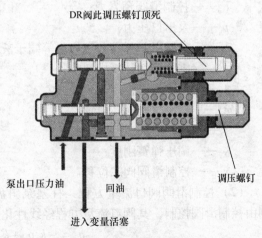

图 4-17　恒压变量泵的调节

4.2.3　恒压变量泵的数学模型和仿真分析

恒压变量泵变量调节机构如图 4-18 所示，其主要由斜盘回复弹簧 1、斜盘 2、伺服活塞 3、控制滑阀 4 和调压弹簧 5 组成。

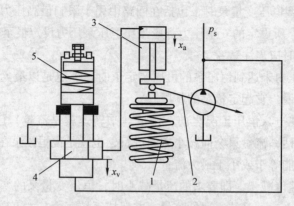

图 4-18　恒压变量泵调节机构示意图
1—斜盘回复弹簧　2—斜盘　3—伺服活塞　4—控制滑阀　5—调压弹簧

4.2.3.1　数学模型

（1）控制滑阀的运动方程　控制滑阀在压力油、调压弹簧作用下运动，忽略阀芯重力及液动力，运动方程为

$$F_v - (p_s - p_0)A_v = m_v \ddot{x}_v + f_v \dot{x}_v + K_v x_v \tag{4-7}$$

式中　F_v——控制滑阀预紧力；

p_s——泵出口压力；

p_0——控制滑阀弹簧腔压力，等同于液压泵低压腔，对于自吸泵，该值为
零，后续计算中忽略；

A_v——控制滑阀作用面积；

m_v——控制滑阀阀芯质量；

f_v——控制滑阀运动阻尼；

K_v——调压弹簧刚度；

x_v——控制滑阀阀芯位移。

（2）控制滑阀阀口流量方程　柱塞泵斜盘组件由伺服活塞驱动，伺服活塞
则由控制滑阀控制，其阀口流量方程经线性化后表示为

$$q_v = -k_c p_a - k_q x_v \tag{4-8}$$

式中　q_v——通过控制滑阀阀口的流量；

k_c——阀口的流量压力系数；

p_a——伺服活塞控制腔压力；

k_q——阀口流量增益。

其中阀口流量增益 k_q 取零位流量增益：

$$k_{q0} = C_d \omega_0 \sqrt{\frac{p_s}{\rho}}$$

阀口流量压力系数取零位时的流量压力系数:

$$k_{c0} = \frac{\pi \omega_0 r_c^2}{32\mu}$$

由于控制滑阀的开口为弓形,其开口面积用下式表示:

$$A_x = n R^2 \arccos\frac{R-x}{R} - (R-x)\sqrt{2Rx - x^2}$$

阀芯零位时的开口梯度近似为$\omega_0 = \dfrac{A_x}{x}\Big|_{x \to 0}$。

(3)伺服活塞运动方程　伺服活塞为典型的单出杆活塞缸,在压力油和斜盘回复弹簧的联合作用下运动,其运动方程为

$$p_a A_a - K_a x_a - F_a - p_0 A_b = m_a \ddot{x}_a + f_a \dot{x}_a \tag{4-9}$$

式中　A_a——伺服活塞压力油作用面积;

　　　A_b——伺服活塞背压侧作用面积;

　　　K_a——斜盘回复弹簧总刚度;

　　　x_a——伺服活塞位移;

　　　F_a——斜盘回复弹簧预紧力;

　　　m_a——伺服活塞与斜盘的折算质量;

　　　f_a——伺服活塞运动阻尼。

(4)伺服活塞流量连续性方程　从控制滑阀进入到伺服活塞的油液除了推动伺服活塞运用以外,还包括油液的压缩量和伺服活塞处的泄漏量,其流量连续性方程式如下所示:

$$q_V = A_a \dot{x}_a + \frac{V_1}{E_e}\dot{p}_a + C_0 p_a \tag{4-10}$$

式中　V_1——随动活塞控制油腔容积;

　　　E_e——油液体积弹性模量;

　　　C_0——随动活塞腔的泄漏系数。

(5)液压泵的理论流量方程　恒压变量柱塞泵的输出流量取决于斜盘的倾角,关系如下:

$$q_p = n \frac{\pi}{4}d_z^2 z D_f \tan\beta \tag{4-11}$$

式中　q_p——泵的理论输出流量;

　　　n——液压泵转速;

　　　d_z——柱塞直径;

　　　z——液压泵柱塞数目;

　　　D_f——柱塞分布度圆直径;

　　　β——斜盘倾角。

斜盘倾角与伺服活塞位移的关系如下：

$$x_a = L_0 - r\tan\beta \tag{4-12}$$

式中　L_0——伺服活塞总行程；

　　　r——伺服活塞距离中心轴距离。

根据式（4-11）和式（4-12）可以得出液压泵的理论输出流量与伺服活塞位移的关系：

$$q_p = n\frac{\pi}{4}d_z^2 z\, D_f\frac{L_0 - x_a}{r} \tag{4-13}$$

（6）液压泵的输出流量连续性方程　液压泵的输出流量包括负载流量 q_L、输入给滑阀的流量 q_V、压力变化引起的液压缩量、液压泵的总泄漏量，具体方程如下所示：

$$q_p = q_L + q_V + \frac{V_t}{E_e}\dot{p}_s + C_t p_s \tag{4-14}$$

式中　q_p——液压泵实际输出给负载的流量；

　　　V_t——泵输出负载容积；

　　　C_t——泵的总泄漏系数。

4.2.3.2　稳态特性分析

恒压变量泵能够自动调整泵的输出流量，使其与负载流量相匹配，从而保证液压泵出口压力恒稳定，因此液压泵的稳态特性为输出压力 - 流量特性。

（1）稳态特性计算　当液压泵输出达到稳态时，式（4-7）~式（4-14）中各微分项均为零，将上述方程化简得

$$x_v = \frac{F_v - p_s A_v}{K_v} \tag{4-15}$$

$$p_a = \frac{-k_q x_v}{C_0 + k_c} \tag{4-16}$$

$$x_a = \frac{p_a A_a - F_a}{K_a} \tag{4-17}$$

$$q_L = n\frac{\pi}{4}d_z^2 z\, D_f\frac{L_0 - x_a}{r} - C_0 p_a - C_t p_s \tag{4-18}$$

根据式（4-15）~式（4-18）可以解得 q_L 与 p_s 的关系式：

$$q_L = n\frac{\pi}{4}d_z^2 z\, D_f\left[\frac{L_0}{r} + \frac{F_a}{K_a} + \frac{A_a k_q F_v}{K_a(C_0 + k_c)K_v}\right] + \frac{k_q F_v}{(C_0 + k_c)K_v}$$

$$- \left[n\frac{\pi}{4}d_z^2 z\, D_f\frac{A_a k_q A_v}{K_a(C_0 + k_c)K_v} + \frac{C_0 k_q}{(C_0 + k_c)K_v} + C_t\right]p_s \tag{4-19}$$

代入模型的相关仿真参数，由式（4-19）可以绘出液压泵出口压力 - 流量

特性曲线，如图 4-19 所示。当液压泵出口压力小于全流量最大压力 p_{s0} 时，液压泵以最大排量输出油液，当出口压力大于全流量最大压力 p_{s0} 时，输出流量随着压力增大而逐渐减小，最终变为零流量，此时液压泵出口压力达到额定出口压力 p_{s1}。

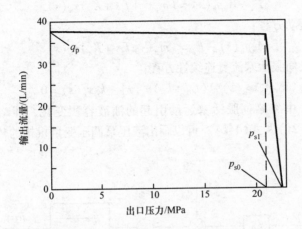

图 4-19　恒压变量泵压力 – 流量特性曲线

（2）提高稳态特性的措施　通过伺服控制滑阀的流量与泵的输出流量相比很小，因此分析时以泵的输出流量代替负载流量。提高泵的稳态特性，就意味着在同样的泵出口流量下，减小泵的出口压力与设定值的偏差，也就是要增大图 4-19 中 p_{s0} 到 p_{s1} 段的斜率。由式（4-19）得出该段曲线的斜率为

$$K_0 = n \frac{\pi}{4} d_z^2 z \, D_f \frac{A_a k_q A_v}{K_a (C_0 + k_c) K_v} + \frac{C_0 k_q}{(C_0 + k_c) K_v} + C_t \qquad (4\text{-}20)$$

由式（4-20）可以看出，在不改变泵其他结构的前提下：

1）增大伺服活塞的作用面积可以在较小的 p_a 作用下实现斜盘倾角的变化，实现变量，也就相应地减小了 p_s 的变化。

2）增大控制滑阀的流量增益，即增大控制滑阀的阀芯开口梯度 ω_0 也可较小 p_s 的变化范围。

3）采用较小刚度的调压弹簧，使得变量机构对于 p_s 的变化更为敏感。

4）采用较小刚度的斜盘回程弹簧同样能够减小 p_s 的变化范围，提高液压泵的稳态性能。

4.2.3.3　动态特性分析

对式（4-7）~式（4-14）进行拉普拉斯变换并化简得到以下几个方程：

液压泵输出流量连续性方程：

$$q_L(s) = \frac{n\pi d_z^2 z\, D_f L_0}{4r} - \left(\frac{n\pi d_z^2 z\, D_f}{4r} + A_a s\right) x_a(s) - C_0 p_a(s) - \left(\frac{V_t}{E_e}s + C_t\right) p_s(s)$$

$$(4\text{-}21)$$

控制滑阀运动方程：

$$F_v - A_v p_s(s) = (m_v s^2 + f_v s + K_v) x_v(s) \qquad (4\text{-}22)$$

伺服活塞运动方程：

$$A_a p_a(s) - F_a = (m_a s^2 + f_a s + K_a) x_a(s) \qquad (4\text{-}23)$$

控制滑阀及伺服活塞流量连续性方程：

$$A_a s x_a(s) + (C_0 + k_c) p_a(s) + k_q x_v(s) = 0 \qquad (4\text{-}24)$$

式（4-21）中忽略伺服活塞运动引起的油液容积变化，即略去 $A_a s x_a(s)$ 项。根据式（4-21）~式（4-24）可以画出液压泵调压变量机构的传递函数框图，如图4-20所示。

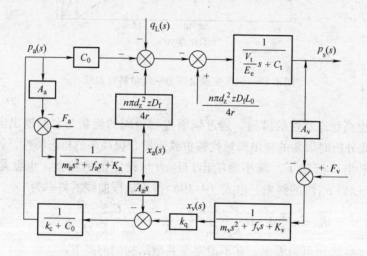

图4-20　恒压变量泵调压变量机构传递函数框图

4.2.3.4　开环幅相频率特性

根据图4-20所示的恒压变量泵调压变量机构传递函数框图可得出其开环传递函数：

$$W(s) = \frac{\dfrac{n\pi d_z^2 z\, D_f}{4r}\dfrac{A_a k_q A_v}{K_a C_t (C_0 + k_c) K_v}}{\left(\dfrac{s}{\omega_1} + 1\right)\left(\dfrac{s^2}{\omega_2^2} + 2\,\xi_2 \dfrac{s}{\omega_2} + 1\right)\left(\dfrac{s^2}{\omega_3^2} + 2\,\xi_3 \dfrac{s}{\omega_3} + 1\right)} \qquad (4\text{-}25)$$

式中　$\omega_1 = \dfrac{E_e C_t}{V_t}$

$\omega_2 = \sqrt{\dfrac{K_a}{m_a}}$

$\xi_2 = \dfrac{1}{2}\dfrac{(C_0 + k_c)f_a + A_a^2}{(C_0 + k_c)K_a}$

$\omega_3 = \sqrt{\dfrac{K_v}{m_v}}$

$\xi_3 = \dfrac{1}{2}\dfrac{f_v}{K_v}\sqrt{\dfrac{K_v}{m_v}}$

将相关仿真参数代入式（4-25），仿真参数见表4-3，用 MATLAB 绘制其开环 BODE 图，如图4-21 所示。

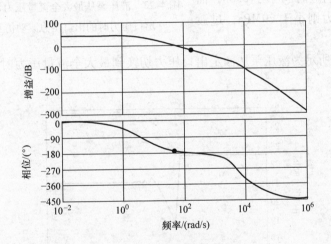

图 4-21　幅相频率特性图

由图 4-21 中可以看出，总体来说调压变量机构是稳定的，但稳定裕量不足，尤其是相频特性，这样系统对干扰的抑制能力就较差。为了保证系统的稳定性，就要降低系统的开环增益。由式（4-25）可以看出，降低系统开环增益的方法有如下几种：

1）改善控制滑阀结构，降低滑阀作用面积 A_v、阀口流量增益 k_q，增大调压弹簧刚度 k_v，因此一般控制滑阀阀芯直径都较小，调压弹簧刚度较大。

2）减小伺服活塞作用面积 A_a，增大斜盘回程弹簧刚度 K_a。

3）由于伺服控制滑阀的流量增益 k_q 与工作压力有关，压力越大，k_q 值越

65

大，则稳定裕量越小。

由上述分析可以看出，系统的动态特性与稳态特性改善措施截然相反，因此在变量泵调压变量机构的设计时应进行综合考虑，兼顾二者的性能。

4.2.3.5 Simulink 仿真分析

为了检验、修正模型，根据系统的传递函数框图，运用 MATLAB 中的 Simulink 模块搭建了系统的模型，并进行了相关的仿真分析，对液压泵的相关特性进行仿真。

图 4-22 所示为液压泵从最大全流量压力切换到额定出口压力时的出口压力波动情况，从图 4-22 中可以看出，其响应时间小于 0.5s，而最大瞬时压力则小于 29MPa，过渡时间小于 1s。

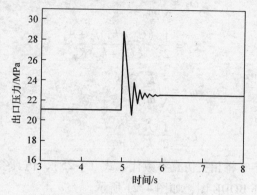

图 4-22　液压泵从最大全流量压力切换到额定出口压力时的出口压力波动仿真曲线

图 4-23 所示为液压泵从额定出口压力切换到最大全流量压力时的出口压力波动情况。

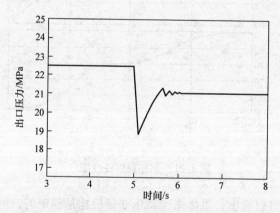

图 4-23　液压泵从额定出口压力切换到最大全流量压力时的出口压力波动仿真曲线

图 4-24 所示为液压泵在不同负载流量需求的情况下液压泵的出口压力波动情况。由图中可以看出，随着负载需求流量从小流量到最大流量的变化，液压泵出口压力在额定出口压力 21MPa 到最大全流量压力 22.5MPa 之间波动，符合恒压变量泵的设计要求，与该泵实际指标相符，满足液压系统对液压泵恒压变量的需求。

仿真参数取值见表4-3。

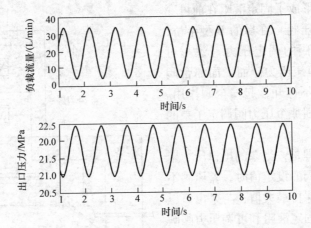

图4-24　负载流量变化时液压泵的出口压力波动情况

表4-3　仿真参数取值

符号	单位	取值	符号	单位	取值
m_v	kg	1.4×10^{-3}	d_v	m	3.2×10^{-3}
A_v	m^2	8×10^{-6}	K_v	N/mm	36
F_v	N	168.8	d_a	m	9.5×10^{-3}
m_a	kg	0.0123	A_a	m^2	7.1×10^{-5}
K_1	N/mm	17.6	K_2	N/mm	22.7
K_a	N/mm	40	L_0	mm	2.6
F_a	N	140	D_f	mm	37.2
r	mm	38.4	z		7
n	r/min	2000	d_z	mm	10.6
C_0	$m^3/(s \cdot Pa)$	0.2×10^{-12}	f_v	N/(m/s)	30
C_t	$m^3/(s \cdot Pa)$	2.5×10^{-12}	k_q	m^2/s	0.025
V_t	m^3	0.001	E_e	Pa	7×10^8
f_a	N/(m/s)	100			

4.2.4　DR·G型远程恒压变量控制

　　DR·G控制可以远程控制变量泵的工作压力。这种 DR·G 型远程恒压控制也属于压力控制范畴，图4-25所示的远程恒压变量控制结构实际上是在压力流量复合控制变量的基础上改进的。原本上面的差压阀是用于恒流量（负载敏感）控制的，现在用液阻将 X 口与泵出口相连，X 口外接远程调压阀，并将上面的

67

差压阀弹簧腔与回油之间的液阻堵死。这样一来，就形成了固定液阻在前可变液阻（远程调压阀）在后的 B 型半桥，用来调节差压阀的调定压力（远程可调），也就是恒压压力。而下面那台阀正常工况下并不打开，起安全阀作用。也就是说，下面那个压力阀调定了泵的最高压力。

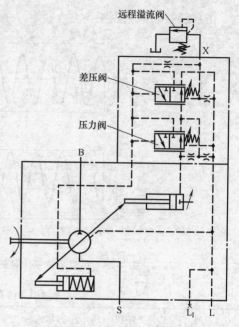

图 4-25　DR·G 控制功能职能图

其工作原理是，当泵的出口压力未达到远程溢流阀的设定值时，差压阀不动，泵的排量保持最大值；与泵出口压力相比较的是固定液阻和可调压力阀阀口构成的 B 型液压半桥的输出压力，配用的弹簧仅起复位作用，不再是调压弹簧，刚度可大大降低。当泵的出口压力达到远程溢流阀的设定值时，溢流阀卸荷，差压阀因上面的阻尼瞬间在左右出现压差而右移，则泵的出口压力通向泵的排量控制缸，推动缸使泵降到最小排量，泵保持恒压状态，即恒定在远程溢流阀设定的压力下。所以 DR·G 型为远程控制恒压变量泵。

阻尼孔的直径为 0.8mm，要求连接溢流阀的管道最长不得超过 2m。恒压控制的功能和装置与 DR 相同。可将远程溢流阀与 X 控口相连实现远程控制。DR·G 控制阀芯的标准压差设置在 2MPa，此压差产生 1.5L/min 的控制流量。

如果将远程溢流阀换成比例溢流阀，那么设定的补偿压力可以通过输入到先导比例阀上放大器的外部电子信号连续调节补偿。

4.2.5　POR 压力切断控制

压力切断控制是对系统压力限制的控制方式，属于压力控制范畴，有时也简称为压力控制。当系统压力达到切断压力值时，排量调节机构通过减小排量使系统的压力限制在切断压力值以下，其输出特性如图 4-26a 所示。如果切断压力值在工作中可以调节则称为变压力控制，否则称为恒压力控制。图 4-26b 所示为压力切断控制的典型实现方式，当系统压力升高达到切断压力时，变量控制阀阀芯左移，推动变量机构使排量减小，从而实现压力切断控制。阀芯上的液控口可以对切断压力进行液压远程控制和电比例控制。工程机械作业中，在执行器需要的流量变化很大的工况中，压力切断控制可以根据执行器的调速要求按所需供油，避免了溢流产生的能量损失，同时对系统起到过载保护的作用。

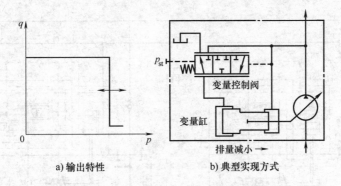

a) 输出特性　　　　　　　b) 典型实现方式

图 4-26　压力切断控制变量泵

恒压是一种控制功能，当系统工作压力达到其调节压力时，泵进入恒压工况，根据负载的需要提供流量，并维持压力不变。而压力切断是一种保护功能，只要泵的工作压力达到切断压力，泵自动将流量向 V_{gmin} 方向变化。

恒压阀弹簧比较软，相当于一个比例阀，行程大，泵的排量调节范围大，从而保证压力恒定，流量按需供应。而压力切断的弹簧硬，行程非常小，相当于开关阀，要么打开，要么关闭，打开时，将泵的排量降到很小，只补充泄漏。压力切断，斜盘肯定归零，恒压阀当泵出口被堵死时斜盘归零。

4.2.6　DP 型同步变量控制

在大型系统中，经常使用很多泵，为了保证所有液压泵的同步工作，可采用具有同步控制变量机构的液压泵。A4VSO DP 是一种可并联使用的恒压控制形式泵。如图 4-27 所示，泵并联使用时，各泵头阀的 X_D 口（在节流阀 5 上）同时连接至外部溢流阀 4，通过该溢流阀 4 调定相同的泵出口压力。工作时在满足执行器对流量需要的同时保证压力恒定。

Rexroth 公司开发的 DP 控制方式，具有以下优点：

1）所有的泵同步变量。

2）一个先导控制阀设定所有泵的恒压点。

3）所有的泵都是同样的结构、同样的设定、同样的参数。

4）均匀的负载分布，提高泵的使用寿命。

5）使用切断阀，可以从主系统中任意切断或接通任何一个泵；泵主油路上的单向阀可以将该泵从系统中隔离开。

这种控制方式极大地提高了系统组合的自由度和操纵性能，可以方便地进行流量切换和参数设定，同时可以大幅度地提高系统的可靠性，此控制方式已经在钢铁行业等可靠性要求较高的场合获得了广泛应用。

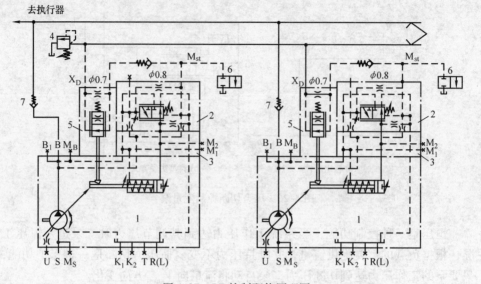

图 4-27　DP 控制职能原理图

1—A4VSO500 泵体　2—带压力补偿器的控制阀　3—过渡块　4—远程溢流阀　5—节流阀
6—卸荷阀（安装了此阀，同时需要安装单向阀7）　7—单向阀

　　DP 型变量控制系统主要由变量泵体 1、带压力补偿器的控制阀 2、过渡块 3、远程溢流阀 4、节流阀 5、卸荷阀 6 和单向阀 7 组成。停机时，在变量活塞内弹簧的作用下泵处于最大排量状态。远程溢流阀 4 设定好泵出口压力后，负载压力在未达到远程溢流阀设定值时，泵一直工作在最大排量状态（卸荷阀未卸载的情况下）；当负载压力升高到远程溢流阀设定压力值时，远程溢流阀 4 开启溢流。此时，由于节流塞的节流作用，控制阀 2 前后产生压差，控制油经过控制阀 2 进入变量活塞的大腔，泵斜盘向小排量回摆，直到泵出口压力达到设定值。此时，在满足执行器对流量需要的同时，保证压力恒定。其调节工作原理如下。

　　1）多台泵采用一台溢流阀作为可变液阻，如图 4-27 所示（这与常规液压泵并联合流后，必须用一个溢流阀来统一控制压力，各泵原来的溢流阀改为安全阀）。并要求从油口 X_D 到溢流阀 4 之间的管子应大致一样长，以保证各泵的变量控制压力尽量一致。

　　2）节流阀 5 是一个取压液阻，节流产生的压力被引到恒压阀的弹簧腔，与弹簧一起构成恒压阀的开启阻力，以增大泵进入恒压区运行后的压差 Δp。随着泵斜盘倾角的逐渐减小，节流阀 5 的节流开口也逐渐变小，液阻增大，取压压力（即作用于恒压阀弹簧腔的液压力）逐渐增大。可见，节流阀 5 的作用及其所产生的液压力的变化规律与在恒压阀弹簧腔再增加一个弹簧等效。节流阀 5 用来保证压力补偿器的控制阀 2 弹簧端控制力的变化，实际上与泵的排量成比例。直径 0.7mm 的液阻和节流阀可变液阻并联形成压差 Δp_1，在泵排量变化时，能够改变节流面积，即改变 Δp_1。排量增大，Δp_1 减小；排量减小，则 Δp_1 增大。节流阀 5 的开口状态和变量斜盘的位置成比例，确保了每个泵都能够处于相同的工作状态。节流阀 5 起到变量泵在变量过程中互不干扰同步变量的作用。

3）所有泵的 $\Delta p_1 + \Delta p_2$ 之和不变，Δp_1 和 Δp_2 含义如图 4-28 所示，这是因为泵组用同一溢流阀调压，同一压油口，已回到零位的泵的 Δp_1 比较大，处于最大盘倾斜角的泵的 Δp_1 比较小，所以处于最大盘倾斜角的泵的 Δp_2 比较大，$\Delta p_1 + \Delta p_2$ 之和不变，Δp_1、Δp_2 都是变化的，加在恒压阀芯的力 F_f 也是变化的。可以理解为，加在电路两端的电压不变，一个是固定电阻，一个是可变电阻。可变电阻变化了，则这两个电阻上的电压要重新分配。

由于 Δp_1 变化，则也就朝相反的方向变化。相当于改变了压力补偿器 2 弹簧腔的受力。这相当于一个 B 型半桥，当可变液阻即节流阀的阀口面积改变时，加在压力补偿器上的控制油压力也会发生改变，如果压力补偿器 2 弹簧力不变，则 Δp_1 是影响泵排量发生变化的唯一原因，如图 4-28 所示。

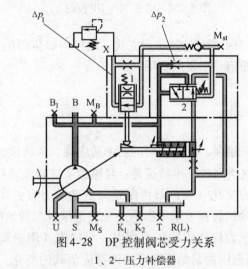

图 4-28　DP 控制阀芯受力关系
1、2—压力补偿器

$$\Delta p_2 X_A = F_f \tag{4-26}$$

式中　Δp_2——压力补偿器 2 上端阻尼器两端的压差；

　　　X_A——压力补偿器 2 的阀芯面积；

　　　F_f——作用在补偿器 2 右端的液压力。

4）压力补偿器 2 弹簧腔的受力改变了，相应泵的排量也就变化。Δp_2 可变，阀芯位置也要变。

举一个例子，假设两个并联的泵都在恒压区工作，但一个排量大，一个排量小。分析排量大的泵的变化情况：排量大，则 Δp_1 减小，Δp_2 增大。压力补偿器 2 弹簧腔受力增大，则液压泵排量要减小，直到两个泵排量相等达到平衡。

如果压力补偿器 2 弹簧力不变，则 Δp_1 是影响泵排量发生变化的唯一因素。

DR 控制与 DP 控制的压差 Δp 不同，如图 4-29 所示。DP 控制压差的增高是为了保证执行器同步而做出的牺牲、增大压差 Δp 的目的是增大调整误差的范围，降低泵组的调整精度，可使泵组的同步运行调整更加容易实现，并可以增强泵组的抗干扰能力。

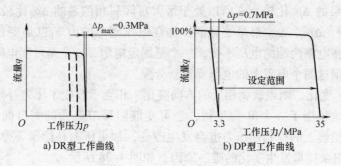

a) DR 型工作曲线　　　　b) DP 型工作曲线

图 4-29　DR 控制与 DP 控制

若在图 4-27 中的 Mst 油口连接一台二位二通换向卸荷阀 6，则可实现从主系统中任意切断或接通任何一个泵的功用。

4.3　流量控制泵

一般概念上的恒流量泵，以及所谓的功率适应泵、负载敏感泵等，都应属于流量控制泵的范畴，这类泵的基本特征是：泵输给系统的流量只与输入控制信号有关，而不受负载压力变化（泵内部泄漏量与负载压力有关，油液的压缩性与负载压力有关）或原动机转速波动的影响（流量是排量与转速的乘积）；同样重要的是，泵的排油口压力仅比负载压力高出一个定值（用于调节流量的节流阀定压差），在最高限压范围内泵始终能自动地适应负载的变化。也就是泵始终能工作在与负载功率（负载压力与所控制流量的乘积）匹配的工况，具有明显的节能效果。这种与负载的自动适应，就是被称为功率适应泵的原因。

对恒流量泵而言，引起其变量机构动作主要来自两个方面的干扰：负载压力变化与原动机转速波动。前者表现为泵容积效率的变化和油液压缩性的变化影响，如果不进行补偿，就回归到排量调节泵；后者的干扰量要有一定的限制，应尽量避免原动机转速变化过大对液压泵性能的影响。

因为流量直接检测比较困难，因此需要选择一个与流量有联系的、可替换的变量作为控制变量，这个控制变量就是节流孔口的压差。孔口把实际的控制变化的流量转换为压差，在液压回路中压差可以相对容易地被检测到。当一个控制回路保持压差恒定，因此可以取得常值的流量。

按需流量控制泵具有如下优点：①执行机构的动作与负载无关；②发热量最小；③延长泵的使用寿命；④系统工作噪声小；⑤精简控制机构部件；⑥减少能量消耗，尤其当系统工作在非全流量工况下，节能效果最为明显。

实现流量泵上述基本功能的机制，与压力调节泵一样，是在干扰作用下，泵排油口流量的变化，将引起泵排油口压力的变化，从而自动使变量机构动作，最终也是通过改变泵的排量，来达到恒流效果。这当然是就传统类型而言的，当采用流量位移 - 力反馈及流量电反馈等新原理时，情况就发生了重要变化。但不论是传统的变量机制，还是采用主控制量检测反馈的新机制，最终都是依靠改变泵的排量来自动适应控制要求。因此，当泵的排量达到最大值所对应的数值时，变量机构就失去补偿功能。如图 4-30 所示，恒流量泵存在一定的调节死区。EF 线表示随着压力升高，泵最大可能的流量值；F 点的垂直虚线，表示泵可运行的最高压力；这两条线所包围的就是泵的功率区域，EFG 三角形区域，就是恒流泵的调节死区。

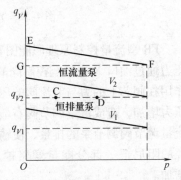

图 4-30　恒排量泵与恒流量泵

4. 3. 1　压差控制型流量控制

压差控制型流量调节泵的基本特征是，在泵的排油口到负载之间设置一个节流阀（如手动节流阀、电液比例节流阀、电液比例方向节流阀等），用节流阀两端的压差来控制变量控制阀，进而推动变量机构（见图 4-31a），改变节流阀的输入信号，就可以改变泵的调定流量。实际上，节流阀两端的正常压差就等于变量控制阀一端弹簧力所对应的液压力。在收到一定的输入信号时，节流阀有对应的过流面积，当泵的输出流量与输入信号对应时，变量控制阀处于中位。如果出现干扰，例如，当负载压力升高，使实际输给负载的流量减少时，则在与输入信号对应的节流阀口过流面积不变的情况下，在节流阀处产生的压降就要比正常压差小，造成变量控制阀两端受力不平衡而使阀芯左移。即变量控制阀右位工作，变量缸大腔油液流出一部分，使泵的排量增大，直至通过节流阀的流量重新与输入信号对应，变量控制阀重新回到中位。如果出现负载压力降低的干扰，则有相反的类似自动调节过程，如图 4-31b 所示。

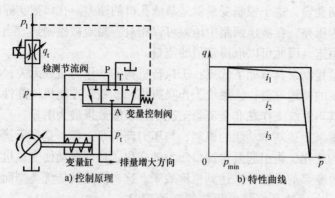

a) 控制原理   b) 特性曲线

图 4-31　节流检测压差反馈型流量调节泵

FR 型流量控制原理职能图和其输出特性曲线如图 4-32 所示，节流阀出口的压力通过油口 **X** 连接至控制阀的右腔，泵排油口的压力则连接至控制阀的左腔，作用在阀芯上的力与节流阀的压差有关，当压差发生变化时，如节流阀出口负载压力增加，造成流量调节阀右端压力增加，节流阀的压差减小，流量减小，此时流量调节阀调节泵的排量，使输出流量增加并维持设定值保持不变。伺服阀弹簧腔的阻尼把一部分能量旁路掉，尤其是当负载变化较大时，能使系统稳定性增加。

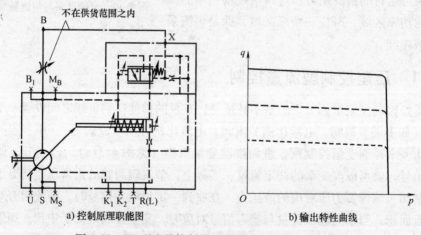

a) 控制原理职能图   b) 输出特性曲线

图 4-32　FR 型流量控制原理职能图和其输出特性曲线

传统压差控制型泵的流量控制精度虽然不高（3% ~ 5%），而且消耗全流量为 1.4 ~ 2.0MPa 的压力损失，但具有负载功率适应功能，结构简单，易于构成压力、流量复合控制，目前仍然得到广泛的应用。

在工程应用中应该特别注意这样两个问题。第一，原理图上的节流阀，实际上就是系统中进行流量控制的电液比例方向阀或手动比例方向阀。构成系统时，只要将比例方向阀后的负载压力，引到恒流泵预留的通向变量控制阀端面的接口。第二，在复合控制变量泵中，常用排量的变化代替流量的变化。

通过增加一个节流孔（直径为 0.8mm）和一个压力先导阀可增加压力调节功能。例如图 4-33a 为 PV 泵 FFC 控制功能。基于流量调节和压力调节的相互影响，从图 4-33b 所示的曲线可以看出，实际输出的压力调节曲线与"理想的"（图中未画出）压力调节曲线有些偏差，这一偏差直接取决于压力先导阀的特性。如果希望准确地限制压力，为了消除相互影响，可以将两个分开的调节阀用于流量调节和压力调节，参见 DFR 控制。

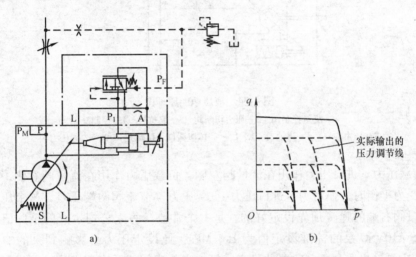

图 4-33 Park PV 泵 FFC 控制原理

4.3.2 DFR（DFR1）型压力/流量控制

DFR/DFR1 有流量控制及压力切断两种功能，它应当属于复合控制型，为了讨论方便，将其放在这一节进行分析。其液压职能原理图如图 4-34 所示，用两台变量缸，控制斜盘倾角。复位缸 3 内有复位弹簧，其作用是在空载时靠弹簧力推动斜盘至最大排量；控制缸 4，也叫变量作用缸，缸径大于复位缸，因此有压力时可以与复位缸及复位弹簧进行压力比较，以达到变量控制。

泵上面装备有两台控制阀，分别是压力切断阀 2，通过手动调节弹簧设定最大工作压力，当负载达到此压力时，阀芯右移，负载压力进入控制缸，使斜盘角度最小，输出流量为零。流量控制阀 1，也叫负载敏感阀，用于控制流量调整，或者说是待命压力调整或压差设定，使通过串接在泵排出口的节流阀（手动节流阀，电液比例节流阀，电液比例方向节流阀，多路方向阀等）与装在泵装置上的流量调节阀一起可以实现泵的流量控制。这是因为节流阀两端压差 = 进口压

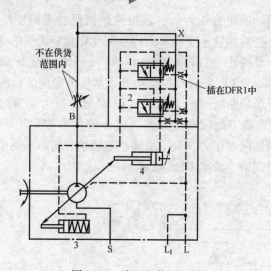

图 4-34　液压职能原理图

1—流量控制阀　2—压力切断阀　3—复位缸　4—控制缸

B—压力油口　S—进油口　L、L₁—壳体泄漏口（L₁堵死）　X—先导压力油

力–负载压力。进口压力作用在流量阀左侧，负载压力作用在流量阀右侧，当流量阀受力平衡时，弹簧力＝进口压力–负载压力＝节流阀两端压差，这个压差是由流量阀右端的弹簧预先设定好的，是一个常数（每家公司生产的泵此值略有差异，A10VSO 泵的标准设定值为 1.4 MPa，此设定压力会影响到泵的响应时间）。主泵输出适合负载需要的稳定流量。当节流阀的开度调定后，节流阀两端的压差若不变，表示泵输出的流量与输入阀口开度信号相对应且恒定不变。而当负载压力变化等干扰作用时，节流阀口两端压差减小（或增大），说明泵的输出流量低于（或高于）输入信号的对应值，则变量控制系统起作用，增大（或减小）泵的排量，使泵输往负载的流量增大（或减小）直到与期望值相等，其只提供能维持恒定压差所需的排量，而压力切断阀优先于流量阀。

当负载保压时，$p_S = p_L$，这时流量控制阀 1 无法开启，p_S 推动压力切断阀 2 阀芯向右运动，油液通过压力切断阀 2 左位进入变量缸的大腔，使泵的流量减小到仅能维持系统的压力，斜盘倾角接近零，泵的功耗最小。

当节流阀关死，即负载停止工作，泵出口压力仅需为流量控制阀 1 弹簧设置压力，一般只有 1.4MPa 左右，流量接近零。

以上的分析说明：

1）该泵的输出压力和流量完全根据负载的要求变化。

2）保压时，泵的输出流量仅维持系统的压力。

3）空运转时，泵的流量在低压、零斜盘倾角下运转。

流量阀右边的阻尼，只有 DFR1 控制类型才有，使负载的一部分油回到油箱，这样可以牺牲一些效率起到减小压力冲击的作用，另外还有防止应用在多路阀系统闭中心时的压力阻塞的作用。压力切断阀下的两个阻尼，左边的与压力阀的开口形成一个半桥，起到一个快速卸压和控制稳定性的作用，右面的旁通回路作用阻尼孔为泄压阻尼孔，其作用和流量阀右边的阻尼的作用相似。DFR 型变量控制输出特性曲线如图 4-35 所示。

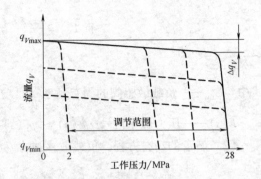

图 4-35　DFR 型变量泵输出特性曲线
（在 $n_1 = 1500$ r/min；$t = 50℃$）

除了压力控制功能之外，还可以通过控制压差（如节流孔或换向阀的压差）调节泵流向执行器的流量，泵只提供执行器所需要的流量。在 DFR1 型上油口 X 与油箱之间的节流口被堵住，标准压差设定值 1.4MPa。

4.3.2.1　负载敏感泵数学模型

为了进一步深入分析研究负载敏感泵，首先必须要对负载敏感泵进行数学建模。

从上部分的原理分析得知，负载敏感泵有三种状态，即一般工作状态、保压工作状态和空运转状态，其中一般工作状态和空运转状态由负载敏感阀感应负载需求产生阀芯运动使泵流量变化来满足负载要求，保压工作状态由恒压阀感应负载产生阀芯运动使泵流量变化来满足负载要求，系统模型需要分开建立。由于负载敏感阀和恒压阀结构相似，运动过程也类似，如图 4-34 所示，下面将只建立负载敏感阀动作时的数学模型。

（1）负载敏感阀的动态特性　负载敏感阀芯运动的微分方程：

$$(p_S - p_L)A_v - F_0 = M_v \frac{d^2 x_v}{dt^2} + K_s x_v \tag{4-27}$$

式中　M_v——负载敏感阀弹簧质量加三分之一弹簧质量（kg）；

　　　p_S——泵的输出压力（MPa）；

　　　A_v——负载敏感阀的控制面积（m²）；

　　　p_L——负载压力（MPa）；

　　　F_0——负载敏感阀弹簧预调力（N）；

　　　x_v——负载敏感阀芯位移（m），设向右为正；

　　　K_s——负载敏感阀弹簧刚度（N/m）。

对式（4-27）进行拉普拉斯变换并整理，得到负载敏感阀芯的传递函数：

$$W_1(s) = \frac{x_v(s)}{E(s)} = \frac{1/K_s}{\dfrac{s^2}{\omega_{nv}^2} + 1} \tag{4-28}$$

式中　ω_{nv}——负载敏感阀的固有频率（s^{-1}），$\omega_{nv} = \sqrt{\dfrac{K_s}{M_v}}$；

　　$E(s)$——压力偏差信号，$E(s) = [p_S(s) - p_L(s)]A_v$。

（2）斜盘的动态方程　负载敏感阀的流量方程：

$$q_v = C_d w x_v \sqrt{\frac{2\Delta p}{\rho}} \tag{4-29}$$

式中　C_d——流量系数；

　　w——负载敏感阀开口面积梯度（m）；

　　ρ——工作介质密度（kg/m^3）；

　　Δp——阀口前后的压降（MPa）。

故负载敏感阀的流量增益：

$$V_q = \begin{cases} \dfrac{\partial q_V}{\partial x_v} = C_d w x_v \sqrt{\dfrac{2(p_S - p_1)}{\rho}} & \text{当 } x_v \geqslant 0 \\[3mm] C_d w x_v \sqrt{\dfrac{2p_2}{\rho}} & \text{当 } x_v \leqslant 0 \end{cases} \tag{4-30}$$

负载敏感阀的流量压力系数：

$$V_p = \begin{cases} -\dfrac{\partial q_V}{\partial p} = \dfrac{C_d w x_v}{\sqrt{2(p_S - p_1)\rho}} & \text{当 } x_v \leqslant 0 \\[3mm] \dfrac{C_d w x_v}{\sqrt{2p_2\rho}} & \text{当 } x_v \geqslant 0 \end{cases} \tag{4-31}$$

式中　p——阀口前后压差（MPa）；

p_1、p_2——变量活塞左移和右移时大腔压力（MPa）。

则负载敏感阀的线性化流量方程，当负载需求流量减小时：

$$q_{V1} = k_q x_v - k_p p_1$$

反之

$$q_{V1} = k_q x_v + k_p p_2$$

斜盘运动的微分方程，偏角减小时：

$$(p_1 A_1 - p_S A_2)r_0 = J\frac{1}{r_0}\frac{d^2 x_p}{dt^2}$$

偏角增大时：

$$(p_s A_1 - p_2 A_2) r_0 = J \frac{1}{r_0} \frac{\mathrm{d}^2 x_p}{\mathrm{d}t^2} \tag{4-32}$$

式中　J——斜盘和变量活塞绕斜盘旋转中心的转动惯量（kg·m^2）；

　　　r_0——变量活塞中心至斜盘旋转中心的距离（m）；

　　　A_1——变量缸大腔的面积（m^2）；

　　　A_2——变量缸弹簧腔的面积（m^2）；

　　　x_p——变量活塞的位移，设向左为正（m）。

流量连续性方程，斜盘偏角减小时：

$$q_{V1} = A_1 \frac{\mathrm{d}x_p}{\mathrm{d}t} + \frac{V}{\beta_e} \frac{\mathrm{d}p_1}{\mathrm{d}t} + C_0 p_1$$

偏角增大时：

$$q_{V2} = A_1 \frac{\mathrm{d}x_p}{\mathrm{d}t} - \frac{V}{\beta_e} \frac{\mathrm{d}p_2}{\mathrm{d}t} - C_0 p_2 \tag{4-33}$$

式中　V——变量缸大腔的容积（m^3）；

　　　β_e——有效体积弹性模量（MPa）；

　　　C_0——变量缸大腔的泄漏系数（m^3/Pa·s）。

联立式（4-29）、式（4-30）、式（4-31）、式（4-32）、式（4-33），解得：

$$2k_q x_V = 2A_1 \frac{\mathrm{d}x_p}{\mathrm{d}t} + \frac{V}{\beta_e} \frac{2J}{A_1 r_0^2} \frac{\mathrm{d}^3 x_p}{\mathrm{d}t^3}$$

$$+ (k_p + C_0) \frac{2J}{A_1 r_0^2} \frac{\mathrm{d}^2 x_p}{\mathrm{d}t^2} \tag{4-34}$$

对上式进行拉式变换并整理，得到斜盘运动的传递函数：

$$W_2(s) = \frac{x_p(s)}{x_v(s)} = \frac{k_q / A_1}{s\left(\dfrac{s^2}{\omega_n^2} + \dfrac{2\delta_n}{\omega_n} s + 1\right)} \tag{4-35}$$

式中　ω_n——斜盘的固有频率（s^{-1}），$\omega_n = \sqrt{\dfrac{A_1 \beta_e r_0^2}{VJ}}$；

　　　δ_n——阻尼系数，$\delta_n = \dfrac{\omega_n(k_p + C_0)J}{2A_1^2 r_0^2}$；

（3）泵的流量和压力输出特性　泵的流量增量方程：

$$q_p = -K_q n x_p \tag{4-36}$$

式中　n——泵的转速（r/s）；

　　　K_q——泵的排量梯度（cm^2/r）。

对式（4-36）进行拉普拉斯变换并整理，得到泵输出流量的传递函数：

$$W_3(s) = \frac{-q_p(s)}{x_p(s)} = K_q n \tag{4-37}$$

泵的流量输出引起压力变化，用以下微分方程表示：

$$-q_p + q_L - C_1 p_S = \frac{V_t}{\beta_e} \frac{dp_S}{dt} \tag{4-38}$$

对上式进行拉普拉斯变换并整理，得到泵输出压力的传递函数：

$$W_4(s) = \frac{p_S(s)}{I(s)} = \frac{1/C_1}{1 + \dfrac{s}{\omega_T}} \tag{4-39}$$

其中 $I(s) = -q_p(s) + q_L(s)$ 为流量偏差信号。

式中　V_t——泵输出端容腔体积（m^3）；

$\quad\quad\omega_T$——惯性环节的转折频率（s^{-1}），$\omega_T = \dfrac{\beta_e C_1}{V_t}$；

$\quad\quad C_1$——变量缸弹簧腔的泄漏系数（$m^3/Pa \cdot s$）。

由式（4-28）、式（4-35）、式（4-37）、式（4-39）得到负载敏感泵的传递函数方框图，如图 4-36 所示。

根据方框图可求出负载敏感泵的开环传递函数：

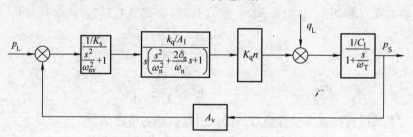

图 4-36　负载敏感泵传递函数方框图

$$W(s) = \frac{\dfrac{1}{K_s} \dfrac{k_q}{A_1} K_q n \dfrac{1}{C_1} A_v}{s\left(1 + \dfrac{s}{\omega_T}\right)\left(\dfrac{s^2}{\omega_{nv}^2} + 1\right)\left(\dfrac{s^2}{\omega_n^2} + \dfrac{2\delta_n}{\omega_n}s + 1\right)} \tag{4-40}$$

4.3.2.2　建立 AMESim 图形化模型

AMESim 软件采用的建模方法类似于功率键合图法，要更先进一些。相似之处在于二者都采用图形方式来描述系统中各元件的相互关系，能够反映元件间的负载效应及系统中功率流动情况，元件间均可反向传递数据。规定的变量一般都是具有物理意义的变量，都遵从因果关系；不同之处在于 AMESim 更能直观地反映系统的工作原理。用 AMESim 建立的系统模型与系统工作原理图几乎一样，而且元件之间传递的数据个数没有限制，可以对更多的参数进行研究。它采用复合接口，即一个接口传递多个变量，简化了模型的规模，使得不同领域模块之间的物理连接。图 4-37 是在 AMESim 中建立的负载敏感泵控系统模型。

此模型中用调节节流阀的开度来模拟负载流量变化，用比例溢流阀来模拟负载变化。

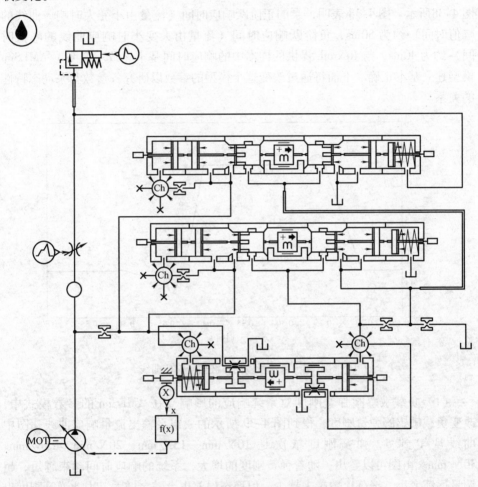

图 4-37　负载敏感泵控系统 AMESim 模型

4.3.2.3　仿真结果及分析

由 4.3.2.1 小节建立的数学模型可知，系统的开环增益系数为

$$K = \frac{1}{K_s} \frac{k_q}{A_1} K_q n \frac{1}{C_1} A_v \tag{4-41}$$

增加或减小系统开环增益会对系统的稳定性和响应的快速性产生重要的影

响。当泵主体的结构已定时，则 A_1、K_q、n、C_l 不可改变，下面将验证负载敏感阀的机构参数对泵的动态特性的影响。

以 A10VSO45DFR1 变量泵为例，设定模型参数。负载敏感阀弹簧设定压力为 2MPa，设定比例溢流阀开启压力为 3MPa，模拟负载压力。给节流阀一个方波信号，模拟负载流量需求增大和减小两个过程，得到泵输出流量响应曲线如图 4-38 所示。图 4-38 表明，泵的正阶跃响应时间（流量由小变大时响应曲线的峰值时间）约为 50ms，负阶跃响应时间（流量由大变小时响应曲线的峰值时间）约为 40ms，与 Rexroth 提供的样本中的响应时间基本一致。说明了 AMESim 模型建立基本正确。下面将通过改变这个模型的参数以研究各参数与泵动态特性的关系。

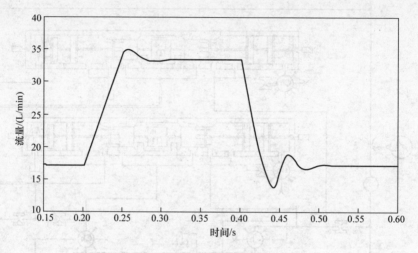

图 4-38　泵流量输出方波信号响应曲线

（1）负载敏感阀弹簧刚度对系统响应的影响　在 AMESim 的参数模式中，改变负载敏感阀弹簧刚度，得到图 4-39 所示的一组泵输出流量响应曲线。图中曲线从 1 到 5，弹簧刚度依次是 10N/mm、15N/mm、20N/mm、25N/mm、30N/mm。由图可以看出，随着弹簧刚度的增大，系统的响应时间越来越短、超调量逐渐变小、振荡次数越来越少，但稳态误差也会随之增大，因此弹簧刚度也不可选得过大。

（2）负载敏感阀阀芯作用面积对系统响应的影响　不同负载敏感阀阀芯作用面积时系统输出的响应曲线如图 4-40 所示，图中曲线从 1 到 5，阀芯直径依次是 6mm、8mm、10mm、12mm、14mm。由此图可知，随着阀芯直径的增加系统的响应时间越来越长，超调量随之增大。在阀芯直径为 6mm 时系统动态响应曲线比较理想，这符合国外大多数阀芯直径均为 6mm 的事实。

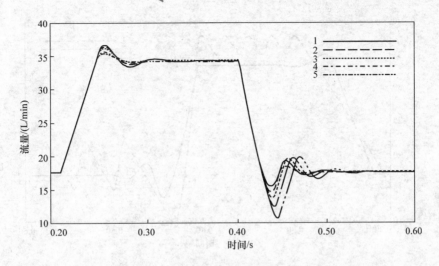

图 4-39　负载敏感阀弹簧刚度对系统输出动态特性的影响

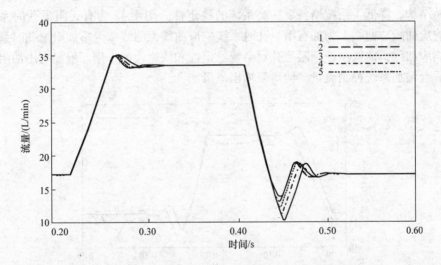

图 4-40　负载敏感阀阀芯作用面积对系统输出动态特性的影响

（3）负载敏感阀阀芯开口形状对系统响应的影响　负载敏感阀阀芯不同开口形状时系统输出动态的响应曲线如图 4-41 所示，曲线 1 是矩形槽开口阀芯的响应曲线，曲线 2 是全周开口阀芯的响应曲线，阀芯的开口形状决定了阀的流量增益，由图 4-41 可以看出全周开口的阀芯使系统不稳定，可见选择适当的阀芯开口形状对系统动态响应的重要性。

（4）外加阻尼孔对系统响应的影响　在 Rexroth 公司的样本中，我们可以看到在控制油路中加有旁路阻尼孔和回油阻尼孔，这些阻尼孔与控制阀通路组成了

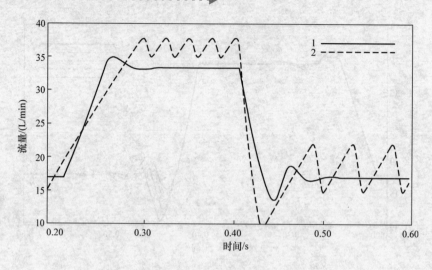

图 4-41　负载敏感阀阀芯不同开口形状对系统输出动态特性的影响

半桥结构，降低了系统增益，提高系统的稳定性。图 4-42 为有无阻尼孔时系统的响应曲线。曲线 1 为加有阻尼孔时系统响应曲线，曲线 2 为不加阻尼孔时系统的响应曲线，曲线验证了阻尼孔对系统稳定性和快速性的作用。但加有出油阻尼孔后会增加系统控制流量，使得泵输出流量加大。

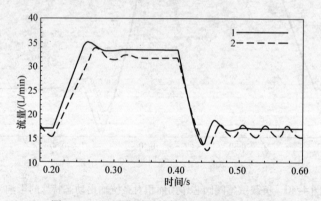

图 4-42　阻尼孔对系统输出动态特性的影响

总结研究结果得到以下结论：

1）负载敏感阀弹簧刚度越大，系统的响应越快、超调量越小、稳定性越好，但稳态误差也会越大。

2）阀芯直径越大系统的响应越慢、超调量越大。

3）阀芯开口形状对泵的动态性能影响很大，选择合适的阀芯开口形状很重要。

4) 外加阻尼孔能有效地提高泵的快速性和稳定性，但控制流量会有所增加。

4.3.3　DRS 型恒压/负载敏感控制

在开式液压系统中，定量泵仅提供恒流量，排油口压力由系统负载决定。这样需要设置一个高压溢流阀，当系统达到溢流阀调定压力时，泵输出的流量从该阀流回油箱，这种系统浪费了大量的功率并产生了过多的热量。闭式变量泵液压系统按负载需要提供变化的流量，省掉了溢流阀，但缺点是在任何工况下，泵总是保持在最高压力。当系统为大流量低压力的工况时，同样耗能过多。理想的方法就是在需要的压力条件下提供需要的流量，负载敏感系统（负载感应）可实现这种要求。在液压系统中，负载感应是一种拾取或"感应"负载压力，然后反馈控制负载回路的流量，且不受负载变化的影响。根据执行器的实际需求，在负载敏感调节器处通过弹簧设定一个固定压差。泵的输出流量取决于控制阀节流口的通流面积 A 和其两端压降 Δp。在负载敏感控制机构的作用下，Δp 始终与预设的固定压差保持一致。如果系统所需流量发生变化，泵的排量会自动做出相应改变，负载及执行器数量发生变化时泵也将给予自动补偿，降低操作者劳动强度。

简而言之，负载敏感系统是一种感受系统压力和流量需求，且仅提供所需求的流量和压力的液压回路，其结构和调节原理与 DFR 控制基本相同，所不同的是对多执行器回路需采用闭中位方向阀以及需配置用于比较压力的梭阀组。负载敏感控制的优点是：①可获得泵最小到最大流量之间的任意流量；②可调整整机或主机的响应转速；③可满足主机厂要求特殊响应转速；④优化了的精密控制能力。

实现负载敏感控制需一台流量补偿器和一台高压补偿器。当系统不工作时，流量补偿器使泵能够在较低的压力（$1.4 \sim 2.0$MPa）下保持待机状态。当系统转入工作状态时，流量补偿器感受系统的流量需求，并在系统工况变化时根据流量需求提供可调的流量。同时，液压泵通过高压补偿器感受并响应液压系统的压力需求，除了负载敏感外，高压补偿器还具有最大压力限制功能。一旦系统压力达到设定切断值，泵负载敏感阀控制权被压力切断阀取代，减小斜盘倾角，系统压力始终被限制在切断值。此控制过程将持续至系统压力再次低于切断值，液压泵恢复负载敏感控制。

在负载感应系统中所使用的方向控制阀要求为中位常闭型，阀的内部有先导通路与负载口连接。同一负载敏感系统中可以有多个方向控制阀和多个执行器，方向控制阀采用了一种中位封闭的、油口正遮盖的形式。这意味着一旦滑阀处于中位，液压泵向系统提供流量的入口将被关闭；同时，接通液压缸的两个油口也被关闭。

当系统具有多个执行器、多个方向控制阀时，还需有一些梭阀的组合。梭阀组的作用是使补偿器能检测出系统中最高压力回路，然后进行压力－流量调节。

当液压系统不工作，处于待机状态时，控制阀必须切断液压缸（或液压马达）与液压泵之间的压力信号，否则将在系统未工作时导致液压泵自动转入低压待机状态。当控制阀工作时，先从液压缸（或液压马达）得到压力需求，并将压力信号传递给液压泵，使泵开始对系统压力做出响应。系统所需的流量是由滑阀的开度控制的。系统的流量需求通过信号通道 X_4（见图4-43）、控制阀反馈给液压泵。这种负载感应式柱塞泵与负载敏感控制阀的组合，使整个液压系统具有根据负载情况提供所需的压力－流量特性。

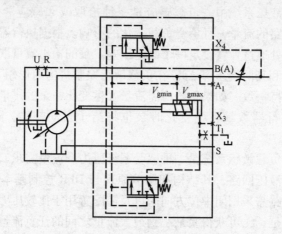

图4-43　DRS控制调节职能原理图

X_4—负载敏感油口　B—压力油口　S—泄漏油口　U—轴承冲洗油口

R—进气口（堵死）　A_1—高压油口（堵死）　X_3—优先油口（堵死）

T_1—回油油口

负载敏感控制回路具有监控系统压力、流量和负载的能力；并且进行流量和压力参数的调节以求获得最高的效率。

泵控负载感应系统的负载感应基本原理是压力补偿，只是这种补偿是在泵中进行的，可以根据负载需要自动调整输出流量，其工作原理一般可分为3个阶段叙述。

（1）即将起动状态　由于系统中未建立起压力，调定压力为1.4MPa的弹簧迫使流量补偿器滑阀推至左端。为斜盘控制活塞与油箱之间提供了直通的油路，由于补偿器控制滑阀上没有抵抗弹簧力的压力作用，使斜盘移至最大倾角。在此位置，液压泵将在最大排量下工作，可向系统提供最大的流量。

当机器起动、液压缸或马达即将运转时,液压泵的流量提供给方向控制阀,但是由于控制阀为中位闭式,液流被封闭在泵的出口与控制阀的进口之间。

液压泵的流量同样提供给补偿器。油液的压力作用于流量补偿器滑阀的左端,以及最高压力补偿器控制滑阀的左端,当油液压力达到 1.4MPa 时,压力克服弹簧的预紧力使流量补偿阀的阀芯向右移动。在其右移过程中,滑阀打开了一个通道,于是液压泵输出的压力油通过下面压力阀右位进入斜盘倾角控制活塞,克服控制活塞复位弹簧力使液压泵内斜盘回程至一个零排量附近的倾角。系统处于低压待机工况。在这一工况下,流量补偿器的滑阀将左右振颤以维持作用于斜盘倾角控制活塞上所需压力,作为控制作用的又一结果,也将对液压泵的供油量产生影响。在低压待机状态,液压泵只需提供足以补偿内部泄漏的流量,以维持作用于压力流量补偿器控制滑阀左端近似 1.4MPa 的等待压力。

(2)正常工作状态　现在,当方向控制滑阀移至左端时,液压缸内的压力油将通过方向控制阀内的油路,流过负载感应梭阀,进入流量补偿器滑阀右端的弹簧腔。由于这部分油液压力与初始设定为 1.4MPa(此时应为略高于 1.4MPa 的压力,由于弹簧压缩量有所增加。但弹簧刚度及位移很小,压力增量可忽略)的弹簧力一同作用,使压力流量补偿器控制滑阀移至左端。导致斜盘倾角控制活塞内的部分压力油通过泄油路接通油箱。弹簧力迫使斜盘倾角控制活塞到达一个新的位置,液压泵开始向系统提供较大的流量。液压油通过滑阀控制台肩所引起的压力降与流量控制滑阀以及预调为 1.4MPa 的流量补偿器弹簧一同工作,使阀口前后压力差得以保持,对应不同的滑阀开度,均可实现液压泵的流量控制。在方向控制阀滑阀移动,液压泵通过该阀口向执行器供油时,无论阀的开度如何变化,流量补偿器滑阀均会通过自身的调节功能,维持 1.4MPa 的恒定压差。泵自动把输出压力调整为负载压力加补偿器中的弹簧预紧力,同时流量刚好满足负载要求。基于这样一种原理,可以获得一个效率很高的液压系统。这种液压系统仅提供必要的流量保持系统泵的输出压力高于系统工作压力 1.4MPa。液压泵将自动调节排量及工作压力,满足系统对不同压力和流量的需求。

(3)高压待机状态　当液压缸的活塞运动至行程终端位置时,进入方向控制滑阀环槽的液流被阻止。控制滑阀两侧的压力趋于相等,作用于流量补偿器控制滑阀两端的压力也相等。预调定的 1.4MPa 弹簧力将流量补偿器控制阀芯推至左端。此时液压泵的输出液流再次处于封闭状态,导致泵压迅速升至最高压力阀调定的限定值,致使高压补偿器滑阀克服预调定的最高压力弹簧力移至右端,高压油通过该阀通路作用于斜盘倾角控制活塞。活塞的运动使斜盘倾角转至排量近似为零的位置。液压泵仅提供保持高压的泄漏量。这种工况称液压泵的高压待机状态。泵的排量自动降到接近零排量(仍需部分流量满足泵的内泄),直到高压负载力消除或方向控制阀回到中位。

Δp 的设定范围可以是 1.4 ~ 2.5MPa，在零行程工作待命状态下的压力（感应孔口堵死）应稍微大于 Δp 设定值。DRS 控制的静态特性曲线如图 4-44 所示。

图 4-45 是采用 DRS 型泵控系统的一个实例，负载有 2 个（一台液压马达和一台液压缸），3 台梭阀组成梭阀组，可以检测出系统中最高的工作压力并反馈至泵的负载感应油口，液压泵可以根据检测到的压力自动调节变

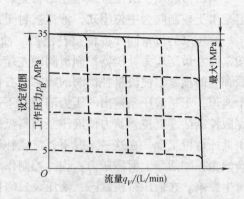

图 4-44　DRS 控制的静态特性曲线

量泵的排量，使泵输出系统所需要的流量和适应的压力，两台方向阀都是中位封闭型。

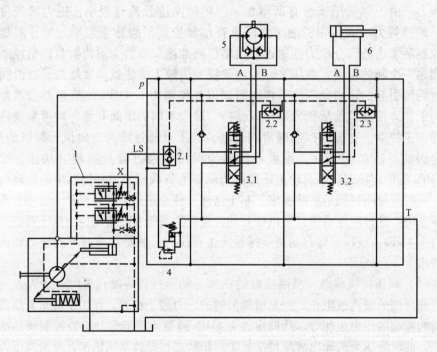

图 4-45　DRS 型泵控系统实例

1—DRS 变量泵　2（2.1、2.2 和 2.3）—梭阀　3（3.1、3.2）—中位封闭型方向阀
4—安全阀　5—液压马达　6—液压缸

4.4　恒功率控制

为了充分利用原动机功率，使原动机在高效率区域运转，使用功率调节应是最简单的手段。无论是流量适应或压力适应系统，都只能做到单参数适应，因而都是不够理想的能耗控制系统。功率适应系统，即压力与流量两参数同时正好满足负载要求的系统，才是理想的能耗控制系统，它能把能耗限制在最低的限度内。

流量乘以压力代表功率，$pq =$ 常数的双曲线（q 为泵的体积流量）就是恒功率曲线。但在大多数情况下，系统中的泵均在较恒定的转速下运转，且泵的容积效率较高，因此常用 $pV =$ 常数（V 为泵的排量），即恒转矩来代替恒功率。恒功率泵是一种具有双曲线特性的功率控制泵，即泵的输出功率在负载压力或负载流量变化时保持常数。如果功率限制值在工作中可调则称为变功率控制。

液压的恒功率控制机构主要包括三种形式：双弹簧的位移直接反馈机构、位移 – 力反馈机构（见图 4-46）和完全恒功率控制机构（见图 4-47）。

要实现精确的恒功率输出特性是不容易的，在大多数场合也不必要。若只要求近似的恒功率特性，则其控制方案可以大大简化。采用双弹簧的两种控制方式都是让压力 – 流量呈不同斜率的两条直线变化，通过两条直线来近似双曲线。

总结起来，液压恒功率泵控制的要点是：

1）泵调节器是一种液压伺服控制机构，它至少要有两根弹簧，构成两条直线段，在压力 – 流量图上形成近似的恒功率曲线。

2）调节弹簧的预紧力可以调节泵的起始压力调定点压力 p_a（简称起调压力），调节起调压力就可以调节泵的功率。起调压力高，泵的功率大；起调压力低，泵的功率小。因此恒功率变量又叫作压力补偿变量泵。

3）只有当系统压力大于泵的起调压力时才能进入恒功率调节区段，发动机的功率才能得到充分利用。压力与流量的变化为：压力升高，流量减小；压力降低，流量增大。维持流量×压力 = 功率不变。

4）当泵的转速发生变化时，泵的流量（功率）也变化。

图 4-46 所示的两种利用双弹簧来实现压力 – 流量呈不同斜率直线变化的控制机构，其原理是相似的，只是反馈方式不一样。这两种控制机构都是由伺服阀、变量柱塞、压力调节弹簧、反馈杠杆等主要元件组成。对于位移直接反馈控制机构而言，如图 4-46a 所示，伺服阀阀芯右端与阀体之间装有两根弹簧，之间有一定间距，大弹簧一直与伺服阀接触，且有一定初始压缩量，作为控制机构的起调压力；小弹簧与伺服阀开始时有一定间距。当负载压力小于起调压力时，斜盘倾角最大，泵输出最大流量。当负载压力增加，超过起调压力时，伺服阀平衡

被破坏，阀芯右移，伺服阀处于左位，变量柱塞大端接通高压油，变量柱塞右移，斜盘倾角变小，泵输出流量减小，同时变量柱塞通过反馈杠杆带动阀套右移，关闭伺服阀，达到平衡；当负载压力继续增加时，阀芯与大、小弹簧接触，此时弹簧总刚度增加，随着控制压力增加，泵输出流量继续变小，但此时由于弹簧总刚度增加，压力－流量变化直线斜率减小；控制压力减小时，动作过程与之相反。

对于位移－力反馈控制机构而言，如图4-46b所示，在伺服阀与反馈杠杆之间装有两根弹簧，之间有一定间距，大弹簧一直与反馈杠杆接触，且有一定初始压缩量，作为控制机构的起调压力；小弹簧在开始时，与反馈杠杆间有一定间距，负载压力小于起调压力时，斜盘倾角最大，泵输出最大流量。当负载压力增加，超过起调压力时，伺服阀平衡被破坏，阀芯右移，伺服阀处于左位，伺服柱塞左移，斜盘倾角变小，泵输出流量减小，同时变量柱塞通过反馈杠杆压缩大弹簧，并与负载压力达到平衡；当负载压力继续增加时，反馈杠杆与大、小弹簧都接触，此时随着变量柱塞的移动，反馈杠杆压缩大、小弹簧，弹簧总刚度增加，随着控制压力增加，泵输出流量继续变小，但此时由于弹簧总刚度增加，压力－流量变化直线斜率减小；控制压力减小时，动作过程与之相反。

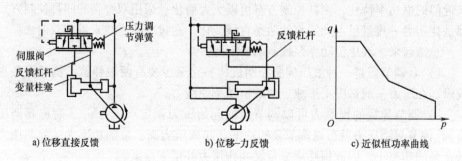

a) 位移直接反馈　　　　　　b) 位移－力反馈　　　　　c) 近似恒功率曲线

图4-46　两种近似恒功率控制方式和特性曲线

利用杠杆原理的完全恒功率控制机构，理论上是可以让压力－流量呈理想双曲线变化的。其控制方式及特性曲线如图4-47所示。

4.4.1　负流量恒功率控制变量泵的数学模型和动态特性

（1）负流量恒功率变量泵系统原理　负流量恒功率变量泵结构及原理如图4-48所示。在图4-48中，X_1为由多路换向阀传递的压力信号油口，A /B为多路换向阀两换向阀口油口，Y_3、X_3为系统外加压力油口，A_1为系统其他控制阀阀口油口，S、R、U、T_1为系统回油油口。

恒功率控制过程：当系统进入恒功率控制区域，系统压力升高，压力油通过

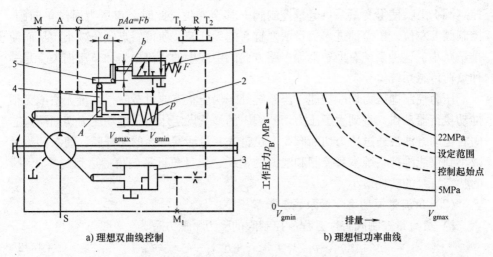

a) 理想双曲线控制　　　　　b) 理想恒功率曲线

图 4-47　LR 控制变量泵原理图

p—作用在垂直活塞的压力　A—垂直活塞面积　a、b—力臂长度　F—弹簧力

1—变量控制阀　2—小变量缸　3—大变量缸　4—垂直活塞　5—杠杆

变量活塞缸 5 弹簧腔流道，使得位置反馈杠杆 4 绕铰链顺时针旋转，从而使相连的功率控制阀 2 阀芯克服弹簧力移至右位，系统压力油通过功率控制阀 2、压力切断阀 3 到达变量活塞缸无杆腔，推动斜盘，使其倾角减小，排量减小，系统流量减小，与此同时，由于斜盘的转动，在另一端带动杠杆顶杆 7 向左移动，力臂变短，力矩变小，功率控制阀阀芯在弹簧力作用下复位移至左位，而此时系统的压力与流量的乘积基本保持不变，即系统的功率是恒定的。在系统的压力不断增大的情况下，功率控制阀 2 不断地移位，使系统流量减小，从而实现恒功率控制。

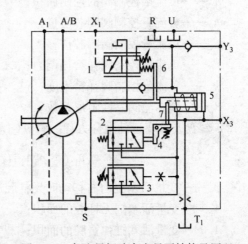

图 4-48　负流量恒功率变量泵结构及原理

1—负流量控制阀　2—LR 功率控制阀　3—压力切断阀
4—反馈杠杆　5—变量活塞缸　6—变量活塞反馈机构
7—杠杆顶杆

　　负流量控制中回路的负流量压力信号提取原理是：多路方向阀（图 4-48 中未画出）中位回油道上有固定阻尼孔，液压油通过这个固定阻尼孔产生压差，将固定阻尼孔前的压力引到泵调节器（即图 4-48 中的 1、2、3）来控制泵的排量，

在机器不工作时将系统的无功损失减到最小，负流量压力信号传至变量泵负流量控制阀 1 上，使得变量泵负流量控制阀 1 移至左位，此时泵口压力通过单向阀、控制阀 1 左位，压力油进入变量活塞缸 5 的无杆腔，使得斜盘倾角减小，从而使排量减小。这种系统有助于消除多路方向阀中产生的空流损失和节流损失，是一种负荷传感系统。

压力控制即压力切断功能，当系统处于保压状态或过载时，系统无法或无须推动执行器动作，直到大于压力切断阀 3 的弹簧设定压力，推动压力切断阀阀芯向右运动，油液通过压力切断阀 3 左位进入变量活塞缸 5 的无杆腔，使泵的流量减小到仅能维持系统本身控制和泄漏的消耗，斜盘角近零偏角，达到"零流量"的状态，泵的功耗最小。

（2）负流量恒功率变量泵系统数学模型

1）负流量控制阀特性方程。控制阀的受力平衡方程为

$$(p_x - p_f)A_v = m_v \ddot{x}_v + B_p \dot{x}_v + k_s x_v + F_0 \tag{4-42}$$

式中 p_x——固定阻尼口压力；

      p_f——变量活塞缸反馈力；

      A_v——负流量控制阀的控制面积；

      m_v——负流量控制阀阀芯质量；

      x_v——负流量控制阀阀芯位移；

      F_0——负流量控制阀弹簧预调力；

      k_s——负流量控制阀弹簧刚度；

      B_p——阀芯与阀黏性阻尼系数。

2）斜盘及柱塞运动微分方程。斜盘倾角减小，排量减小时：

$$(p_1 A_1 - p_S A_2)l_0 = J\frac{1}{l_0}\ddot{x}_p \tag{4-43}$$

式中 p_1——变量活塞缸向右移动时无杆腔压力；

      A_1——变量活塞缸无杆腔的面积；

      A_2——变量活塞缸弹簧腔的面积；

      p_S——泵的输出压力；

      l_0——变量活塞中心至斜盘旋转中心的距离；

      J——斜盘及变量活塞绕斜盘旋转中心的转动惯量；

      $\ddot{x}_p$——变量活塞缸中活塞的加速度（x_p 为活塞的位移）。

斜盘倾角增大，排量增大时：

$$(p_S A_1 - p_2 A_2)l_0 = J\frac{1}{l_0}\ddot{x}_p \tag{4-44}$$

式中 p_2——向左移动时无杆腔压力；

3）恒功率控制方程

$$F_c b = A_0 a_i p_i = C \tag{4-45}$$

式中　F_c——功率控制阀预设作用力（即为弹簧力）；

　　　b——功率控制阀预设力臂长度；

　　　A_0——活塞缸弹簧腔作用面积；

　　　a_i——拐臂变化力臂长度，排量最大时，a_i 最大；

　　　p_i——系统压力。

（3）负流量恒功率变量泵系统 AMESim 建模　用 AMESim 软件建立的系统模型与系统工作原理图几乎一样，而且对元件之间传递的数据个数没有限制，可以对更多的参数进行研究，在本模型中，多路方向阀模型由于过于繁琐，在此不展开说明，只取其需要应用的可变阻尼及固定阻尼进行建模，所建立的负流量恒功率变量泵系统模型如图 4-49 所示。

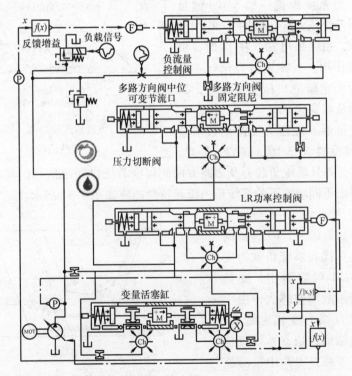

图 4-49　负流量恒功率变量泵系统模型

参照 A11VO75LRDS 变量泵实际参数，系统模型主要参数为：预设柴油机转速为 2200r/min，柱塞泵排量为 75mL/r，系统最高压力为 36MPa，负流量控制阀、功率控制阀及压力切断阀阀芯位移均为 1mm，变量活塞缸中活塞位移为

22mm，变量活塞缸大、小活塞直径分别为28mm与17mm。

（4）负流量恒功率变量泵系统特性分析

1）负流量控制响应特性。当多路方向阀处于中位向左位或向右位换向过程中，开中心系统卸荷过程结束之后，负流量压力信号传至负流量控制阀上，给系统设置一个5MPa的负载力，负流量控制功率（压力流量）特性曲线如图4-50所示，多路方向阀中位启闭信号曲线代表多路方向阀由中位换向至左、右位时的情况，在0~3s区间为多路方向阀在中位卸荷结束，还没有完全换至左位或者右位阶段，中位可变节流口打开，系统压力作用于负流量控制阀阀芯上；3~6s区间为多路方向阀完全切换至左位或者右位时，中位可变节流口关闭，系统压力不再作用于负流量控制阀阀芯上，系统流量相应减小至一定数值，如图4-50中流量曲线所示，可降至10L/min左右，这样就能有效地降低系统的旁路溢流损失，节省能量；给系统设置一个5MPa的负载力，整个系统压力变化如图4-50中压力曲线所示，由结果可知，在1s时，负流量控制起作用，系统压力升至与多路方向阀中位固定阻尼口压力值相等，其余阶段追随负载变化。

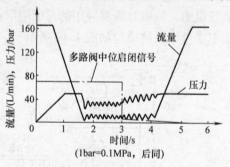

图4-50 负流量控制功率（压力流量）特性曲线

改变变量活塞缸压力反馈函数增益大小，分别设置为3.07、2.67、2.37、2.07、1.07，并且系统负载力及多路方向阀可变节流口开闭信号仍与图4-50中相同，可得出不同增益下的系统压力流量特性曲线如图4-51所示。

图4-51中曲线1~5分别代表增益大小从3.07~1.07递减的情况，曲线6代表系统负载力变化。从图4-51可以看出，变量活塞缸反馈函数增益越大，由于变量活塞缸反馈力变化也越大，负流量控制结束越快，系统流量变化越小，多路方向阀中位溢流量较大，能量损失大，这是其不利因素；而系统在结束负流量控制恢复大流量工作工况时，响应时间较短，这是其有利因素；因此，在设计变量活塞缸反馈机构时应综合考虑这两方面因素，设计合理的反馈力，选择较优的方案。

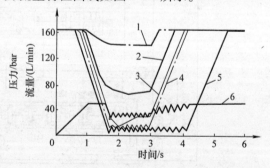

图4-51 不同增益下的系统压力流量特性曲线

2）恒功率及压力切断控制响应特性分析。为了验证变量泵恒功率特性，先将负流量控制信号暂时切断，设置为 0，并且设置系统负载从 0 ~ 35MPa 变化，系统负载设定及流量响应特性曲线如图 4-52 所示。随着系统压力不断升高，系统开始进入恒功率控制区域，此时流量响应曲线基本保持近似的双曲线变化。在系统压力升高至压力切断阀设定值时，压力切断阀阀芯移至左位，系统压力使得变量活塞缸中活塞运动至斜盘倾角为 0° 的位置，流量近似为 0，进入保压控制阶段，即实现系统的压力切断，如图 4-52 所示。

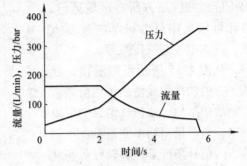

图 4-52　系统负载设定及流量响应特性曲线

改变 LR 功率控制阀的弹簧预紧力，分别设置为 280N、240N、200N、160N 和 120N，可以得到不同的恒功率控制点，即可以实现不同的液压系统内部功率。不同恒功率点的压力流量特性曲线如图 4-53 所示。

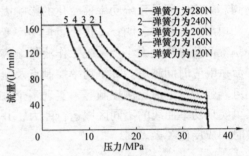

图 4-53　不同恒功率点的压力流量特性曲线

将压力切断阀的弹簧预紧力分别设置为 1339N、1239N、1139N、1039N 和 939N，可以得到不同的压力切断点。不同压力切断点的压力流量特性曲线如图 4-54 所示，由此可知，变量泵在设计中可以使用可变弹簧，通过手动或者电控的方式实现不同的、多种选择的变量泵系统。

3）负流量恒功率内部功率调节响应分析。单独的恒功率控制变量泵只能在最大流量、最大压力和最大功率三条曲线之间运行，加入负流量控制后，可以实现在原曲线内部功率区域运行，在此设置不同的负流量压力信号，分别设置压力阶跃（响应）时间为 2s、1.5s、1s 和 0.5s 及不设置负流量压力信号，得出不同的系统响应（功率）特性曲线如图 4-55 所示。从图 4-55 可以看出，液压系统内部功率变化范围比较大，可以在原单独恒功率控

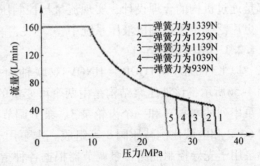

图 4-54　不同压力切断点的压力流量特性曲线

制曲线下方运行，但通过不同的负流量压力信号设置，可知功率曲线仍不能在曲线下方所有区域运行，对此可以采用更为科学的控制方式，例如电控制液压泵等。

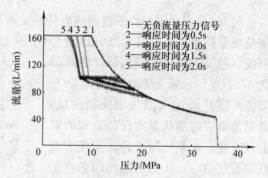

图 4-55　不同负流量压力信号值系统的
压力流量特性曲线

从图 4-55 所示可以看出，曲线下方的功率曲线便是采用负流量控制后的结果，从仿真结果中可以看出，负流量恒功率变量泵在不同的压力信号条件下能够较好地实现不同功率曲线的运行；随着负流量压力信号的阶跃时间增大，系统的功率值呈逐渐减小的趋势，因此，多路方向阀的阀芯响应时间是系统功率值变化的影响因素之一。

模型仿真结果表明：①负流量恒功率变量泵变量活塞缸反馈增益决定了开中心系统卸荷溢流量大小及系统工作流量响应时间，增益越大，溢流量越大，而工作流量响应时间越短。②恒功率控制点及恒压力切断点均可采用可变量方式，例如可调弹簧及电液比例控制等，实现多个系统参数的功能。③负流量恒功率变量泵可实现功率曲线的不同区域运行能力，并且系统的功率值与负流量压力信号响应时间成反比关系。

4.4.2　K3V、K5V 系列恒功率控制泵调节补偿原理

K3V、K5V 系列变量泵以其高功率密度、高效率和多样的变量方式在挖掘机中得到广泛的应用。K3V、K5V 系列变量泵的变量方式包括恒功率控制、总功率控制、交叉恒功率控制、正负流量控制、变功率控制和负荷传感控制等，其核心都是通过机构的合理设计，实现流量与控制压力之间的比例关系。其中的双泵设计更广泛应用于挖掘机液压系统中。

4.4.2.1　结构组成

以 K3V63DT-1QOR-HNOV 双联轴向柱塞泵为例，其液压泵原理图如图 4-56所示，该液压泵结构是由两个可变量的轴向柱塞泵 2-1、2-2（斜盘式双泵串列柱塞泵）和一个齿轮泵 3、泵 1 调节器（机液伺服阀）6-1、泵 2 调节器 6-2 和电液比例减压阀 8 等组成。主泵用于向各工作装置执行机构供油，先导泵用于先导控制油路，泵调节器根据各种指令信号控制主泵排量，以适应发动机功率和操作者的要求，该泵还可通过电液比例减压阀 8 输出的压力对液压泵的变量起调压力点的大小进行调整，因此决定了液压泵的输出功率大小。每个机液伺服阀的开口是由补偿柱塞 7-1、7-2 和负流量控制阀 5-1、5-2 控制的。

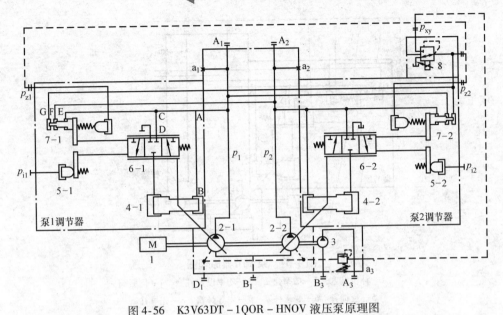

图 4-56　K3V63DT – 1QOR – HNOV 液压泵原理图

1—发动机　2—轴向柱塞泵　3—齿轮泵　4—变量活塞　5—负流量控制阀　6—机液伺服阀

7—补偿柱塞　8—电液比例减压阀

　　当泵出口压力或功率控制油口的压力变化时，先导阀移动，并带动机液伺服阀阀芯移动，进而使油液流入或流出变量液压缸大腔，实现变量泵的变量。变量活塞还将变量的位移反馈给伺服阀，实现变量活塞位置的闭环控制。电液比例减压阀位于泵 2 调节器上。

　　泵调节器原理如图 4-57 所示 。以泵 1 调节器为例，泵调节器主要由补偿柱塞 1、功率弹簧 2、伺服阀 4、反馈杆 5、变量柱塞 6、先导弹簧 7 及先导柱塞 8 组成。

　　K3V 型液压泵中两个串联的柱塞泵是完全相同的，调节器中补偿柱塞 1 被设计成 3 段直径不同的台阶，3 个台阶分别与两柱塞泵和电液比例减压阀连接，这样当任何一个台阶上所承受的压力变化时，都会引起柱塞泵排量的变化。伺服阀同时受到负流量控制中先导压力的控制，先导压力 p_{i1}（p_{i2}）的变化通过先导柱塞、先导弹簧作用于伺服阀上，伺服阀与伺服柱塞相连，伺服柱塞带动柱塞泵斜盘的倾斜角度来改变柱塞泵的排量。

　　由图 4-56 可知，川崎 K3V 型变量泵的斜盘位置实际上受 4 个分量控制：

　　1）此泵出口压力的控制 p_1；

　　2）另一并联泵出口压力的交叉控制 p_2；

　　3）电液比例减压阀出口压力的控制 p_z；

　　4）当无动作时，由回油油路上的节流口反馈来的负流量压力控制信号 p_i 将

97

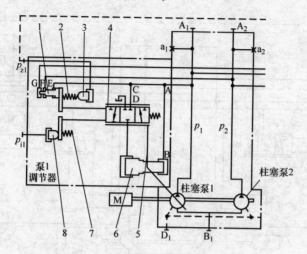

图 4-57　泵调节器原理图

1—补偿柱塞　2—功率弹簧　3—功率设定柱塞　4—伺服阀
5—反馈杆　6—变量柱塞　7—先导弹簧　8—先导柱塞

泵斜盘推到最小倾角，从而实现节能。

在 4 个控制分量中，前 3 个分量为联合作用，第 4 个分量为单独作用。

泵调节器的反馈杆与伺服柱塞连接并可绕其连接点转动。柱塞泵的液压油经以下 3 路进入泵调节器：一路液压油通过 AB 进入伺服柱塞小腔，使伺服柱塞小腔常通高压，推动斜盘使柱塞泵保持在大排量；一路液压油通过 CD 进入伺服阀，通过伺服阀的工作位置来改变柱塞泵的排量；一路来自柱塞泵 1 和来自柱塞泵 2 的液压油分别作用在补偿柱塞的台阶 E、F 上，对液压泵进行功率控制。

4.4.2.2　泵调节器的控制功能

泵调节器具有总功率控制、交叉功率控制、负流量控制和功率转换控制功能，下面以泵 1 调节器为例分别介绍。

（1）总功率控制　当发动机转速一定时，液压泵的功率也是恒定的。功率控制是由补偿柱塞完成的，在补偿柱塞 E/F 台阶圆环面积上，作用在柱塞泵的压力 p_1 和 p_2。随着两泵出口负载的增大，作用在补偿柱塞上的压力之和（$p_1 + p_2$）达到设定变量压力后，克服功率弹簧的弹簧力使伺服阀芯向右移动，伺服阀左位工作，连接至伺服阀的压力油 CD 进入伺服柱塞大端，因为伺服柱塞大、小端直径不同，存在一个面积差，从而产生压力差推动伺服柱塞向右移动，伺服柱塞带动柱塞泵的斜盘倾角减小，使柱塞泵排量变小，液压泵功率也随之减小，从而防止发动机过载。在排量减小的同时，伺服柱塞同时带动反馈杆逆时针转动，反馈杆带动伺服阀芯向左移动令伺服阀关闭，伺服柱塞大腔进油的通道关闭，调节完成，柱塞泵停止变量。

当柱塞泵压力 p_1 或 p_2 下降时，即工作负载减小时，功率弹簧的弹簧力推动补偿柱塞向左移动，同时带动伺服阀芯向左移动，伺服阀右位工作，伺服柱塞大端通油箱，压力减小，伺服柱塞向左移动，带动柱塞泵的斜盘倾角增大，使柱塞泵排量增大，加快作业速度。伺服柱塞同时带动反馈杆顺时针转动，反馈杆带动伺服阀芯向右移动令伺服阀关闭，调节完成，柱塞泵停止变量。在双泵串联系统中，泵调节器是根据两泵负载压力之和（$p_1 + p_2$），控制斜盘倾角使两泵的排量 V 保持一致，总功率控制表达式如下：

$$P = p_1 q + p_2 q = (p_1 + p_2)q \tag{4-46}$$

所以不论两泵的负载压力 p_1、p_2 如何变化，都能使两泵的总功率保持恒定。通过总功率控制，可实现执行机构的轻载高速、重载低速动作，既能保证液压泵充分利用发动机输出功率又能防止发动机过载。但由于泵调节器同时调节两泵排量，使两泵输出流量相同，当液压挖掘机做单一动作时，其中一个泵就会输出多余的流量，因此将总功率控制与负流量控制联合起来可以减小总功率控制的弊端。

对于单个泵而言，假定本泵负载压力为 p_1，对应泵负载压力为 p_2，总功率控制包括两个方面：自身负载压力变化时的恒功率控制和对应泵负载压力变化时的变功率控制。如图 4-58 所示，假设只有 p_1 在变化，p_2 恒定，此时可以看成泵 1 排量沿直线 1、2 变化，近似恒功率；当 p_2 增加时，泵 1 的恒功率调节曲线左移，泵 1 所吸收的发动机功率减少。

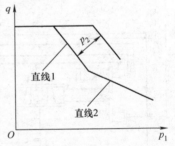

图 4-58　控制压力 – 流量曲线

（2）交叉功率控制　如图 4-56 所示，为了保持发动机输送给双泵的功率恒定，左侧液压泵的高压油连接到右侧液压泵的调节器，左侧液压泵的高压油连接到右侧液压泵的调节器，实现两个液压泵功率的关联。两个泵各自的排量不仅与自身输出压力有关，同时还与另一个泵的输出压力有关。它是通过两个变量泵工作压力相互交叉控制实现的，相当于 1 个液压连杆将两个变量泵的功率连到一起。其既能像全功率系统那样充分利用发动机功率，又能像分功率系统那样根据每个泵的负载状况调整输出流量。所以，功率交叉控制系统优于恒功率控制系统，它提高了低负载回路对实际负载功率的适应性和柴油机功率的利用率，进一步提高双泵之间动态的功率分配，更适用于中、大型液压挖掘机，避免了两泵流量相等所带来的缺点，提高了中、大型液压挖掘机对作业效率的要求。功率交叉控制系统既能充分利用发动机功率，又可以根据两个泵各自驱动液压回路的负载情况，向各回路提供不同的液压油流量，同时加大了工作装置的功率范围。

（3）负流量控制 K3V 和 K5V 型液压泵具有负流量控制功能，如图4-59 所示。例如当液压挖掘机处于非工作状态时，多路阀中位卸荷回油，液压泵输出的液压油全部通过多路阀底部的负流量控制阀中节流阀回油箱，故在节流阀前端会产生一个先导压力 p_{i1}（p_{i2}）反馈到泵调节器上。先导压力作用于先导柱塞上，先导柱塞克服先导弹簧的弹力推动伺服阀芯向右移动，伺服阀左位工作，伺服柱塞大腔进油，伺服柱塞向右移动，带动柱塞泵的斜盘倾角减小，柱塞泵的排量也随之减小，实现液压泵卸荷。

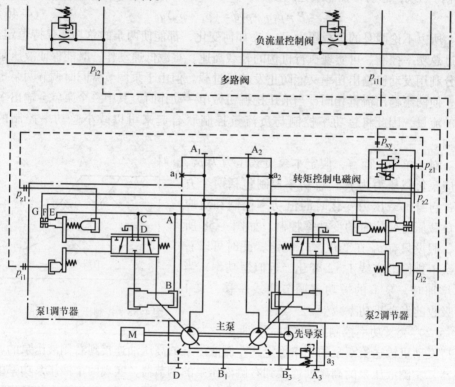

图4-59 负流量控制液压原理图

负流量控制是通过减少旁路回油量来降低中位损失和微操作时的节流损失，当多路阀阀芯在中位时，旁路回油口全开，泵的压力仅克服回油背压，负流量控制系统可以将空流损失降低到液压泵最大流量的15%。当多路阀由于阀芯移动而将旁路回油口封住时，负流量控制失效，此时泵以最大排量输出。

负流量控制系统与传统的恒功率变量系统相比较，克服了主泵总在最大流量、最大功率、最大压力下工作的极端状况，减少了系统的空流损失和节流损失，取得明显的节能效果，然而当操纵阀在中位或调节过程中仍然存在功率损失。

在传统的负流量控制中，只能用机-液结构实现比例控制，因此不可避免地存在静态误差，最终影响系统的调速性能，这是传统负流量控制的不足之处。增大比例控制系数，有助于减小静态误差，但受具体条件的限制，往往很难获得理想的效果。

在采用了六通多路阀的系统中，阀口的流量特性受负载影响较大。如果泵的输出压力较高，则可降低这种影响，在负流量控制中，则表现为旁路回油压力的大小直接影响了系统的操纵性。旁路回油设定压力高，则泵的输出压力也高，系统调速性能好，响应迅速，司机操作时无滞后感；反之，系统调速性能差，操作时的滞后感较强，但是旁路回油压力过高会增加流量检测节流口上的功率损失。

因此，在传统的负流量控制中，节能效果和操控性能之间的矛盾是难以调和的。

一旦操纵液压挖掘机控制手柄使其处于作业状态，多路阀中至少有一组阀换向处于工作状态，此时多路阀中位卸荷油路被切断，负流量控制阀中节流阀前的先导压力直降为零，先导柱塞在先导弹簧力的作用下向左移动，带动伺服阀芯也向左移动，伺服阀右位工作，伺服柱塞大腔通油箱，这时伺服柱塞在小腔液压油的作用下向左移动，带动柱塞泵的斜盘倾角增大，使柱塞泵的排量增大以满足工作要求。

随着先导压力的变化，液压泵的流量也随之变化，液压泵的流量随先导压力的增大而减小，负流量控制特性曲线如图 4-60 所示。这样液压泵只需供给执行器工作所需要的液压油，避免了传统液压挖掘机靠溢流阀控制溢流的方式，从而最大限度地减小溢流功率损失和系统发热。

（4）功率转换控制　功率转换控制主要是靠比例减压阀来完成的。液压泵输出功率的大小是通过改变进入电磁比例减压阀的电流大小来完成的，经过电液比例减压阀的功率转换压力 p_z 作用于补偿柱塞的台阶和功率设定柱塞上，如图 4-61 所示。

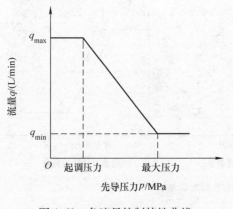

图 4-60　负流量控制特性曲线

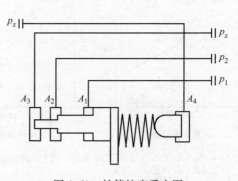

图 4-61　补偿柱塞受力图

如图 4-61 所示，补偿柱塞所受的向右方向的力是作用于补偿柱塞 3 个台阶面积 A_1、A_2、A_3 的液压力之和，向左方向的力是功率弹簧力和功率设定柱塞面积 A_4 的液压力之和，则补偿柱塞的受力平衡方程为

$$p_1A_1 + p_2A_2 + p_zA_3 = kx_0 + p_zA_4 \qquad (4-47)$$

式中　k——弹簧刚度；

　　　x_0——弹簧的预压缩量。

如果改变电液比例减压阀的功率转换压力 p_z，就可改变平衡方程的平衡点，使补偿柱塞开始移动时的柱塞泵压力 p_1、p_2 发生变化，即液压泵输出功率的设定值发生改变。在正常工作情况下，比例减压阀输出压力为零，在补偿柱塞的右端仅有功率弹簧的弹力，左端仅有柱塞泵的压力 p_1 和 p_2，防止发动机过载的功率控制如前所述。

为实现更高作业速度的要求，可使液压泵的功率接近发动机的额定输出功率，此时电液比例减压阀输出一定的功率转换压力 p_z，如图 4-61 所示。随着功率转换压力 p_z 的减少，补偿柱塞所受向左方向的力增加，补偿柱塞左移，这将会使柱塞泵的排量增大，加快工作速度。同时在防止发动机过载的功率控制时，柱塞泵的压力之和（$p_1 + p_2$）必须大于正常情况下的

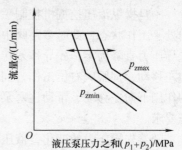

图 4-62　功率转换控制原理图

压力才能实现泵排量减小的调节，泵排量调节原理不变。功率转换控制原理如图 4-62 所示。因此，在实际工作中可根据负载情况改变输入电流大小，从而改变功率转换压力 p_z，调整液压泵输出功率的大小，可以提高工作效率，节约发动机功率。

K3V 泵的恒功率曲线的调整如图 4-63 所示。

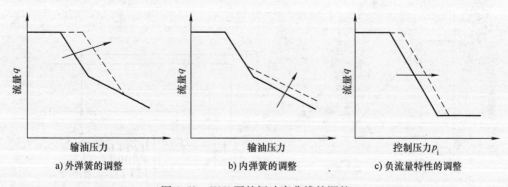

a) 外弹簧的调整　　　　b) 内弹簧的调整　　　　c) 负流量特性的调整

图 4-63　K3V 泵的恒功率曲线的调整

4.4.3　A8VO 恒功率变量泵变量调节原理

A8VO 控制装置是一种简洁而多功能的装置，它以 LA 分功率调节为中心，可以液压连接而组合为总功率调节，可以通过液压或电子极限负荷调节改变液压泵设定功率，也可以通过液压外控，进行排量的负控制或正控制。

4.4.3.1　A8VO 恒功率控制原理

A8VO 变量泵选择了双弹簧位移 - 力反馈控制方式，其控制原理与结构如图 4-64a 所示，图 4-64b 是 A8VO 变量泵的恒功率特性控制曲线。

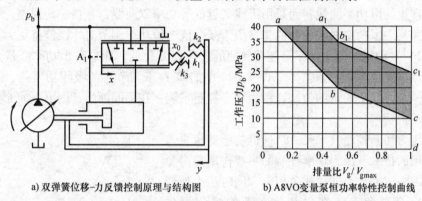

a) 双弹簧位移-力反馈控制原理与结构图　　　　b) A8VO变量泵恒功率特性控制曲线

图 4-64　A8VO 双弹簧位移 - 力反馈控制原理恒功率特性控制曲线

由控制方式原理图 4-64 可知，该控制方式的恒功率控制是通过三个弹簧来实现的，其中刚度为 k_1、k_2 的弹簧是两个变量弹簧；而另外一个刚度为 k_3 的弹簧就是用来设定变量泵恒功率值的。弹簧 k_1、k_2 的安装位置不同，在被压缩过程中，弹簧 k_1 一开始就会被压缩，而弹簧 k_2 只有在弹簧 k_1 已经被压缩了 x_0 的位移后才会被压缩，即两者在有效行程上相差一个 x_0 的位移。由恒功率特性控制曲线可知，其近似为双曲线，图中两条曲线为不同控制起点（c，c_1）条件下的控制特性，改变弹簧 k_3 的压缩量便可在曲线 abc 与 a_1、b_1、c_1 之间得到不同的恒功率特性控制。

以曲线 abc 为例分析研究 A8VO 变量泵恒功率动态调节过程：在起始状态下，变量泵位于排量最大状态；在泵的出口压力低于预设的起调压力之前，变量泵一直位于最大排量状态，即此过程变量泵在控制曲线的 dc 段工作；当变量泵出口压力增加到大于弹簧 k_1 设定的起调压力值时，变量控制阀阀芯右移，其左位工作，此时变量调节缸无杆腔与变量泵的出口压力接通，变量活塞在两腔差动作用下开始向左滑动，变量泵排量将会降低。在变量控制阀芯右移与变量活塞左移的过程中，弹簧 k_1 被压缩，故曲线 cb 段的斜率由弹簧 k_1 决定。若负载压力继续增加，当弹簧 k_1 被压缩 x_0 的有效位移时，弹簧 k_2 也开始进入压缩状态，由于

弹簧 k_1、k_2 的共同作用，故曲线斜率增大，进入 ba 段。若负载压力继续增加，变量泵便工作在恒压状态下，输出一个最小排量，此时泵处于压力切断控制状态。在变量泵排量减小的过程中，弹簧 k_1 或者弹簧 k_1、k_2 被压缩的同时，变量控制阀芯右移也压缩弹簧 k_3，当变量控制阀芯两端的作用力平衡时，变量泵的输出流量在该负载压力下达到稳定状态。

由上述分析可以看出，这种恒功率控制系统，随着负荷变动，变量泵自动改变排量，具有响应快的优点，但存在以下不足之处：

1）泵控制特性（即 $p-q$ 特性）一般是由液压和弹簧作用来实现的，不能得到理想的恒功率曲线，而是用折线来近似等功率双曲线，存在一些误差，特别是按照某一恒功率曲线设计的弹簧用于某一范围恒功率调节时，误差将更大。

2）发动机的输出功率是随着转速的变化而变化的，而这种恒功率变量泵是通过调节变量弹簧的预紧力（图 4-64a 中的 k_3）来调节泵的吸收功率的，只能设定一个或几个固定的值。这种恒功率控制系统，在不同油门开度下不能充分利用发动机功率。

压力切断控制技术是 A8VO 恒功率变量泵普遍采用的技术。压力切断控制的主要作用是避免系统因为压力大而造成相关损害，同时压力切断可以完全避免系统在过载状态下的溢流损失（见图 4-65）。首先在系统中预设一个压力的极限值（p_{CO}），当由于故障或其他原因，使得变量泵的出口压力大于此预设值时，压力切断功能使得变量泵排量沿图 4-65 中的 $A-p_{DH}$ 线降到接近零排量（对应压力为 p_{DH}），而输出压力仍保

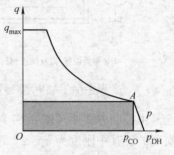

图 4-65　压力切断

持在系统压力附近，因此这种功能又被称为"压力补偿"，此时的排量只用于泵的内部泄漏。压力切断阀类似于系统的安全阀，它的设定值一般高于系统正常运行压力 10% 左右。

4.4.3.2　LA0、LA1 独立功率控制器（分功率控制）

在带有独立功率控制器 LA0、LA1 的变量双泵上，两台泵之间没有机械连接，即每台泵都装有单独的功率控制器。功率控制器根据系统工作压力来控制泵的排量，从而使泵不会超过规定的输入功率。

LA0 不带功率越权控制的独立功率控制器；LA1 带有通过先导压力进行功率越权控制的独立功率控制器。其中 LA0 控制液压职能原理图如图 4-66 所示。

针对各个控制器的功率设定可单独调整并且可以不同，每个泵可以设置为 100% 的输入功率。由图 4-66 可知两个变量单泵 1 和 2 分别各有一套功率变量调节机构 3。每个变量单泵输出流量只和自身回路压力相关，而不受对方回路压力

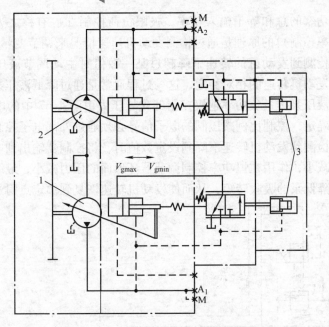

图 4-66　LA0 分功率控制原理图
1—主泵 1　2—主泵 2　3—功率变量调节机构

的影响，即两个变量单泵相互独立地按照各自的控制特性曲线进行功率调节。分功率控制方式是将发动机的输出功率平均分配给两台泵，每台泵分到发动机输出功率的一半，两台泵之间没有相互作用，独立工作。但是这种控制方式容易产生一个问题，即其中一台泵获得的功率太大但是另一台却太小。

　　使用两个测量弹簧调节使泵输出近似为双曲线的功率特性。工作压力相对于测量弹簧和外部可调节弹簧作用在功率调节差压控制活塞的测量表面，外部可调节弹簧决定了功率设置值。

　　如果液压力总和超过弹簧力，就将控制流体供应给控制活塞，比例方向阀右位工作，变量调节缸无杆腔接通泵出口，差动作用使泵朝排量减小的方向移动，从而减少流量；与此同时，变量缸活塞又压缩弹簧，使恒功率调节器的控制活塞和比例方向阀复位，实现了行程反馈。当泵的压力继续升高时，上述过程再次重复，泵的输出流量进一步减少。未受到压力时，泵在复位弹簧的作用下摆回初始位置（V_{gmax}）。

　　带先导压力越权的 LA1 分功率控制原理图如图 4-67 所示，外部先导油压力（油口 X_3）作用于恒功率控制调节器 6 压差活塞的第 3 个测量表面，从而使设置功率减小（负功率越权控制）。使用不同先导压力可以改变机械设置基本功率，这表示可以有不同的功率设置。如果先导压力信号通过负载限制控制进行可变控

105

制，则液压功率的总和等于输入功率。极限负荷控制（也有称之为负载限制控制、极限功率控制）的原理是通过检测发动机掉速情况来调节变量泵变量机构。当电控系统检测到发动机的转速下降超过某一数值时主动调节液压泵的吸收转矩，来保持发动机转速的相对稳定，这一过程通常是通过降低液压泵的排量来实现的。控制液压泵排量负功率越权控制的先导压力由图 4-67 中的电液比例减压阀 3 的压力确定，控制比例减压阀的电子信号必须通过外部电子控制器产生，当转速传感器检测到发动机转速下降到设定数值时，将控制器输出到电磁比例减压阀的电流值减小，作用在恒功率控制调节器环形面的压力减小，最终使液压泵的排量变小，降低泵的吸收转矩，从而使发动机转速恢复到额定点附近。

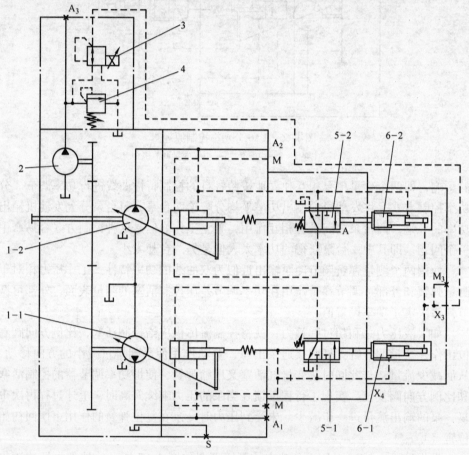

图 4-67　LA1 分功率控制原理图

1—主泵　2—辅助泵　3—电液比例减压阀　4—溢流阀　5—功率调节阀　6—恒功率控制调节器

　　极限功率控制可减小负载的变化对发动机转速的扰动，消除发动机的功率储备，维持输出转矩的相对稳定，提高发动机功率的利用率。

如无功率越权，则油口 X_3 应与油箱相连。

A8VO LA0/LA1 恒功率变量泵的压力流量特性如图 4-68 所示，阴影部分由于控制初始值的改变使该泵的功率调节有一定的范围。

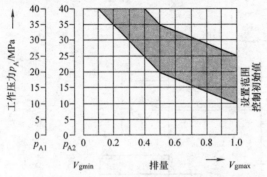

图 4-68　A8VO LA0/LA1 压力流量特性

4.4.3.3　LA0H、LA1H——带有液压行程限位器的独立功率控制器

液压行程限位器 8 使排量在 V_{gmax} 至 V_{gmin} 的整个控制范围上无级可变。排量的设置与作用于油口 X_1（最高 4MPa）的先导压力 p_{st} 成比例。功率控制器优先于液压行程限位器，即低于功率控制器特性时，根据先导压力调节排量。如果设置流量或工作压力超过了功率控制器特性，则功率控制器优先于行程限位器，并随着弹簧特性减小排量。油口 X_3 一般接负载限制控制，如图 4-69 所示。

（1）LA0H1/3、LA1H1/3 液压行程限位器（负流量控制）　随着先导压力的增加，泵调节至较小排量，控制范围从最大排量 V_{gmax} 到最小排量 V_{gmin}，控制起点在 V_{gmax}，可设定范围为 0.4 ~ 1.5MPa，控制起点取决于功率控制器设置。卸压状态的初始位置为最大排量 V_{gmax}。LA0H1/3、LA1H1/3 先导压力与排量之间的关系曲线如图 4-70 所示。

使用 H1 的注意事项是：所需控制压力为 ≥3MPa。可以从高压管路获得所需的控制流体。当使用负控制方向阀时，控制压力通过高压管路从负控制系统获得。先导压力越大，排量越小。

使用 H3 的注意事项：所需控制压力为 ≥3MPa。所需的控制压力来自高压管路或施加在油口 Y_3 的外部控制压力（≥3MPa）。当使用标准的开芯式方向阀时，必须使用外部控制压力供应进行该控制。先导压力增量 Δp（V_{gmax} − V_{gmin}）大约为 2.5MPa。

（2）LA0H2、LA1H2——液压行程限位器和外部先导油压力供应（正流量控制）　随着先导压力的增加，泵调节至较大排量，控制范围从 V_{gmin} 到 V_{gmax}。控制起点在最小排量 V_{gmin} 可设定压力范围 0 ~ 1.5MPa，卸压状态的初始位置在最大排量 V_{gmax}。为了从 V_{gmax} 到 V_{gmin} 进行控制，需要的压力 ≥3MPa。所需的液压

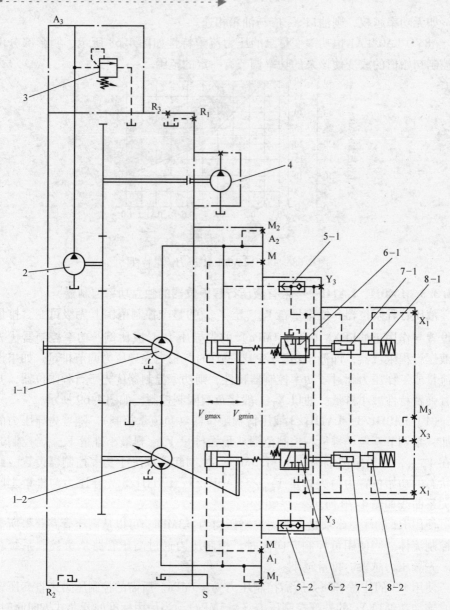

图 4-69　LA1H2 油路图

1—主泵　2—1 号辅助泵　3—溢流阀　4—2 号辅助泵　5—梭阀

6—功率调节阀　7—恒功率控制调节器　8—液压行程限位器

油来自高压管路或施加在油口 Y_3 的外部控制压力（≥3MPa）（先导压力＜控制起点压力）。先导压力增量 Δp（$V_{gmax} - V_{gmin}$）大约为 2.5MPa。LA0H2、LA1H2 先导压力与排量之间的关系曲线如图 4-71 所示。

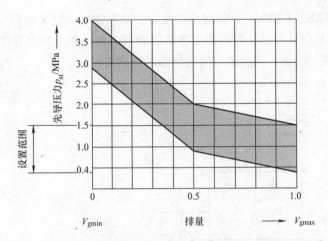

图 4-70　LA0H1/3、LA1H1/3 先导压力与排量之间的关系曲线

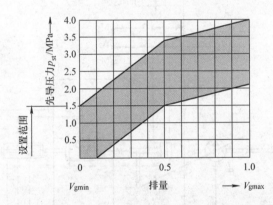

图 4-71　LA0H2、LA1H2 先导压力与排量之间的关系曲线

　　液压行程限制器的外部压力供应控制方式采用的是正流量控制，正流量控制具有的主要特点是：操纵多路方向阀的先导压力不仅用来控制方向阀的阀口开度，同时还被引至变量泵的变量机构来调节排量。待机时，泵只输出用来维持系统泄漏的流量。通过推拉先导手柄，系统中的先导液压回路会建立与之对应的先导压力来控制阀口开度，进而控制泵的排量，由此可知，泵的输出流量与先导压力成正比。

　　主泵的正控制功能可根据不同的流量需求，由主控制器发出不同的信号，对应着 X_1 口不同的先导控制压力，也对应着不同的主泵排量。这样一系列先导控制压力值和主泵排量值就形成了主泵的正控制特性曲线，如图 4-71 所示。

　　注意：如果有油口 Y_3（H2 + H3），必须总是将其连接至外部控制压力。如果没有外部控制压力供应，此口应接至油箱泄压。

4.4.3.4 LA0K、LA1K——带液压连接的分功率控制（交叉功率控制方式）

图 4-72 是带液压耦合器的独立功率控制器，两个独立控制器的液压耦合器提供总功率控制功能。两台泵通过液压而不是机械耦合。

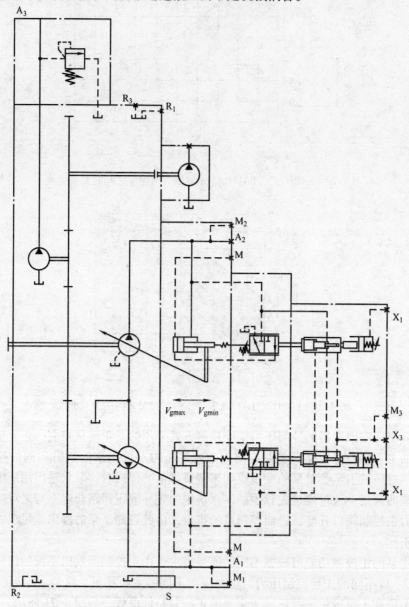

图 4-72　A8VO LA1KH1 控制系统原理图

两个回路的工作压力分别作用在两个独立控制器的差压活塞上，使两台泵斜

110

盘一起摆出或摆回（两台泵的出口压力通过内部通道不仅连接到各自的功率控制调节器控制活塞上，而且还分别连接到对方的功率控制调节器活塞上）。

如果一个泵以低于总输入功率 50% 的功率工作，其余功率可以传输至另一个泵，最高可达总输入功率的 100%。

通俗来讲，就是液压泵的流量变化不仅受该泵所在回路压力变化的影响，也与另一回路的压力变化有关，也就是两个回路的液压泵独立分功率控制与交叉控制结合进行恒功率调节。功率交叉控制系统的发动机功率分给两台泵，每一回路可分别拥有发动机功率的一半，当其中一台泵的需求降低或不工作时，另一台泵单独利用发动机功率可至 100%。

交叉功率控制方式是在综合全功率控制以及分功率控制的优点的基础上开发出来的，它的原理和全功率控制是相同的，但是每台泵的流量却是不同的。

交叉功率控制结构是把两台排量和调节机构相同的泵串联起来，所以这种控制方式又可以像分功率控制一样每一台泵独立控制各自的回路。所以说，交叉功率控制不仅能将发动机的输出功率全部吸收，又可以像分功率控制一样按照回路的负载压力实现对自身回路的独立调节，从而将发动机的输出功率充分利用起来。交叉功率控制相对于上面两种控制方式来说，它既可以最大程度的利用发动机的输出功率，又增强了低负载回路对实际功率的适应性。

通过附加的 H1/H3 液压行程限位器功能（油口 X_1 接先导液压油压力，最高 4MPa），每个斜盘旋转组件可以独立摆回到比当前功率控制规定更小的指定排量 V_g 上。

图 4-73 为 A8VO LA1K 控制系统原理图，其中每台泵都带有压力切断阀 5，前已叙述，压力切断最大的好处是可以避免系统在过载状态下的溢流损失。

用于 LA0KH1 的油路图模块和用于 LA0KH3 的油路图模块如图 4-74 所示。

4.4.3.5　LA0S、LA1S、LA0KS、LA1KS——带有负载感应的独立功率控制器

负载感应控制器是一个以负载压力为导向的流量控制元件，根据执行器流量需求调节泵排量，带压力切断 + 恒功率控制 + 负载感应 + 极限负荷控制的控制原理图，即 LA1S 控制油路图如图 4-75 所示。该泵输出流量取决于安装在泵和执行器之间的外部感应节流阀 1 的横截面积。该流量与低于功率特性曲线以及泵控制范围内的负载压力无关。感应节流阀通常为一个单独布置的负载感应方向阀。方向阀活塞的位置决定了感应节流阀的开口横截面积，从而决定了泵的流量。负载感应控制器比较感应节流阀前后的压力，并维持压降（压差 Δp），从而使流量保持恒定。如果压差 Δp 增大，泵则摆回（朝向 V_{gmin}），而如果压差 Δp 减小，则泵摆出（朝向 V_{gmax}），直到阀内恢复平衡。节流阀两端的压差为

$$\Delta p = p_泵 - p_{执行器}$$

Δp 的设置范围 1.4 ~ 2.5MPa，标准设置 0.8MPa，零行程运行（感应节流阀

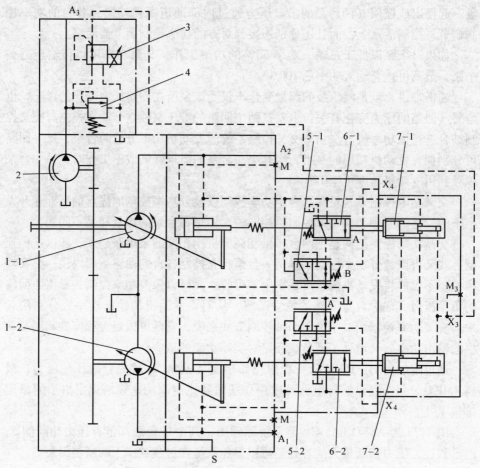

图 4-73　A8VO LA1K 控制系统原理图

1—主泵　2—辅助泵　3—电液比例减压阀　4—溢流阀
5—压力切断阀　6—功率调节阀　7—恒功率控制调节器

堵上）时的备用压力略高于 Δp 设置值。在 LUDV（流量共用）系统中，压力切断装置内置在 LUDV 阀组中。

4.4.3.6　EP 电气控制，带比例电磁铁

通过带比例电磁铁的电气控制，利用电磁力将泵排量成比例地无级调节，液压原理图和其性能曲线如图 4-76 所示。控制范围从 V_{gmin} 至 V_{gmax}，随着控制电流的增加，泵调节至较大排量。没有控制信号（控制电流）的初始位置是在最小排量 V_{gmin}，所需控制压力来自工作压力或外部施加给 Y_3 油口的控制压力。为了确保即使在低工作压力（＜3MPa）下也可进行控制，必须对油口 Y_3 施加约 3MPa 的外部控制压力。

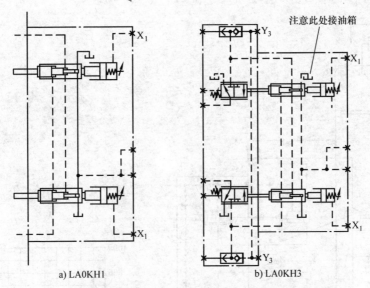

注意此处接油箱

a) LA0KH1　　　　　　　　b) LA0KH3

图 4-74　LA0KH1 的油路图模块和 LA0KH3 的油路图模块

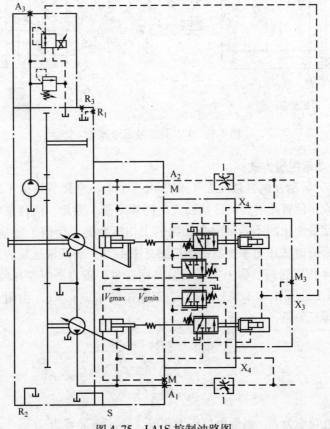

图 4-75　LA1S 控制油路图

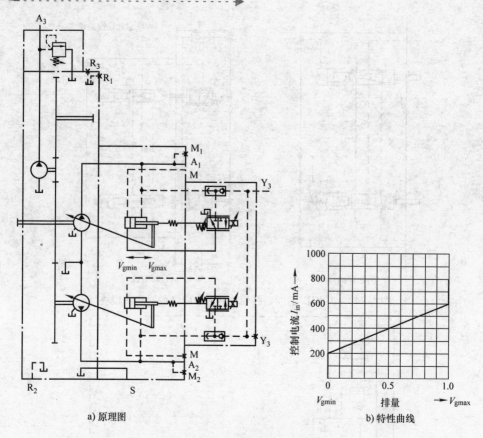

a) 原理图   b) 特性曲线

图 4-76   EP2 控制液压原理图

4.4.3.7   全功率控制方式

如图 4-77 所示，两台液压泵 1 和 2 由一个全功率调节机构 3 来进行调节，使两台泵的倾角位置始终相同，从而实现同步变量。因此，两台泵的流量相同，决定液压泵流量变化的不是某一条回路的工作压力的单个值，而是系统的总压力。经压力平衡器（压力平衡器的原理图见图 4-78）将两液压泵的工作压力 p_1、p_2 之和的一半作用到调节器上实现两泵共同变量。压力平衡器各段截面积分别为 A_1、A_2 和 A_3，且 $A_1 = A_2 = 1/2 \times A_3$，双泵流量 $q_1 = q_2 = q$，由图 4-78 可知泵出口压力和排量关系：

$$p_1 A_1 + p_2 A_2 = p_3 A_3 \tag{4-48}$$

所以

$$p_3 = \frac{p_1 + p_2}{2} \tag{4-49}$$

设泵的总功率为 P，则泵出口压力和流（排）量关系为

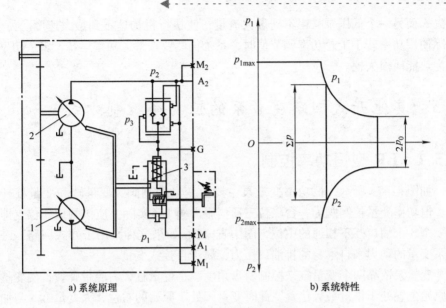

a) 系统原理　　　　　　　　　　　b) 系统特性

图 4-77　全功率控制原理图

1—主泵 1　2—主泵 2　3—功率调节机构

$$P = \frac{p_1 + p_2}{2} \times 2q = (p_1 + p_2)q = \text{const} \tag{4-50}$$

　　该系统的优点：①两个泵的排量始终是相等的，能充分利用发动机功率；②两个液压泵各自都能够吸收发动机的全部功率，提高了工作装置的作业能力；③结构简单。由于以上特点，全功率变量泵液压系统在液压挖掘机上曾经得到大量应用。不足：工作时若两个泵需要的压力、流量不相同时，结果处于高压的泵，其流量大于系统需要的流量，多余油液从溢流阀流走使系统发热并造成功率

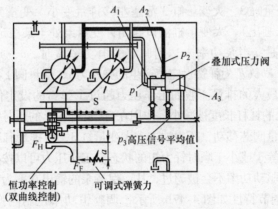

图 4-78　压力平衡器原理

损失；而另一个低压泵又得不到最大流量，使执行机构达不到最大速度。另外，实际使用功率若小于总功率调节值时，系统仍然要按最大功率运转，多余功率则变为热能而损失掉。

4.5 其他开式回路变量泵的恒功率控制方式

4.5.1 LR 型恒功率控制

如图4-47a 所示，恒功率变量泵主要由变量控制阀、变量缸和变量杠杆组成。恒功率变量控制阀为一台二位三通伺服滑阀 1（实际上应该画成 3 位，即还有一个 3 个油口互不相通的中位，图中省略）。如果这种泵用于开式回路，一般其泵变量的动力来自本身的排油口压力，属于自控式变量。

变量泵依靠两个变量缸来控制斜盘角度。小变量缸 2 右腔带弹簧，使变量缸的原始位置处于排量最大位置，此时变量阀处于原始的右位，大变量缸 3 与油箱相通。

小变量缸 2 右腔总是与泵的排油口相通。左端与斜盘相连，小变量缸活塞杆左右移动，将改变斜盘角度（左移变大，右移变小）。中间的垂直活塞 4 依靠来自泵排油口的油压，将其头部顶在 90°杠杆 5 的水平杆上，杠杆 5 的几何长度分别为 a 和 b。在活塞移动时垂直活塞 4 可以左右移动，其离开原始位置的距离 a，就表示泵排量的大小。垂直活塞底部作用着泵的排油口压力 p。

小变量缸 2 活塞上总是作用着泵排油口压力，而大变量缸 3 活塞腔与泵排油口连通还是与油箱相通由变量控制阀 1 控制。当变量控制阀 1 在右位，大变量缸 3 活塞腔与油箱通，大变量缸 3 活塞右移排量变大；当变量控制阀 1 在左位，泵压力油进入大变量缸 3，大变量缸 3 活塞左移排量变小。变量到位时，变量阀处于中位（图上未画出），大变量缸油口封闭，变量泵处于某稳定点。

其工作原理是：当泵功率未达到调定的恒功率值时，p、A 和 a 的乘积（力矩）小于输入的 Fb（F 为弹簧设定值产生的弹性力），变量阀 1 处于右位，排量最大，此时泵输出最大的排量。假如工作压力超过了弹簧的设定值，即当 pAa 大于 Fb 时，在摇杆处的杠杆长度被减小，作用在 90°杠杆 5 上的顺时针力矩大于逆时针力矩，杠杆使变量阀芯移动，压力油进入大变量缸 3，使排量有所减少，直至重新回到逆时针力矩等于或小于顺时针力矩的状态。工作压力可以按排量减少的量的相同比例增加，使驱动功率不会被超过，从而保持泵的输出功率为常数。

LR 的静态调节特性如图 4-47b 所示，调整恒功率控制阀弹簧，可以使初始压力的设定范围为 5~22MPa，即增加弹簧力，可以使恒功率控制曲线上移，增大了输出的恒功率的值。

　　这里，只有恒功率控制，如果再加上恒压、恒流量控制，那么对全局而言在一个时刻只可能有一种控制方式，但恒功率控制优先。

　　恒功率起调点的确定：马达的功率与流量相除所得的数再乘上一个系数作为起调点。如果起调点设的太低，设备所需流量还没有达到最大流量，就将流量减少了，使设备不能工作在满负荷状态下。也就是说出现的后果就是设备显得没劲，而这时压力切断阀也达到了卸载状态，进行卸载。如果出现这种情况，就应该将恒功率起调点往高调一下，设备就能正常运转。

4.5.2　LR3 遥控恒功率控制

　　这种泵的控制原理职能原理图如图 4-79 所示，是在原恒功率控制 LR 泵的基础上开发的。LR3 可以通过油口 X_{LR} 接入外部先导压力 p_p，加至功率阀的弹簧腔，可对泵输出的功率进行遥控调节，改变先导压力 p_p 可以使泵的功率特性曲线向右上平移。控制原理同上，改变先导压力相当于改变了弹簧的设定值。这种变量泵在无压的初始位置是排量最大（V_{gmax}）。

　　图 4-80a 为其静态特性曲线，增大先导控制压力可以增加恒功率的控制值。先导压力与功率 P 之间的关系为线性关系，如图 4-80b 所示。

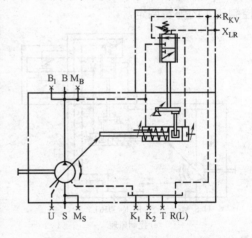

图 4-79　LR3 控制原理职能原理图

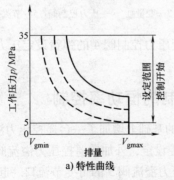

a) 特性曲线

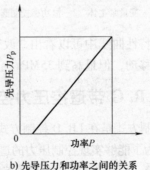

b) 先导压力和功率之间的关系

图 4-80　LR3 静态特性曲线

4.5.3　LR. D 带压力切断的恒功率控制

　　LR. D 控制是在恒功率控制基础上增加了一个压力控制阀 4。压力控制阀的

117

可变阀口与固定节流孔 5 组成了一个 C 型半桥，用来控制变量泵活塞腔的压力，如图 4-81a 所示。在无压工况，泵处在排量最大 V_{gmax} 的初始位置。这种控制方式，压力切断控制优先于功率控制，也就是在工作压力低于设定压力情况下，变量泵变量控制装置跟随功率控制功能。一旦泵的输出压力达到了压力控制设定值，此时压力控制阀 4 下位工作，泵出口压力油经阀口进入变量缸活塞的右腔，使泵的排量减少，泵进入压力切断控制模式，并仅仅输送所需要的流量来保持这个压力。一般这个压力有一个设定范围，例如 A10VSO 系列泵压力设定范围为 $2\sim35MPa$，而标准的设定值为 35MPa。也就是如果工作压力不超过 35MPa，为恒功率泵，一旦压力超过了 35MPa，就为恒压泵，其输出特性曲线如图 4-81b 所示。其中功率变量的起始点由功率控制阀 2 的弹簧调定，最高的工作压力由压力控制阀 4 的弹簧调定。

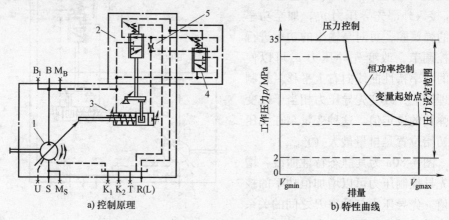

a) 控制原理　　　　　　　　　　　　　　　b) 特性曲线

图 4-81　LR. D 调节原理职能原理图

1—变量泵主体　2—恒功率控制阀　3—变量缸　4—压力控制阀　5—节流孔

从控制特性曲线中可以看出，改变压力控制阀 4 的弹簧设定压力，会使压力水平线上下移动，但最高到 35MPa。

4.5.4　LR. G 带遥控压力控制的恒功率控制

这种控制方式是在 LR. D 控制方式的基础上增加了一台遥控压力溢流阀 5（见图 4-82）。为了能够实现控制压力的遥控设定，外加的遥控压力溢流阀 5 通过管道被连到油口 X_D。固定节流孔 6 与遥控压力溢流阀 5 的可变节流口一起构成 B 型半桥，改变遥控压力溢流阀的设定压力就可调整压力控制阀 4 的弹簧腔压力。

一旦达到系统压力溢流阀的设定值加上压力控制阀 4 的阀口压差，泵就会进入压力控制模式，可以通过改变遥控压力溢流阀调控压力，实现远程压力遥控。这种控制方式，在无压条件下的初始位置是排量最大位置 $V=V_{gmax}$。

　　注意，对于遥控压力的设定值是单独的溢流阀设定值加上在压力控制阀阀口两端的压差 Δp 之和。例如，外部的压力溢流阀设定值是 33MPa，控制阀阀芯两端的压差是 2MPa，遥控压力的改变值为（33 + 2）MPa = 35MPa。

　　LR. G 控制的恒功率泵静态特性曲线如图 4-80b 所示，压力阀的阀口压差大约等于 2MPa，调整溢流阀的设定压力值，可以看到，随着总的设定压力的增加，压力特性上移，工作压力水平线向上移动。

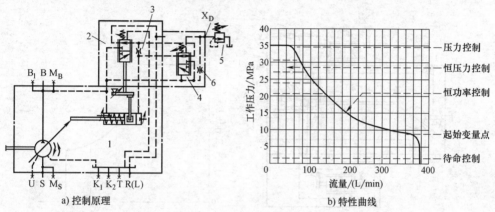

a) 控制原理　　　　　　　　　　　　　　b) 特性曲线

图 4-82　LR. G 控制职能原理图

1—变量泵主体　2—功率控制阀　3、6—固定节流孔　4—压力控制阀　5—遥控压力溢流阀

4.5.5　LRH1 带液压行程限制器控制

　　这种变量控制方式的泵是在原有恒功率控制基础上，增加了先导排量控制阀 5 和排量反馈杠杆 4。这种控制需要一个外部的先导控制压力加到 X_1 油口。液压行程限制器可用于在整个控制范围内，连续地改变或限制泵的排量，泵的排量大小由先导压力决定，先导压力 p_{st} 最高为 4MPa，先导控制压力通过油口 X_1 引入。

　　如图 4-83a 所示，排量控制阀 5 用于限制最大的排量，改变加入 X_1 油口压力的大小，可以改变泵的最大的排量值。控制压力增加，排量控制阀 5 左位与压力油路接通，液压油经功率控制阀 2 通往变量缸，使最大排量减小。图 4-83a 所示为一负流量控制方式，即随着控制压力的增加，最大的排量设定值减小。泵排量减少的同时，通过反馈杠杆 4，使排量控制阀 5 阀芯向左移动，关闭进入到变量缸 3 大端的油口，使泵 1 输出排量为一调定值。减小的排量值与控制压力成正比。

　　这种控制方式中功率控制优先于液压行程限制器控制，例如，在双曲功率控制曲线以下，排量由先导压力控制，当一个设定的流量或者负载压力超过了功率曲线，功率控制优先沿着双曲特性曲线减少泵的排量。

最高 4MPa 先导控制压力的引入，可以驱动泵的斜盘倾角至初始最小排量 V_{gmin} 位置。所需的控制压力可以取自泵排油口工作压力，也可以取自加在油口 Y_3 的外加控制压力。甚至在工作压力小于 4MPa 的情况下，为了确保控制，油口 Y_3 必须施加一个外部的接近 4MPa 的控制压力，这样可以保证泵在启动时具有零排量输出。LRH1 型控制静态特性曲线和 LRH1 控制先导压力与排量之间的关系分别如图 4-83b 和图 4-84 所示。

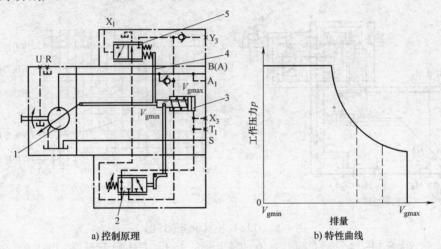

a) 控制原理　　　　　b) 特性曲线

图 4-83　LRH1 型控制职能原理图

1—主泵　2—功率控制阀　3—变量缸　4—反馈杠杆　5—排量控制阀

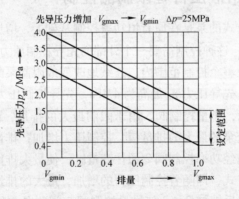

图 4-84　LRH1 控制先导压力与排量之间的关系

图 4-85 是增加了压力切断功能，称作 LRDH 控制。增设的压力切断阀 2 设定了泵的最高压力，一旦系统压力超过了压力切断阀 2 左边弹簧的设定压力，压力油通过压力切断阀 2 和功率控制阀 3 进入到泵变量缸 4 的大腔，推动变量缸 4 活塞左移使泵排量减小。

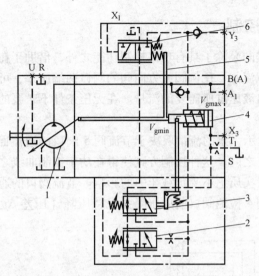

图 4-85　LRDH1 控制职能原理图

1—主泵　2—压力切断阀　3—功率控制阀　4—变量缸　5—反馈杠杆　6—排量控制阀

另一种结构形式的 LRH 控制原理图如图 4-86 所示，其主要由主泵 1，恒功率控制阀 2，先导阀 3.1，控制阀 3.2 和单向阀 4 组成。基本的设定值是 V_{gmax}。排量的减小与先导压力成比例，双曲功率控制优先于先导压力信号，它用于确保指定的驱动功率保持恒定。先导压力由油口 P_{st} 引入，用于控制先导阀 3.1 阀套的位置，先导阀压力变化，会改变先导阀 3.1 的阀口开度，注意到控制阀 3.2 上面的固定阻尼和受先导压力和泵变量缸行程共同控制的先导阀 3.1 的可变阀口构成了 B 型半桥，用来控制控制阀 3.2 弹簧腔的压力，当从 P_{st} 油口外加的控制压力增加时，会推动先导阀 3.1 阀套移动一定的距离，从而改变了先导阀 3.1 的节流口开

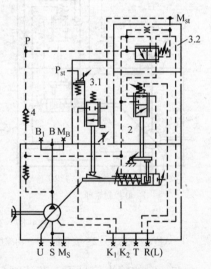

图 4-86　LRH 控制原理图

1—A4VSO 主泵　2—恒功率控制阀
3.1—先导阀　3.2—控制阀　4—单向阀

度，例如先导控制压力增加，先导阀 3.1 开度增加阻尼减小，使控制阀 3.2 的右腔压力减小，推动控制阀 3.2 左位工作，变量控制液压缸在液压油的作用下左移，与变量控制液压缸相连的杠杆机构同时带动先导阀 3.1 的阀芯也会跟随移动，直至和阀套移动相同距离，此时先导阀 3.1 又会恢复到初始位置，泵的排量减少至某一定值。

4.5.6 LRF 控制

这种控制方式的泵除了具有功率控制功能之外，借助于在泵和执行器之间的压差，例如一台节流阀、比例阀或方向阀的阀口两端压差，可以控制泵的输出流量，此时泵仅输出液压缸所需要的流量。在无压条件下，泵的初始位置是排量最大（V_{gmax}）的位置。

如图 4-87a 所示，泵的流量取决于节流阀 5 阀口的通流面积，通常节流阀 5 安装在泵和液压缸之间。这种控制方式使得在功率控制曲线之下和在泵的控制范围内泵的输出流量实质上不受负载压力的影响。节流阀口的通流面积决定了泵的流量。流量控制阀 4 检测阀口前后压降并保持压降（压差 Δp）为常数，因此可以控制流量。

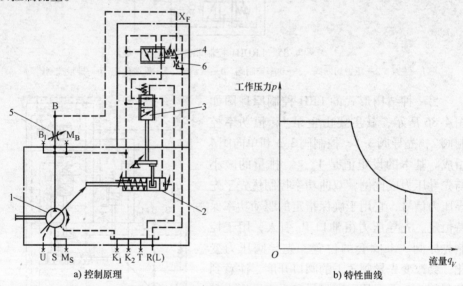

a) 控制原理   b) 特性曲线

图 4-87 LRF 控制职能原理图

1—A4VSO 液压泵 2—变量缸 3—功率控制阀 4—流量控制阀 5—节流阀 6—固定节流孔

在一定的输入信号下，节流阀 5 有对应的过流面积，当泵的输出流量与输入信号对应时，流量控制阀处于中位。如果出现干扰，例如负载压力升高使实际输往负载的流量减少，则在与输入信号对应的节流阀口过流面积不变情况下，在节流阀处产生的压降就要比正常压差小，造成变量控制阀 4 两端受力不平衡而使阀芯左移，即流量控制阀 4 右位工作，变量缸大腔油液流出一部分，使泵的排量增大，直至通过节流阀 5 的流量重新与输入信号对应，变量控制阀重新回到中位。如果出现负载压力降低的干扰，则有相反的类似自动调节过程。

阀口的压差用公式 $\Delta p_{阀口} = p_{泵} - p_{执行器}$ 计算。

作用在流量控制阀 4 上的标准的 Δp 设定值接近 1.4MPa，推荐的范围是 1.4 ~ 2.5MPa。

对于有动态需求推荐使用 LRS 带有负载感应和遥控压力控制的选项。

由图 4-87b 可以看出，节流阀 5 阀口的压差变化，会使特性曲线右端垂直部分沿横轴左右移动。

4.5.7　LRS 带负载敏感阀和遥控压力控制

A4VSO – LRS 变量泵是在恒功率控制的基础之上，增加了一台负载感应阀 4（见图 4-88a），其可以起到使负载压力的变化与流量控制无关的作用。泵仅仅输出执行器所需要的流量，泵的输出流量与负载所需流量匹配。在图 4-88a 中，油口 B 输出的压力总是比液压缸处的负载压力高出一设定的压差 Δp。泵的输出流量取决于节流阀 7（也可为比例阀或者多路阀组）阀口的通流面积，低于功率控制曲线之下的泵的流量不受实际负载压力影响。通过负载感应阀 4 的调节使节流阀 7 两端的压差 Δp 保持为恒定值，从而保持了泵输出的流量为定值。节流阀 7 两端的压差 Δp 改变，由孔口或阀口通流面积的改变引起，例如当泵排油口压力减小时，会造成节流阀 7 阀口两端压差增大，使输出流量增大，此时负载感应阀上腔的压力减小，在泵排油口油压作用下负载感应阀下位接通，泵变量缸无杆腔进入泵排油口，使泵向减小排量的方向变化，实现泵的流量适应这种新的条件。

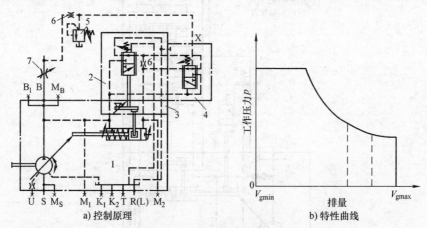

a) 控制原理　　　　　　　　b) 特性曲线

图 4-88　LRS 控制职能原理图

1—A4VSO 变量泵　2—功率控制阀　3—过渡连接板　4—负载感应阀
5—溢流阀　6—固定阻尼孔　7—节流阀

这种控制方式的泵在无压条件下的初始位置是排量最大的 V_{gmax} 位置。

溢流阀 5 和固定节流孔 6 可实现泵的压力控制。一旦负载压力达到了由溢流阀 5 设定的压力，系统将变为压力控制模式，而不考虑节流阀 7 的压差。这需要一个附加的固定阻尼孔 6。在负载感应阀 4 处于标准的压差设定值为 1.4MPa、阻尼孔直径为 0.8mm 和节流阀 7 压差 $\Delta p = 1.4$MPa 的情况下，溢流阀的动作引起的先导流量消耗约为 1.3L/min，连接到溢流阀 5 的管道长度不应超过 2m。

其实控制是分 3 段起作用的。①在低压阶段，一般需要大流量以提高效率，此时只有负载感应阀 4 起作用；②随着工作压力的提高，为了避免泵的功率大到超过发动机功率造成停机，此时功率控制阀 2 开始起作用，维持泵的功率为恒定值；③设置了最高的控制压力，避免泵超压损坏，此时泵的流量输出减小，维持泵的排油口压力为设定的安全值，确保安全。因此这种泵的输出特性曲线分为水平的流量调节段、双曲线的功率调节段和垂直的压力调节段三段。在图 4-88b 中，每段之间的切换主要由弹簧力、阀芯面积的相对值和泵的工作压力来确定。这种泵主要是用于工程机械，能够最大程度地满足工程机械的功率要求，在确保安全的前提下发挥最大效能。

应注意：在设定遥控压力时，其设定值是溢流阀 5 设定的压力加上在负载感应阀两端的压差。例如外部压力溢流阀设定值为 33.6MPa，负载感应阀的压差是 1.4MPa，则设定的遥控压力为其总和，是 33.6MPa + 1.4MPa = 35MPa。

4.5.8 LRH 液压行程控制

如图 4-89 所示，这种形式的变量泵主要由 A4VSO 泵主体 1、功率控制阀 2、

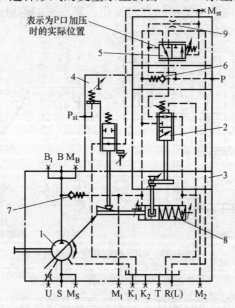

图 4-89 LRH 液压行程控制职能原理图

1—A4VSO 泵主体 2—功率控制阀 3—过渡连接板 4—先导阀 5—控制阀
6—单向阀 7—内部集成单向阀 8—变量缸 9—固定节流孔 P—控制压力油口
P_{st}—先导压力油口 M_{st}—先导压力测量油口 M_1、M_2—控制腔压力测量油口

先导阀 4、控制阀 5、单向阀 6 等组成。当 P 口接入控制压力油时，液压油压力克服控制阀 5 的弹簧力使控制阀左位工作，如图 4-89 所示位置，此时液压油经过控制阀 5 和功率控制阀 2 进入变量缸 8 右腔，推动活塞向减小泵的排量方向移动，直至最小排量位置，有利于空载启动。

变量泵的排量与在油口 P_{st} 外加的先导控制压力成正比地增加。这是因为先导阀 4 的可变节流口和固定节流孔 9 构成了 B 型液压半桥，这使控制阀 5 的右腔压力成为可控的。当从 P_{st} 油口外加的控制压力增加时，会推动先导阀 4 阀套移动一定的距离，从而改变了先导阀 4 的节流口开度，例如先导控制压力增加，先导阀 4 节流口开度减小，使控制阀 5 的右腔压力增加，推动控制阀 5 右位工作，变量缸 8 右腔接通油箱，变量缸左端在压力油的作用下右移，与变量缸相连的杠杆机构同时带动先导阀 4 的阀芯也会移动和阀套相同距离，此时先导阀 4 又会恢复到初始位置，阀口全开，使控制阀 5 右腔压力降低，控制阀 5 又回到左位工作，但此时泵最大的排量值发生了变化。

双曲功率控制优先于先导压力信号，将保持预先设定的驱动功率为常值——功率优先。泵的静态特性曲线如图 4-90a 所示。

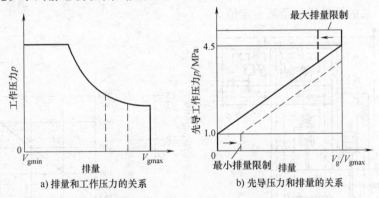

a) 排量和工作压力的关系　　　b) 先导压力和排量的关系

图 4-90　LRH 控制静态特性曲线

这种控制方式的泵在无压条件下的初始位置是在最小排量 V_{gmin} 处。

其排量的限制可用安装于变量缸处的机械式摆角限制器调定，也可用在先导阀 4 处采用液压方式的排量限制器调定。

泵的排量设定范围：变量缸处的排量限制器的排量设定范围是最小的排量 V_{gmin} 被设定为最大排量 V_{gmax} 的 0 ~ 50%；最大排量被设定为最大排量 V_{gmax} 的 100% ~ 50%。

先导阀 4 处液压行程限制器的排量设定范围是：最小排量 V_{gmin} 是最大排量的 0 ~ 100%，最大排量 V_{gmax} 则是最大排量的 100% ~ 0。

最小和最大的机械摆角限制在工厂被设定成固定的值，是不能进行调整的。

依靠改变先导控制压力，可以改变泵的排量，如图 4-90b 所示。

4.5.9 LR. NT 带先导压力的液压行程控制与电气控制

如图 4-91a 所示，泵在无压力条件下的初始位置是最小排量 V_{gmin}。为实现 LR. NT 这种控制功能，需要对油口 P 提供一个外部控制压力（最小 5MPa，最大 10MPa），此时阀 6.2 在外部控制压力的作用下被推至左位工作，此时油口 P 的控制油通过功率控制阀 2 进入到变量控制缸大腔，使泵的排量为最小（一旦泵建立起压力，阀 6.2 的控制油就由泵通过单向阀 7.2 提供）。实际上控制阀 6.2 上面的固定阻尼与控制阀 6.1 组成了 B 型液压半桥用于控制先导控制阀 6.2 弹簧腔的压力，比例溢流阀 9（DBEP6）向 P_{st} 油口的先导压力腔提供一个先导压力信号，该信号与电磁比例溢流阀的电磁铁电流成正比，当电流增加时，通往油口 P_{st} 的先导压力亦增加，此时控制阀 6.1 阀套上移，控制阀 6.1 的节流口变小，阻尼增加，使先导控制阀 6.2 的右腔压力增大，推动先导控制阀 6.2 右位工作，变量缸大腔接油箱，变量控制左移排量增加，与变量缸相连的杠杆机构同时带动控制阀 6.1 的阀芯上移，直至和阀套移动的距离相同，此时控制阀 6.1 又恢复到初始位置，泵的排量增加至某一定值。

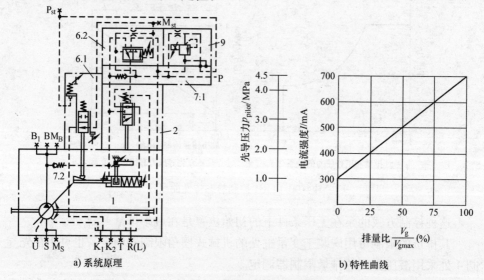

a) 系统原理   b) 特性曲线

图 4-91 A4VSO LR. NT 控制

1—变量泵主泵 2—功率控制阀 6.1—控制阀 6.2—先导控制阀
7.1—叠加板阀（用于安装带单向阀的比例阀） 7.2—内置单向阀 9—电磁比例溢流阀

电磁铁的电流，对于先导压力起着控制和限制的作用。这种控制，是通过某一电气指令值实现的；电流的控制，则通过脉宽调制的方式进行。其特性曲线如

图 4-91b 所示。

同样双曲功率控制优先于先导压力信号。

4.5.10　LRDS 功率控制，带压力切断和负荷传感

负荷传感控制是一种流量控制，它根据负载压力调节泵排量，使排量与执行器的流量要求相适应。

泵的流量与安装在泵出口和执行器之间的外部传感节流孔（例如多路阀 M4 或 M7）的横截面积有关，如图 4-92 所示。流量在功率曲线和压力切断值之下以及在泵的整个控制范围内与负载压力无关。

传感节流孔通常为单独安装的负荷传感方向阀（控制多路阀）。该方向阀阀芯的位置决定了传感节流阀的打开面积，即泵的流量。

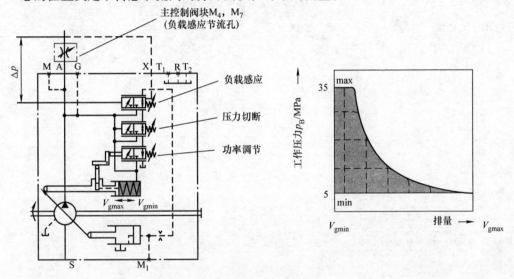

图 4-92　A4VSO LRDS 控制

负荷传感控制比较节流孔上下游的压力，并保持节流孔的压降恒定，从而使泵的流量保持恒定。

压差 Δp 增大时，泵朝 V_{gmax} 回摆；Δp 减小时，泵朝 V_{gmin} 摆出，直到阀内传感节流孔两端压差恢复设定值。其中：

$$\Delta p_{节流} = p_泵 - p_{执行器}$$

Δp 的设定压力范围为 $1.8 \sim 2.5MPa$。控制优先顺序是：压力→功率→流量。

压差的标准值是 1.8MPa，从 $\Delta p_{节流} = p_泵 - p_{执行器}$ 这个公式可以看出，当 $\Delta p_{节流}$ 大于设定值时，负载敏感阀是向左动作的，这时泵的流量将减小。随着负载压力的不断变大，LS 反馈回来的负载压力也在不断地增大，当 $\Delta p_{节流}$ 等于或

小于设定值时，负载敏感阀就会将阀芯慢慢地由左侧推向右侧，恢复原来的状态。负载的压力越大，反馈回来的 LS 也越大，经过调整斜盘，也使得斜盘倾角也越来越大，泵排出的流量也越来越大，直至达到压力切断值为止。

零行程工作（传感节流孔堵住）时的待命压力比 $\Delta p_{节流}$ 设定值略高。在标准的 LS 系统中，压力切断内置于泵的控制装置中。在 LUDV（流量共用）系统中，压力切断内置于 LUDV 控制多路阀中。

当系统压力达到恒功率压力设定值时，恒功率阀起作用，其左位工作，使泵的输出流量减少，保持恒功率设定值不变。

第5章

闭式回路柱塞式液压泵的变量控制方式

5.1 闭式回路的基本技术要求

　　闭式回路用于实现旋转运动（卷扬机构，回转机构），其主要用于大型起重机、装载机（一般80t以上起重机的回转机构以及150t以上起重机的主卷扬机构、20t以上的装载机的回转机构建议采用闭式回路、大型钻机（40t以上）的动力头和卷扬机构建议和行走一起借助切换阀采用组合闭式回路）。对于行走部分可不考虑负载的大小，均可采用闭式回路，例如叉车、装载机、压路机、摊铺机、钻机、林业机械等工程机械的行走结构广泛采用闭式回路。

　　闭式回路也适用于频繁动作的工位，例如混凝土泵、港口的轮式起重机、船用起重机、使用卷扬变幅机构所实现的所有运动，例如使用卷扬变幅机构所实现的所有运动的海上平台起重机。亦可以用于仅有单个运动的场合，例如测井机系统。鉴于当今闭式回路普遍采用计算机控制，因此闭式回路的应用越来越广泛。

　　采用闭式回路系统首要注意的是必须要有发动机过载保护，仅凭驾驶人的耳朵是不可靠的，采用液压功率传感器（恒功率阀、液控DA阀）则成本高，同时不能充分利用发动机的功率。目前最先进的技术是使用电子功率传感器，这种电子极限载荷调节系统可以让发动机的功率发挥得淋漓尽致（可参考A8VO和A11VO的极限载荷调节系统）。

　　如何吸收负载下降时的能量？在使用电机驱动时（轮船起重机）则没有问题，电机将作为发电机来工作，把负载下降时的功率输送回轮船电网。对于大多数行走起重机（使用柴油发动机）中必须要考虑功率平衡的问题。因为柴油发动机最大只能吸收20%~25%的反向功率，也就是说，必要时常常需要使用一台制动泵。不要在闭式回路中装入平衡阀，因为由此而引起的发热不能从主回路中排出。

　　闭式回路额定压力 p_e（连续运转压力）和峰值压力 p_{max}（克服起动及突遇障碍的压力）的比值，对于行走机械：取 $p_{max}/p_e > 1.6$；对于卷扬绞车、滚筒等负荷比较均匀的设备：取 $p_{max}/p_e > 1.2$。

　　闭式回路对管路尺寸的选择很严格，吸油管路允许流速：0.5~0.8m/s，吸油管最低压力 $p_S \geqslant 80\text{kPa}$（绝对压力）。在冷起动状态：$p_S \geqslant 50\text{kPa}$（绝对压力）；回油管路允许流速：2~3m/s。

　　应同时考虑最高允许壳体压力，参见生产厂家对最高允许壳体压力的限制。高压管路允许流速：2~4m/s，$p \leqslant 10\text{MPa}$；3~12m/s，$p \leqslant 40\text{MPa}$。

　　在工程机械的液压传动系统中一般使用空冷式或水冷式冷却器。一般来讲，冷却功率约占总装机功率的20%左右。

　　冷却器的计算。已知参数一般为液压油通过冷却器的流量 q_{oil}（L/min），系统所损失的功率 P_v，系统最高允许油温 t_{oilE}，环境温度 t_{LE}，可得到以下计算公式：

$$\Delta t_{\text{oil}} = \frac{36 P_v}{q_{\text{oil}}}, \quad \Delta t_L = \frac{P_v}{G_L}, \quad P_{01} = \frac{P_v}{ETD} \tag{5-1}$$

式中　　$ETD = t_{\text{oilE}} - t_{\text{LE}}$，K；

　　　　Δt_{oil}——冷却器进出油口的温差（K）；

　　　　Δt_L——冷却器进出气口的温差（K）。

　　注：P_{01} 为反映冷却器性能的一个参数（单位为 kW/K），G_L 为冷却器空气流量（kg/s），风扇外径应尽量接近冷却器外廓，与冷却器的距离应在 50~100mm 之间。

　　闭式回路油箱的设计：为了使系统达到一个比较理想的热平衡状态，油箱尺寸的大小必须合适。在工程机械液压系统中一般按下式确定油箱的容积：

$V = (1.2~1.25)\left[(0.2~0.33) \times q_\Sigma + EZ\right]$　（其中包括 10%~15% 的空气容积）

式中　　q_Σ——开式回路部分中泵流量的总和，（L/min）；

　　　　EZ——单作用液压缸的总容积（L）；

　　　　V——油箱容积（L）。

黏度范围、过滤精度、不同过滤方式的允许压差等参考相应产品样本。

5.2　闭式回路压力和速度限制

5.2.1　引言

　　为了能正确选用用于动力传递的静液压泵和马达，必须选择适当的设计压力和设计速度。这些设计参数的选择对所需的泵或马达的寿命所影响。选择合适的静液压传动的压力和速度，能优化液压泵或马达的使用效能，并能够获得比较满意的使用寿命，所以有压力和速度额定值和最大值这样的基本概念。

　　通过考虑典型的和极端的工作条件，基于设计压力和速度的泵或马达的寿命与所需的实际使用的泵或马达寿命进行比较，可以获得连续工作压力（速度）值和最大工作压力（速度）值。

5.2.2 寿命与负荷关系

系统压力是影响液压泵或马达寿命的主要工作变量。由高负荷产生的高压会降低泵和马达的使用寿命，类似于许多机械装置（例如发动机和齿轮箱），因为存在旋转组件和轴承的负载-寿命关系，因此压力与负荷与旋转组件和轴承的负载-寿命关系应分别考虑。

图 5-1 表示了预期寿命和系统压力之间的一般关系。液压泵或马达寿命的上限由旋转组件的疲劳和磨损、轴承疲劳损坏或其他部件的磨损和劣化决定，每个部件具有其自身的负载-寿命关系。在较高的系统压力下，旋转组件的疲劳和磨损是限制因素，而轴承损坏则成为中压下的限制因素。应注意，在高系统压力下的压力-寿命曲线非常陡的斜率，这表明随着压力的轻微增加，寿命会显著降低。实际寿命还受到与流体质量相关的因素组合的影响，如图 5-1 所示对应于低劣的流体质量

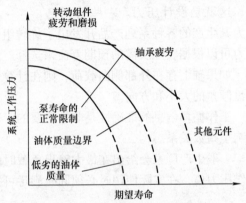

图 5-1 液压泵或马达的寿命与系统压力之间的关系

的曲线。与流体质量相关的因素包括热、污染（颗粒、水和空气）、黏度和润滑性质。这些因素中的大多数也受工作压力的影响，系统设计时应考虑这些因素。

5.2.3 液压泵或马达的压力限制

最大压力是泵或所允许的最高间歇工作压力。它由机器最大负载需求决定。对于大多数系统，应在此压力之下驱动负载。最大压力被假定发生在工作时间的一小部分，通常小于工作时间总量的 2%。最大压力通常由安全阀或压力限制器限定。

对于带有限压阀以避免频繁过载的系统，需要选择低于正常允许值的较低的最大设计工作压力，因为在最大压力下的时间可能会过多。

连续压力是执行正常工作时所期望的压力，一般也称作额定工作压力。它是在正常工作负荷范围内的平均压力。

连续压力发生在有规律的负载条件下。依靠计算正常输入功率时系统的压力和最大泵的排量可以计算出其设计值（见图 5-2）。对于具有可变负载周期的机

器，可以通过从可用的最大发动机功率减去用于其他功能的平均功率来估计正常输入功率。

选择设计压力的首选方法需要使用实际的工作循环信息。工作循环是一种基于百分比时间基础上量化指定系统的压力和速度需求值的方法。工作循环数据往往被加权以反映压力对泵或马达寿命的主要影响，这就是设计压力。一些公司已

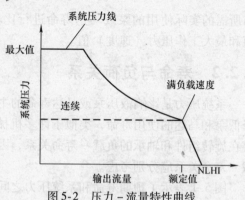

图 5-2　压力 – 流量特性曲线

经为其生产的各种系列产品开发出了旋转组件和轴承负载 – 寿命曲线，最佳设计压力可以根据实际所需的预期寿命来选择。

如果轴上存在外部侧向载荷，则在计算预期轴承寿命时，必须知道其相对于斜盘倾角的大小和方向。

工作循环信息的准确性是非常重要的，这是由于工作压力对旋转组件寿命的影响呈指数关系。

一般生产厂家会给出在最大输出负载时的最大压力限制和在泵全排量时额定工作压力值，在实际使用时必须同时满足可接受的最大和连续工作压力限制。

5.2.4　液压泵或马达的额定转速

液压泵或马达的使用转速受到几种对寿命有不同影响的设计和应用因素的限制。通常，液压泵或马达寿命与等于或低于额定（连续）转速限制的转速成反比。在超过额定转速的情况下运行会导致小于正常寿命，但在小于全功率时可允许。

不超过最大—速限制，就不会显著地降低寿命，并且也不会导致立即失效和导致静液压功率的损失。

转速受流量和旋转组件的机械负载的影响，因此是液压泵或马达排量（斜盘倾角）的函数。图 5-3 表示斜盘柱塞泵/马达和斜轴柱塞泵和马达的额定转速与排量的关系。

通常，转速随着排量降低而增加，直到在中间排量处达到峰值。

额定（连续）转速值是在满功率条件下被推荐的最高转速。该额定值定义了正常的可达到的期望寿命的最高转速。连续全功率工作是指在额定工作压力定义的条件下，由于发动机转速增加（对泵）和减少的体积损失（对于马达），在低功率或负功率时将会使泵或马达转速升高，在降低功率时可以允许泵或马达工作在额定转速以上。当在额定转速值以上运行时，预期在全功率下会有一定的寿

命降低。对于正常系统，正确使用时，功率等级和因此得到的系统工作压力将是比较低的，并且高于额定转速度值的时间也将减少。

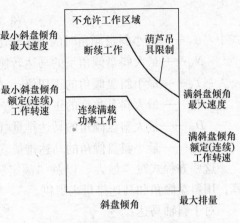

图 5-3　柱塞泵和马达的额定转度
　　　　与排量的关系

额定转速随着斜盘倾角变化，直到其到最小的可连续工作的斜盘倾角。额定转速随斜盘倾角减小呈上升趋势的转速特性取决于额定流量。充足的补油压力，是期望正常的工作条件。通常，泵不是用于在最小斜盘倾角时的额定转速，泵经常同时以最高转速和最大斜盘倾角运行。

最大额定转速是推荐的最高工作转速，其不能被超过，在这种情况下，工作就不会严重的减少泵或马达的寿命，也不会有过早失效的危险，不会有驱动损失。在额定和最大转速之间的工作条件应限制在小于全功率状态和有限的时间段内。对于大多数驱动系统，泵或马达的最大转速发生在下坡制动或负功率条件下。

最大转速也随斜盘倾角变化，直到可以连续工作的斜盘倾角达到最大值，由于斜盘倾角增加，泵输出流量增加，最大转速也随之增加。在该转速下，当系统压力很低时可能存在临界润滑的条件。此外，旋转离心力增大，可能导致旋转组件上的异常机械负载和应力。

对于所有轴向柱塞和斜轴泵或马达，当由发动机提供制动功率时超过最大转速限制是一个安全问题。在大斜盘倾角时，最大转速受马达排量的限制，会导致驱动功率损失，也会导致危险的、较高的和不可控的输出转速。在所有操作模式（包括发动机加速和下坡制动时导致的体积损失）下，必须避免超过最大转速限制的运行。建议对闭式回路要提供辅助制动装置，以防止由于电梯提升或任何其他情况引起的失控负载。

一般厂商会给出用于闭式柱塞泵和马达的最高允许额定（连续）和最大转速限制。变量马达具有"最大"和"最小"两个排量的额定转速。"最小"排量转速限制用在全排量的大约一半时，其随着产品系列和外形尺寸而变化。泵通常期望在满排量下以定输入转速运行，因而不提供最小排量转速额定值。

中间排量的马达转速极限可通过下面的公式来计算。

轴向柱塞马达：

$$N_V = N_M \sqrt{T_M / T_V} \tag{5-2}$$

或者

$$N_V = N_M \sqrt{D_M/D_V} \qquad\qquad (5\text{-}3)$$

式中　N_V——最小斜盘倾角时的马达转速极限（r/min）；

　　　N_M——最大斜盘倾角下的马达转速极限（r/min）；

　　　T_V——最小斜盘倾角的正切值；

　　　T_M——最大斜盘角度的正切值；

　　　D_M——最大斜盘倾角的马达排量（mL/r）；

　　　D_V——最小斜盘倾角的马达排量（mL/r）。

这些方程式对"最大"以及"额定"转速限制是有效的，并且为了方便计算，用斜盘倾角和马达排量来提供。

对于斜轴马达：

$$N_V = N_M \sqrt{S_M/S_V} \qquad\qquad (5\text{-}4)$$

或者

$$N_V = N_M \sqrt{D_M/D_V} \qquad\qquad (5\text{-}5)$$

式中　N_V——最小斜盘倾角时的马达转速极限（r/min）；

　　　N_M——最大斜盘角度时的马达转速极限（r/min）；

　　　S_V——最小斜盘倾角的正弦值；

　　　S_M——最大斜盘倾角的正弦值；

　　　D_M——最大斜盘倾角时的马达排量（mL/r）；

　　　D_V——最小斜盘倾角时的马达排量（mL/r）。

5.3　低速马达性能

在一些实际应用中，需要控制马达在低速下工作。通常，对于轴向柱塞马达，转速小于额定值的5%被认为是"低速"。

对于斜轴马达，小于额定值的2%~3%的转速通常被认为是"低速"。像高转速应用一样，低转速运行的一个共同要求是连续平稳地输出轴转速。

然而，由于柱塞式马达存在固有的限制，其低速性能往往不理想。

主要限制涉及当柱塞从高压转变到低压时，柱塞在配流盘上的相互作用。当每个柱塞进行这种过渡时，在系统中产生压力波动。在非常低的转速下，该波动变得很明显，并且导致相关联的输出转矩产生波动，这通常被称为轴齿槽效应。

随着系统压力增加，齿槽效应发生的转速也相应提高。影响该固有现象的其他系统参数包括负载惯性，负载波动和系统的体积弹性模量（与管路长度、管路类型和流体可压缩性有关）。

对于所有类型的通用的动力传动系统，元件低速工作的另一个固有限制是简单的机械摩擦。对于柱塞马达，其主要是泵或马达的设计以及旋转组件的制造公差叠加的函数。

根据经验，大多数轴向柱塞马达能在 150r/min 时平稳运行。

一些轴向柱塞马达可以在小于 150r/min 时平稳运行，但是必须针对具体应用验证其性能。任何规格轴向柱塞马达不建议在小于 100r/min 的速度下连续运行。

可变量排量斜轴马达在大多数应用中能在转速低至 50r/min 时仍表现出平滑的性能，但是必须根据具体应用要求来判断其是否可行。

5.4　旁通阀速度限制

大多数轴向柱塞泵具有旁通阀，当泵输入轴不能旋转时，允许系统液压油在主油道 "A" 和 "B" 之间交叉。该阀需要通过泵上的外部装置（例如调节螺钉或柱塞）手动接合和分离。该阀的目的是允许使用闭式驱动回路的车辆低速移动短距离。通常用于将车辆装载到拖车上或使有故障车辆远离工作区域或者离开行车道。

设置跨油口旁路阀的目的是防止被液压锁定，因为当车辆被拖动时，假定马达通过轮胎或轨道与地面作用，马达变为泵工况输出流量。旁通阀不能在高速情况下长时间使用或被用作 "拖曳阀"。

与交叉油口旁路相关的车辆速度限制是流速和持续时间的函数。超过这些标准中的一个或两个可能导致传动的故障。流速是关键的，因为旁通阀可能由于其压力升高产生过热而变得饱和。

持续时间也是至关重要的，因为在回路中没有补油装置去弥补回路的泄漏，并且系统油路将被抽空。因为被旁路的流量是马达排量、最终传动比和滚动半径的函数，所以不可能为旁路模式发布严格的额定转速值。此外，油路设计将影响系统流量流至泄漏通道的速度。然而，关于流速和持续时间的以下经验法则已成功地用于旁路模式期间有关限制的量化。

不要在旁路模式下以超过额定马达转速 10% ~ 15% 的情况下工作，且持续时间不超过 5min。

在正常传动工作期间，旁通阀必须保持完全关闭。阀的部分打开将导致响应速度变慢，并在系统中产生过多的热量。

5.5　进口真空限制

流量通过补油入口进入补油泵。除非该入口被加压，否则由于补油泵的

"抽吸"作用而存在真空。

入口真空度影响补油泵正常补油的能力。使补油泵供油不足，可能导致入口液压油达到其汽化压力水平，从而引起气穴。

气穴就是流体中气泡的形成和崩溃过程。当气泡破裂时，它会产生凹坑或侵蚀它们所接触的金属表面，导致容积效率降低。由于补油回路中功率较低，补油泵通常不易受到侵蚀损坏。通常，由于系统回路的压力突变，在配流盘、缸体和柱塞滑靴处发生损坏。容积损失可能变得非常严重，使得补油泵将无法满足系统的需求。补油压力的损失可能导致系统性能严重劣化以及元件故障。

在正常工作期间，对于任何内啮合齿轮补油泵，连续入口真空度不应超过150mmHg。对冷启动情况的间歇性限制更多的是补油泵能力的函数。对中型和重型泵通常允许在短期内不超过600mmHg。

轻负荷产品能够在短时间内达500mmHg以上的真空。正常工作入口真空度在150~250mmHg范围内，通常与需要更换的吸油过滤器相关联。

进口吸油要求海拔为零处使用矿物基液压油。具有比矿物基液压油更高密度的流体，例如耐火或合成液压油，更能阻碍流动并且更可能导致空化。这些流体中的一些可能需要大约76mmHg的入口真空限制，以用于连续工作。

随着海拔的变化，操作也改变了充气泵入口真空限制。根据经验，对于海平面以上每升高304.8m，入口真空极限应减少25mmHg。加压油箱可被用于补偿闭式回路液压系统中的大气压力损失。

5.6 动态制动

根据定义，闭式回路静液压传动装置能够通过动力回路的"A"和"B"侧传递动力。在典型的行走车辆系统中，存在两种功率传输模式：推进和制动。

推进意味着动力从发动机（或原动机）到泵，泵到马达，马达驱动齿轮和轮胎，轮胎最终传到地面，使车辆行走。制动模式下的动力传递与推进模式相反。制动意味着来自车辆惯性的动力从地面，通过车轮和主减速传动齿轮传递到马达，然后传递到泵并返回到发动机中。具有包括加速和减速的负载循环的所有闭式回路静液压系统都经受推进和制动操作模式。在行走机械应用中，当车辆急减速或当其沿足够陡的斜坡匀速下行时，通常将遇到制动模式。这些操作模式通常被称为动态制动和下坡制动。

重要的是，尽管动态制动是闭式回路静液压系统的固有特征，但是泵和马达仅起一个将发动机的制动功率传递到车辆的作用。在保持泵和马达在最大转速极限内时，车辆动态制动的能力仅仅是发动机功率吸收能力的函数。大多数发动机吸收功率的能力大约为其额定功率的 25%，超出发动机吸收能力的功率传输可能导致发动机超速并且有过早出现故障的危险。一些惯性很大的车辆可能需要添加特殊的动态制动阀，以在较低的制动压力设定下将回路的高压侧压力释放到低压侧。建议在所有动态制动模式和下坡制动模式下完成一个测试程序，以验证安全和可控的性能。

尽管闭式回路静液压系统能够将动态制动功率传递回发动机，但是在任何操作模式中的静液压传动系统功率的损失可能导致静液压制动能力的损失。因此，必须提供独立于静液压传动装置的制动系统，其足以在情况恶化时停止和保持车辆稳定。

如上所述，在动态制动期间，泵和马达的作用是相反的。马达成为流量源，而泵接收流量并基于其排量和发动机摩擦负载对其提供一些阻力。当然，阻力决定了制动回路中的系统压力。泵将液压动力（压力流量）传递回发动机，在那里作为摩擦热消散。

在下坡操作模式期间，车辆将经历行驶速度的增加，这有两个原因。

第一个原因涉及泵和马达的体积泄漏。在推进模式（如上所述）中，正常的泵和马达泄漏减小了相对于输入速度的输出速度（例如车辆速度）。然而，在下坡制动期间，当泵和马达的作用反向时，泄漏则用于增加车辆速度。

第二个是最重要的问题，涉及作为动力回路中制动压力产生的结果是作用在斜盘上的内力。在推进模式中，内部斜盘力起减小泵的排量的作用。合力或力矩的大小是系统压力、输入速度、伺服弹簧力、斜盘倾角和配流盘设计的函数。然而，在制动模式中，斜盘力起增加泵的排量的作用。如果泵斜盘倾角增加，马达可以更快地旋转，因为更多的流量被泵接受，最终结果是使车辆速度增加。

排量控制中的机械反馈机构最终限制泵排量增加值，这被称为超程控制。

然而，与大多数控制器一样，泵排量控制具有死区，在该死区内不会从反馈机构接收到误差信号。因此，控制器仅在斜盘已经行进到死区之外时才调节斜盘位置。

换句话说，排量控制限制了斜盘超程的量，但不能完全消除。当泵在下坡期间在死区内工作时，对车辆性能的影响通常被认为是不利的。

有两种方法来改善泵的下坡加速特性：减少排量控制的死区或增加内部的斜盘力。因为下坡加速在大型、更重的车辆中更加明显，所以一些公司已经专注于重型系列泵的这些问题。

以上讨论了对闭式回路的压力和速度方面的限制要求。下面对典型的柱塞式闭式泵其各种控制方式及其实现进行研究与分析，以期对静液压系统闭式回路的开发与创新提供借鉴，并为设计者在泵的选型方面提供参考。

5.7　M1 型 – Linde HPV 闭式泵的手动机械变量调节原理

该泵属于机械液压控制（凸轮盘特性）类型，其调节原理如图 5-4 所示。其可以与定量、变量液压马达组合在一起，通过调节控制杆利用凸轮盘控制泵的流量和流动方向，进而控制马达的输出转速。流体的流动方向取决于：泵的旋转方向和斜盘过中心的方向。

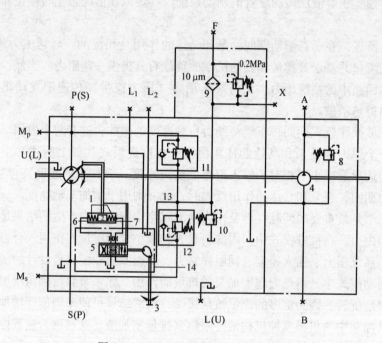

图 5-4　Linde M1 型闭式泵调节原理

1—弹簧　2—变量柱塞　3—驱动杆　4—补油泵　5—先导伺服阀　6、7—变量活塞
8—补油溢流阀　9—过滤器　10—冷起动阀　11、12—高压溢流阀和补油单向阀的组合
13—通道　14—M1 调节装置　P、S—高压油口　A—补油泵压力油口　B—补油泵吸油口
F—控制压力进油口，补油　X—控制压力压力表油口　M_s、M_p—高压油口压力表接口
L、U—泄漏（注油，排气）油口和从马达返回的冲洗油口　L_1、L_2—排气油口

用于闭式回路的所有辅助功能都集成或连接在主泵上，包括：

● M1 型变量调节装置，控制主泵排量变化。

● 补油泵，为内啮合齿轮泵，内吸式或外吸式，为闭式回路补油和提供变量控制压力。

● 冷启动阀，用于保护可能接在 A 口与 F 口之间的冷却器，避免因油温过低或过滤器堵塞造成补油泵工作压力过高，该阀的调定压力高于补油溢流阀压力，冷启动阀的开启压力可以通过其调节螺钉改变，范围大约为 ±0.5MPa。

- 补油溢流阀，用来限制补油压力。
- 高压溢流阀/补油阀，将高压溢流阀与补油阀集成一体。高压溢流阀限制闭式系统高压侧最高工作压力。补油泵通过补油阀向闭式系统低压侧补充因泄漏和冲洗而减少的油液，同时将油箱内经过冷却的油液与闭式系统中的油液进行置换。
- 过滤器，孔径为 10μm。所有补油泵排出的流量经其过滤后注入主泵。每工作 500h 更换一次。

其调节原理（见图5-5）如下：

（1）机械零位　只要 HPV M1 泵不被发动机驱动，其可以依靠机械装置保持在零位位置。变量柱塞2由两个弹簧1（见图5-4）保持在零位，因此泵的斜盘保持在零位。这样在开机瞬间，泵的斜盘处于无排量位置，前提是驱动杆3没有偏离中心。此机械零位是在组装过程中由工厂设定的，不能从外部改变。

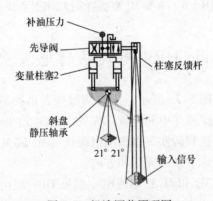

图 5-5　机液调节原理图

（2）液压零位　当泵被发动机驱动时，由液压装置保持在零位：补油压力通过通道13到先导伺服阀5，补油压力在这里起控制压力的作用。在阀的中位，先导伺服阀5将变量活塞6、7接通控制压力，因此使保持斜盘在零位，前提是驱动杆3不能偏离中心。

（3）伺服控制器 M1 控制原理　"凸轮式液压伺服控制器 M1"集成在调节装置14上起先导阀的功能。泵斜盘的控制是通过在每一侧的变量活塞6、7（见图5-4）实现的。先导伺服阀5借助于控制轴和凸轮偏离中位至一侧，这取决于控制杆被移动至哪一侧。阀芯移动引导控制压力至相应的变量活塞（6或7），使一个柱塞充油并使另一个柱塞泄油，斜盘离开中间零位。当达到用控制杆预选的位置时，先导伺服阀5平稳地把压力油连接至变量活塞（6和7），柱塞反馈杆起位移直接反馈作用，反馈杆将阀芯推回至中位，然后斜盘停止摆动。因此控制杆的每一个位置都与斜盘的相应位置对应。精确设计的凸轮曲线确保了手动控制的准确，图5-6为该泵的变量特性曲线。

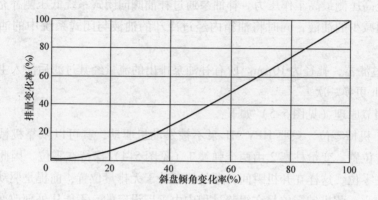

图 5-6　Linde M1 型变量泵控制特性曲线

5.8　E1 型－Linde HPV 闭式泵的电液变量调节

变量调节原理图如图5-7a所示，先导伺服阀5由控制活塞3驱动，控制活塞3由两根弹簧精确地保持在中间位置，先导伺服阀5的阀芯和控制活塞3利用杠杆机械连接在一起。控制活塞3由比例电磁铁（M_y 或 M_z）提供的控制压力来实现驱动，控制压力决定了泵的流量和方向。

假定比例电磁铁（M_y 和 M_z）不通电，如果 HPV 泵由发动机驱动，在通道13就会产生补油压力。补油压力接至未通电的电磁比例阀15和16。此时 HPV 泵工作在液压零位位置。假设电磁铁 M_y 通电产生控制电流，因此产生了比例磁力 F_m 在电磁铁的铁心上。随后的电磁比例阀15打开产生阀口位移，产生压力 F_h 被送到控制活塞3上，其移动位置对应于比例电磁铁的电信号。控制活塞3的位移因此改变，而对面另一侧的液压油通过电磁比例阀16排回油箱，先导伺服阀5移动并产生控制压力驱动变量活塞6，变量活塞7侧液压油则释放至油箱；泵斜盘2向相应的方向摆角，同时先导伺服阀5的阀套与斜盘之间的直接位置反馈又使先导伺服阀5的阀口开度减小直至开口变零，这样就实现了比例阀15和16控制压力与泵的排量一一对应，其调节特性曲线如图5-7b所示。

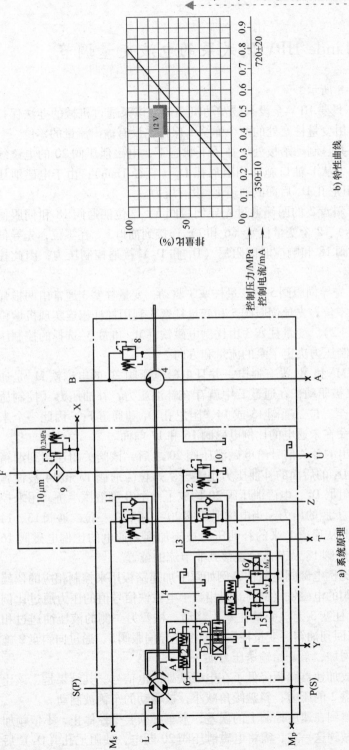

b) 特性曲线

a) 系统原理

图 5-7　E1 型 – Linde HPV 闭式泵的电液变量调节原理图

1—弹簧　2—斜盘　3—控制活塞　4—补油泵　5—先导伺服阀　6，7—变量活塞　8—补油溢流阀　9—过滤器　10—冷起动阀
11，12—高压溢流阀和补油单向阀的组合　13—通道　14—E1 调节阀　15，16—电磁比例阀，电磁铁 M_y，M_z 的电压为 12 V
D_1，D_2—节流孔　A—补油泵吸油口　F—控制压力进油口　X—控制压力压力表油口
P，S—高压油口　B—补油泵压力油口　Y，Z—控制压力压力表油口　L，U—泄漏（注油，排气）油口和从马达返回的冲洗油口
M_s，M_p—高压油口压力表接口

141

5.9   E2 型 – Linde HPV 闭式泵的电液变量调节

调节原理如图 5-8 所示。

（1）机械零位   只要 HPV 泵没有被发动机驱动，该泵通过机械的办法保持斜盘在零位。斜盘 2 由变量柱塞处的两个弹簧 1 保持在没有输出流量的零位。

在发动机运行，并且制动踏板处于被压下状态下，电磁泄压阀 20 的电磁线圈没有通电。补油压力从 F 油口施加到阻尼孔 D_3（直径 1mm）；由于电磁泄压阀 20 接通油箱，在阻尼孔 D_3 后面的通道 F_1 没有压力。

（2）液压零位   斜盘 2 的两侧通过先导伺服阀 5，二位四通阀 18 和伺服回路的阻尼孔（D_1、D_2）、2 个变量柱塞（6 和 7）连接到油口 F。在零位，先导伺服阀 5 通过二位四通阀 18 和响应时间阻尼（D_1 和 D_2）接通控制压力，因此控制斜盘 2 保持在零位。

（3）调节原理   先导伺服阀 5 由变量柱塞 3 驱动，变量柱塞 3 通常由两根弹簧精确地保持在中间零位。先导伺服阀 5 和变量柱塞 3 利用杠杆相连实现机械位置反馈（见功能模式 E2）。变量柱塞 3 由比例电磁铁（M_y 和 M_z）选择的控制压力实现位置控制，控制压力决定了泵的流量和方向。

假定比例电磁铁 M_y 和 M_z 没有通电，并且电磁泄压阀 20 的电磁铁 M_s 是通电状态，如果 HPV 泵被驱动，在通道 F 中就存在补油压力，补油压力（控制压力）通过通道 F 传送至二位二通阀 13 或 14，阻尼孔 D_3 和通道 F_1，因此一个来自于通道 F 的压力待命在未通电的比例电磁阀 16 和 17 前面。

在电子控制器发出的开关信号给电磁泄压阀 20 之后，该阀关闭连接到油箱的通路，使得阻尼孔 D_3 的后面的补油压力也上升。二位二通阀 13 和 14 被设置到打开位置，实际上阻尼 D_3、电磁泄压阀 20 构成了一个 B 型液压半桥，用来控制二位二通阀 13、14 上腔的压力。当电磁泄压阀 20 关闭后，二位二通阀 13、14 上腔的压力增加，因此从通道 F 来的补油压力被施加到未通电的比例电磁阀 16 和 17。同时，二位四通阀 18 从节流位置移到非节流的位置。

若用踏板来控制比例电磁阀电磁铁，例如踩下加速踏板用来控制相应的依赖踏板信号的比例电磁阀的电磁铁（M_z），则相当于电磁铁信号值的压力通过比例电磁阀 17 被加到变量柱塞 3 上。变量柱塞 3 移动，柱塞另一侧的液压油通过相应的比例电磁阀 16 流回到油箱。变量柱塞 3 操控先导伺服阀 5，通过向斜盘 2 施加压力，使泵的排量增加，泵开始输送压力油。

朝零行程方向释放加速器踏板降低了在电磁铁处的电信号。其结果是，该比例电磁阀降低了去斜盘 2 的压力，斜盘倾角减小，被驱动的车辆被制动。

当电子控制器检测到在速度控制上的误差，卡车必须要受控停止，不依赖加速器踏板的位置。要做到这一点，需将电磁泄压阀 20 断电，使阻尼孔（D_3）后面的压力下降到 0，此时，二位二通阀 13、14 移动至关闭位置，从而消除去往比例电磁阀 16、17 的补油压力。这个动作也将推动比例电磁阀 16、17（其由电磁铁 M_y、M_z 控制）机械地返回到原位，因此施加在斜盘 2 的压力被除去，斜盘 2 被机械地推到零位，这也把先导伺服阀 5 移至零位。电磁泄压阀 20 打开以及伴随的压力降到 0，也将二位四通阀 18 从非节流位置切换到节流位置。

斜盘 2 的复位时间，则由伺服回路中的阻尼孔（D_1、D_2）和先导伺服阀 5 的节流阀口控制，增大阻尼可使控制柱塞（6 和 7）响应时间延长，这也用于制动减速，同时这种设置可防止突然制动。

短路阀 19 直接将高压与低压接通，泵处于低压待机模式运行。

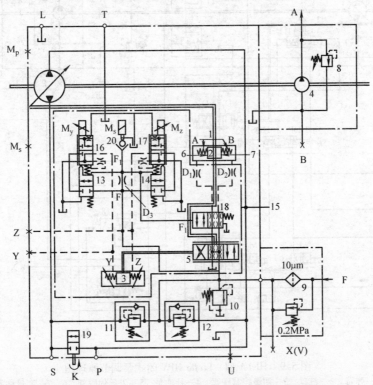

图 5-8　E2 型 – Linde HPV 闭式泵的电液变量调节原理图

1—弹簧　2—斜盘　3、6、7—变量柱塞　4—补油泵　5—先导伺服阀　8—补油溢流阀
9—滤油器　10—冷起动阀　11、12—高压溢流阀和补油单向阀的组合　13、14—二位二通阀
15—E2 控制装置　16、17—比例电磁阀　18—二位四通阀　19—短路阀　20—电磁泄压阀

5.10　HE1A 型 – Linde HPV 闭式泵的电液变量调节

HPV – 02HE1A 排量自动控制是指利用发动机转速变化控制泵的排量。配置有两台比例电磁铁。泵响应控制器的信号指令，将车辆电子控制系统的灵活性和

液压泵的高可靠性结合起来，具有控制精准，操作简单的特点。

调节原理图如图5-9所示。

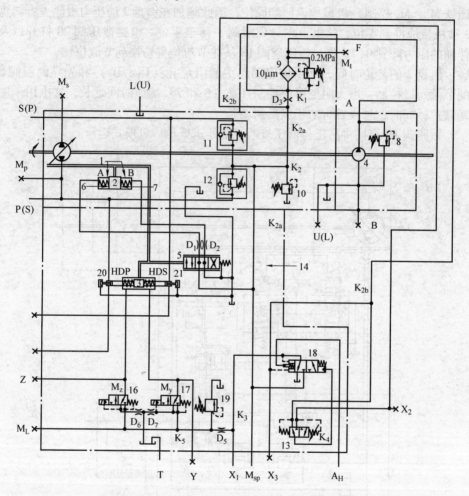

图5-9　HE1A 型 – Linde HPV 闭式泵调节原理图

1—弹簧　2—斜盘　3—初级控制柱塞　4—补油泵　5—先导伺服阀　6、7—变量柱塞
8—补油溢流阀　9—过滤器　10—冷起动阀　11、12—高压溢流阀和补油单向阀的组合　13—截断阀
14—E1 调节装置　15—预力载阀（图中未显示）　16、17—二位二通电磁阀（比例电磁铁的电压为12V）
18—减压阀　19—溢流阀　20、21—反馈活塞　P、S—高压油口　B—补油泵吸油口　A—补油泵
压力油口　F—补油/控制压力进油口　T、A_H—接油箱　M_s、M_p—高压油口压力表接口　M_{sp}—补油
压力测量口　M_L—测压口/微动油口　M_t—温度测量口　L、U—泄漏（注油，排气）油口和
从马达返回的冲洗油口　Y、Z—先导变量压力测量口　X_1—变量马达先导控制压力引出口　X_2、X_3—测压口

调节原理如下：

（1）机械零位　发动机不转动时，斜盘2 依靠机械力回中。作用在变量活

塞 6、7 外面的两个弹簧 1 将斜盘 2 保持在中位，这就是所谓的机械零位。如果比例电磁铁（M_y 和 M_z）不通电，在开机瞬间，泵是零排量运行。机械零点在泵装配时调定，外部不可调。

（2）液压零位　发动机驱动主泵时，如果电磁铁 M_y 和 M_z 都不通电，或者液压泵驱动转速低于起调转速，尽管 HE1A 变量机构油路 K_2 中有了控制油压，但因初级控制柱塞 3 没有位移，先导伺服阀 5 处于中位，变量柱塞 6、7 均承受控制油压 K_2，斜盘保持在中位，主泵没有流量输出。这就是通常所说的液压零点。

如果初级控制柱塞 3 没有位移时先导伺服阀 5 不在中位，当发动机转动时，控制压力 K_2 加在变量柱塞 6 或 7 上，斜盘产生一定倾角，无论 M_y 或 M_z 是否通电，主泵均有流量输出（液压零点飘移），这会影响设备的正常使用。

（3）补油回路　当发动机转动时，如果斜盘处于中位，泵的工作柱塞没有轴向移动，主泵不输出油液；补油泵 4 同时被驱动，从油箱吸油，并从 A（F）口输出压力油。当油温过低或过滤器 9 堵塞导致补油泵出口压力过高时，冷起动阀 10 开启，使该油路的压力不超过补油溢流阀 8 的设定值。补油泵 4 的输出流量通过孔径为 10μm 的过滤器 9 进入主泵的控制和补油回路。节流孔 D_3 的上游 K_1 与截断阀 13 连接，其压力可在测压点 X_2 处测得。同时节流孔 D_3 的下游分别通过 K_{2b} 和 K_{2a} 与截断阀 13 和减压阀 18 连接；K_{2a} 还与高压溢流阀/补油阀 11、12 相接，向主油路低压侧补油。补油泵的排量与主泵排量相匹配，确保有一小部分油液通过补油溢流阀 8 卸荷，使 K_2 始终维持在补油溢流阀 8 的设定值，从而保证控制油路的供油压力和主油路补油压力不变。

补油泵 4 是定量泵，它的输出流量与转速成正比。转速越高，补油泵输出流量越大，D_3 两端的压差 Δp 也越大（Δp 作用于截断阀 13 的两侧）。自动控制泵正是基于这一关系将主泵排量与发动机转速相关联。

（4）主泵变量过程　当发动机转速等于怠速时，D_3 两端的压差 Δp 不足以推动截断阀 13 阀芯左移，K_3 经减压阀 18 回到主泵壳体。当驱动转速达到泵的起调转速（大约 1100r/min）时，D_3 两端的压差 Δp 升高使截断阀 13 切换，K_1 压力达到 K_4 处（对应起调点，测压点 X_1 的压力大于 0.3MPa）。此时 Δp 作用在减压阀 18 两端，减压阀（限制 K_5 最大压力，间接控制主泵最大排量）入口压力为补油溢流阀 8 的设定压力 K_{2a}，输出压力 K_3 的大小与 Δp 成正比，比例关系大约为 6∶1，因此减压阀 18 的实际功能相当于一个压力放大器。

M_z 或 M_y 通电，K_5 压力经二位二通电磁阀 16 或 17 达到初级控制活塞 3 的一侧。随着发动机转速的提高，K_5 压力继续升高，克服初级控制活塞 3 弹簧预压力后，初级控制活塞 3 通过变量拨杆带动先导伺服阀 5 阀芯偏移，将 K_5 的控制油引入变量活塞 6 或 7，推动斜盘 2 偏转，主泵开始输出流量。斜盘 2 偏转的同时，带动先导伺服阀 5 阀芯向反方向移动。如果发动机转速保持一定，先导伺服阀 5 阀芯将很快恢复到中位，变量柱塞 6、7 再次同时承受控制油压 K_2，斜盘 2 停止偏转，主泵排量保持在与 K_5 压力对应的位置。

一般 K_5 从 0.3MPa 变化到 0.9MPa，对应主泵斜盘倾角从 0° 摆到最大角度 21°，溢流阀 19 限定先导控制压力 K_5 的最大值。通过调节溢流阀 19 的溢流压力，可限定主泵的最大排量。

初级控制活塞 3 两端弹簧的预压力决定主泵的排量起调点（车辆的起动点）。除了主泵的自动控制外，还可将控制压力 K_3 从 X_1 口引入变量马达 HMV - 02 的控制油口，使马达排量也随发动机转速变化而变化。一般当控制压力 K_3 从 0.8MPa 变到 1.4MPa 时，HMV - 02H1 液控无级变量马达的排量从最大变到最小。马达起调压力与泵的变量控制压力有 0.1MPa 左右的重叠，保证车速变化的连续性。通过选用不同的 D_3 阻尼孔，可改变 K_5 压力（对应主泵排量）与发动机转速间的关系。如果马达排量不参与自动调节，一般设置成发动机转速为额定转速时，主泵达到最大排量（没有高压反馈时）。

（5）高压反馈（防止过载导致发动机熄火）　行车阻力所引起的高压同时反馈到液压泵的变量装置，阻止斜盘倾角增大。HDP（HDS）高压油路的压力信号反馈到主泵的变量机构上的高压反馈活塞 20、21，其作用方向与先导控制压力 K_5 加到初级控制活塞 3 上的方向相反，以降低主泵排量，防止发动机过载。

初级控制活塞 3 和反馈活塞 20、21 设计原则：高压反馈作用后，发动机提供的转矩仍略小于主泵需要的转矩，因此调整过程为：高压反馈——发动机载荷降低但仍略有过载——转速下降——控制压力 K_5 下降——斜盘倾角减小——主泵需要的转矩减小——发动机产生的转矩与主泵吸收的转矩匹配。

不同功率的发动机对应的初级控制活塞 3 与反馈活塞 20、21 的面积比不同。因此 HE1A 变量控制块不具有通用性。

（6）微动功能（微动阀不含在主泵总成中，需客户自行解决）　微动阀可以是一个可变节流阀，接在 HE1A 变量控制块的 M_L 口和油箱之间，通过调整其开度在 K_3 范围内任意调节 K_5 压力，进而降低主泵排量（最小可到零排量）。这一功能使驾驶人可以参与主泵排量变化特性的调整，改变发动机转速与主泵排量的对应关系。微动功能在实际系统中有两个用途：①在维持车辆低速行驶的同时，提高发动机输出功率供给其他工作装置；②用于对车辆行驶速度要求精确的场合。

（7）高压回路　根据斜盘倾角方向不同（M_y 通电或 M_z 通电），液压油从 P 口（S 口）输出，建立高压。补油泵 4 输出油液通过高压溢流/补油阀总成 11 (12) 向主油路的低压侧补油。当 P 口（S 口）压力超过高压溢流/补油单向阀 (12、11) 设定值时，12 (11) 的溢流经过补油阀 11 (12) 进入低压侧。由于 HDP（HDS）油路高压反馈的作用，主泵斜盘倾角减小，通过高压溢流阀的溢流量不大。

5.11 Denison P6P 闭式液压泵的调节原理

美国 Denison P6P 系列集成式泵与马达具备绝大多数闭式传动回路所需的全部元器件。调节原理图如图 5-10 所示，该液压泵包含有主泵转子部件、伺服及补油泵、补油单向阀、变量机构以及集成控制阀块。集成控制阀块中含有伺服压力溢流阀、补油压力溢流阀以及压力补偿控制阀。集成式马达则由马达转子部件、热油梭阀以及低压补油溢流阀等组成。下面主要讨论 P6P 变量泵的工作原理。

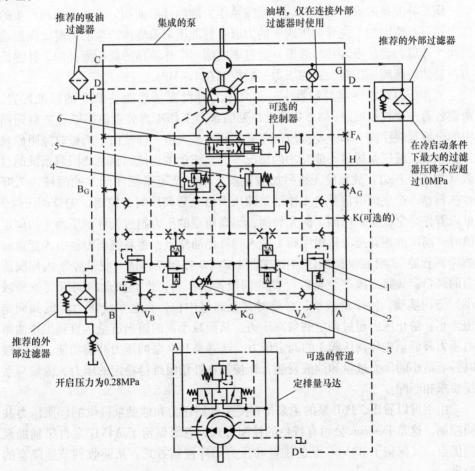

图 5-10 Denison P6P 闭式液压泵的调节原理图

1—全流量顺序阀 2—差动溢流阀 3—先导调压阀 4—补油溢流阀 5—伺服溢流阀 6—主控伺服阀

泵运转时来自辅助泵的伺服压力油供给伺服变量机构，并且作用在差动溢流

147

阀2上，由于阀芯上部面积大于下部的环形面积，阀芯处于关闭位置。伺服压力由伺服溢流阀5控制，在系统压力低时，伺服压力约为2.3MPa，以减少功耗和发热，当系统压力升至34.5MPa时，伺服压力自动升至3.7MPa。由于补油油液首先流经伺服压力系统，故需始终保证对伺服压力的控制。由于伺服溢流阀5的另一控制油口与主油路连通，它与全流量顺序阀1共用一个先导调压阀3，因先导阀相同，先导阀压力又决定了主油路压力，因此可使伺服压力随系统压力的升高而升高，升高的比率为：系统压力每升高6.9MPa，伺服压力升高0.28MPa。伺服压力的这种伺服变化，使泵在负载变化时，其伺服变量系统的性能不受影响。

伺服补油泵的输出流量到达伺服溢流压力阀的环形面积，当环形面积产生的压力超过弹簧力加上先导调压阀3的力以及补油压力溢流阀产生的力时，伺服溢流阀5开启，流量进入补油通道，通过单向阀向工作油路的低压侧补油，补油压力由补油溢流阀4控制。补油压力一般控制在1.4MPa左右。

工作压力补偿变量控制器——双向压力补偿变量功能是P6P的标准配置，两侧各有一个控制回路，A、B两油口处的最高工作压力分别由串联在各自回路中的全流量顺序阀1和差动溢流阀2来控制其最大值。即使由于机械故障阻碍泵排量减小，液压泵排量不能减小的情况下，全流量的溢流回路也能限制系统的过载（损坏）压力，故系统无须另加溢流阀。来自全流量顺序阀1的油液进入叶片执行器，产生伺服信号。工作油路的压力由先导调压阀3控制。先导调压阀3可以看作是全流量顺序阀1的先导阀，当高压端的压力超过先导调压阀3的调定值时，高压油顶开全流量顺序阀1进入到补偿油路上，将系统压力油引入变量缸的"回程腔"，补偿油路的压力由差动溢流阀2控制，其是"变量腔"内伺服压力的两倍，故将克服"变量腔"侧的伺服控制压力，推动斜盘向回程（倾角减小）方向摆动，使排量减小，必要时甚至超过中位，直至系统压力降低到调定值为止，防止压力超过调定的最高压力。从而减小泵的输出流量，直到工作油路的压力降低至先导调压阀3的调定压力，这就是P6P泵的压力补偿功能。在过载时，有最小的压力过量和油液发热，该控制在补偿时维持稳定的压力、流量与系统要求相匹配。

由上可以看出，P6P泵的主泵排量受主油路压力和辅助泵提供的伺服压力共同控制，这是Denison公司有特色的控制方式，它既保留了A4VG泵自带辅助泵的优点，又保留了A4VSG泵的排量和压力闭环控制方式，从而收到节能降温的效果。

典型的压力补偿变量响应时间为：规格6、7、8为0.05s；规格11、14为0.07s；规格24、30为0.10s。

因为伺服压力也作用在差动溢流阀2的一个控制油口上，故补偿油路的压力也受伺服压力控制。在 P6P 泵的结构中，补偿压力大于 2 倍的伺服压力。当需调整补偿压力时，既可调差动溢流阀 2 的弹簧，也可调伺服压力。

5.12　丹佛斯带集成速度限制（ISL）的电比例调节（EDC）H1 型闭式泵变量调节原理

该泵主要集成有电比例调节器（EDC）1、补油泵 3、压力限制阀 4、高压溢流阀（PRV）和补油单向阀 7 及由先导阀 5、单向阀 9、旁通减压阀 8 和旁通阻尼孔 10 构成的速度限制器，原理图如图 5-11 所示。

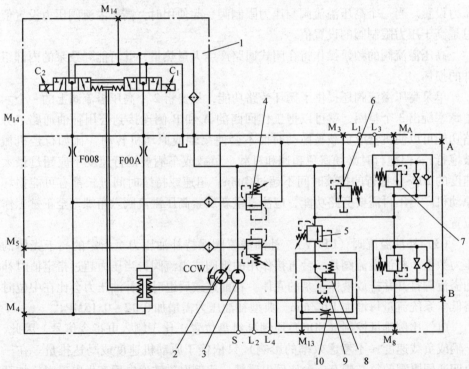

图 5-11　丹佛斯带集成速度限制（ISL）的电比例调节（EDC）H1 型闭式泵变量调节原理图
1—电比例调节器　2—H1 主泵　3—补油泵　4—压力限制阀　5—先导阀
6—补油压力调定溢流阀　7—高压溢流阀和补油单向阀　8—旁通减压阀　9—单向阀　10—旁通阻尼孔

（1）压力限制阀　在达到阀的设定压力时，压力限制阀 4 通过使泵斜盘位置回中位提供系统压力保护，压力限制阀是一个非耗散（非发热）压力调节系统。传动回路的每一侧都有一个独立设置的压力限制阀，允许在系统两个油口使用不同的压力设置。压力限制阀的设定值是高、低压回路之间的压力差。当压差达到压力限制阀设置值时，压力油打开压力限制阀，通油至伺服活塞的低压侧，迅速降低泵的排量，直到泵的排量下降使系统压力低于压力限制阀设定值为止。当负载处于停转状态时，主动的压力限制使泵柱塞回程至接近零行程。泵斜盘在必要的时候可移至任一方向调节系统压力，包括过冲程（超越控制）或过中心（系泊控制）控制。

（2）高压溢流阀（PRV）和补油单向阀　高压溢流阀则是一个耗散的（发热）压力控制阀，用于限制系统的最高工作压力，其中补油单向阀的功能是补油至工作回路的低压侧。传动回路的每一侧都有一个专用高压溢流阀，其溢流压力是由工厂设定的不可调。当系统压力超过该阀的设定值，液压油从高压回路流通至补油通道，并经由补油单向阀进入低压侧。允许在每个系统油口使用不同的压力设置。当一个高压溢流阀与压力限制阀一起使用时，高压溢流阀压力设置值总是高于压力限制阀的设置值。

高压溢流阀的频繁操作将在闭式回路产生大量热量，并可能导致泵的内部组件的损坏。

单泵高压溢流阀还提供了循环旁路功能，只要将2个高压溢流阀上的一个六角螺塞旋出3个整圈，就可以把工作回路的A和B侧连接到公用补油通路。旁路功能可以使机器或负载被拖动时而不会使泵轴或原动机转动（比如行走机械被拖行），但拖行时必须避免超速和过载。负载或车辆被拖行速度不应超过最大速度的20%，拖行的持续时间不超过3min。超速或持续时间过长都有可能损坏原动机。当不再需要旁路功能，应注意重新旋紧高压溢流阀六角螺塞至正常工作位置。

（3）补油溢流阀（CPRV）　补油溢流阀保持补油压力至指定的高于壳体的压力数值。补油溢流阀是一台直接作用的锥阀式溢流阀，当压力超过指定值时补油溢流阀打开并排放液体至泵的壳体。在前进或后退时，补油压力会比在中位时略低。系统流量每增加10L/min，典型补油压力需增加0.12~0.15MPa。

电气比例排量控制（EDC）原理泵斜盘位置正比于输入电指令信号，因此，车辆或负载速度（不考虑效率的影响）只依赖于原动机速度或马达排量。在三位四通伺服阀的每一侧有一台比例电磁铁，比例电磁铁通电后产生电磁力施加至阀芯，伺服阀输送液体压力到双作用伺服活塞的任一侧。伺服活塞两侧压差改变使斜盘倾角，可在一个方向上从全排量状态，改变泵的排量到相反方向的全排量状态。在某些情况下（如污染）控制阀芯可能卡住，导致泵卡滞在某一排量下。一台可更换125μm滤网位于紧挨着控制阀芯前的供油管路上。

H1电气比例排量控制是电流驱动，需要使用脉宽调制（PWM）信号。脉宽调制允许电磁铁的电流被精确地控制。PWM信号使电磁铁推杆推压在控制阀芯上，其加压至伺服活塞的一端，而另一端排油。整个伺服活塞在压差的作用下移动斜盘。斜盘反馈连杆和一个线性弹簧提供斜盘位置力反馈给电磁铁。当斜盘位置弹簧反馈力正好平衡操作者输入电磁力指令的时候，控制系统达到平衡。由于工作回路的油压随负荷变化，控制装置和伺服/斜盘系统不断地工作以维持斜盘在指令的位置。

　　由于控制阀芯油口为正遮盖，来自伺服活塞组件的预加载荷和线性控制弹簧的原因，EDC 包含了中位死区。一旦达到中位阈值电流，斜盘倾角就与控制电流成正比。为了最小化控制中位死区的影响，推荐使用传动控制器或操作者输入装置中包含有阶跃的电流来补偿一部分中位死区，该泵的输出特性曲线如图 5-12 所示。

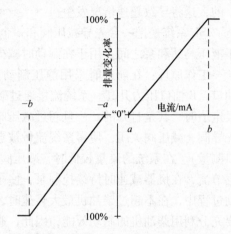

图 5-12　丹佛斯 H1 闭式泵的输出特性曲线

　　控制阀芯的中位位置通过对中弹簧提供了一个主动的预加载压力施加到伺服活塞组件的每一端。当控制输入信号缺失或者被移除，或者补油压力丢失，弹簧加载的伺服活塞将自动使泵返回到中位。

　　在行走机械上装备有静液压驱动系统的柴油机超速会引起越来越多的问题。这种柴油机的超速现象往往出现在机器工作在下坡或制动模式的时候。其结果是，柴油发动机以及所附属元件超过了最大的允许速度，导致损坏。原因就是所使用涡轮增压柴油机具有有限的制动转矩和较大的负载惯量。为了避免这种情况，丹佛斯公司开发了防止超速的系统，此功能被称为集成速度限制（ISL）。ISL 是一种应用在大功率闭式泵（是静压传动系统的一部分）上的发动机超速保护技术。

　　ISL 的性能和对系统而言的优点是：

① 制动时使车辆足够减速。

② 保护柴油机和液压泵防止超速。

③ 确保柴油机制动能力的最佳利用。

④ 提供了较高的驾驶舒适性，因为它独立于驾驶人而起作用。

⑤ 节省了机械制动器。

⑥ 对这个功能无须额外的静液压元件或其他的元件（如减速器）。

　　由液压马达驱动的车辆在平地上或下坡高速行驶进行静液压制动时，通常是调节变量泵的排量使其通过流量不低于马达的需求，马达出口阻力增大，在马达轴上建立起反向转矩阻止车辆行驶，车辆动能将通过车轮反过来的驱动马达使其在泵的工况下运行，并在马达出油口建立起压力，迫使泵按马达工况拖动柴油机运转，车辆的动能将转化为热能由柴油机和液压系统中的冷却器吸收并耗散掉。在制动模式下，马达进油口处于低压，而排油口处于高压，液压泵在低压侧的压力增加，因此使泵试图提高转速和建立转矩。该转矩是由通过泵轴传送到柴油机上的，这将导致超速情况发生。

ISL 系统是把一台先导减压阀和一个阻尼孔安装在泵的端盖上。这些元件位于液压马达和泵之间，用于在制动时减少泵的最大压力。

工作原理：在前进时采用静压制动，由于来自于马达的流量将进入泵的 B 油口，B 油口压力升高。系统流量通过减压阀，在系统压力未超过先导阀的压力设定值时，其是打开的。一旦超过减压阀的压力设置值，就有流量通过减压阀的先导阀，减压阀关闭，使得系统流量被自动节流以调节泵的压力（可在 M_{13} 测压口测量）。在系统的流量较低时，减压阀完全关闭，所有的系统流量将被旁通阻尼节流，在机器减速时持续控制泵，使泵入口压力减小。ISL 被配置是基于在制动过程中，在不超过柴油机最大转速时，柴油机的总阻力转矩可用，也就是此时要充分利用柴油机的制动效能，因此，避免了在静液压回路中产生高温。

随着系统流量减少，通过旁通阻尼孔的系统压力减小，泵的压力随着泵接近中位开始增加。假如，在制动过程中，B 侧压力限制阀设置被超过时，压力限制阀将流量接通到伺服活塞（于 M_5 的测压口测量）的低压侧，使斜盘倾度朝向最大，使泵的柱塞冲程增大至最大排量，以确保由液压马达传递的液压油被带走。

ISL 的目的是限制产生在泵和输入到柴油机的转矩。先导阀压力设定和旁路阻尼孔的大小是可调节的，其设定的值决定了有多少制动功率被转换成热并有效地从柴油机"分流"出来。

当泵处于泵工况和流量正在通过 B 油口（即车辆正在以相反的方向驱动）时，流量通过一个集成的旁路（单向）阀，ISL 不被激活。

ISL 被配置是基于在制动过程中在所允许的最大发动机转速时总阻力转矩可用。发动机的阻力转矩通常可从制造商那里得到。在配置先导阀压力设定值和旁通阻尼孔面积之后，ISL 需进行现场试验调整，以证实其符合性能要求。

5.13　HD 型与先导控制压力相关的液压控制

HD 液压控制职能原理图如图 5-13 所示。HD 液压控制方式泵的排量大小取决于先导控制压力 p_{st}，即油口 Y_1 和 Y_2 的压差，通过 HD 液压控制可将控制压力提供给泵的变量活塞，因而可使泵排量无级可调，油口 Y_1 和 Y_2 各对应一个液流方向。当先导控制压力作用在控制阀 2 阀芯上时，会推动阀芯向左或向右移动，打开阀口，先导控制压力与控制阀 2 的弹簧力实现平衡时，阀口开度的大小被确定。来自辅助泵 5 的压力油进入变量活塞推动变量机构向左或右运动。由于变量活塞 7 上连接的反馈杠杆 3 直接与控制阀 2 的阀套连接，形成了直接位置负反馈，随着变量活塞的移动又使打开的阀口趋于关闭，此时排量被确定为某一个定值。图 5-14 为该种控制方式的控制特性曲线，先导压力必须达到一定值之后才能克服控制阀 2 对中弹簧的弹性力，因此曲线零位附近会有死区。泵排量的无级调节取决于先导控制压力，排量的大小正比于先导压力。

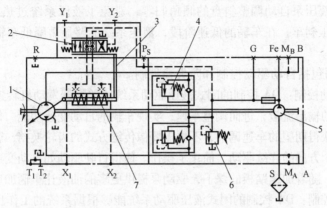

图 5-13 HD 液压控制职能原理图

1—主泵 2—控制阀 3—反馈杠杆 4—安全阀 5—辅助泵 6—溢流阀 7—变量活塞
A、B—压力油口 M_A、M_B—测量油口 G—供油压力口 X_1、X_2—控制压力口 Y_1、Y_2—遥控口
T_1—漏油灌油口 T_2—漏油泄油口 R—排气口 S—吸油口 Fe—补油泵测压口 P_S—辅助油口

在图 5-13 中，油口 Y_1、Y_2 的先导控制压力 p_{st} 一般为 $0.6 \sim 1.8MPa$。先导压力的起点为 0.6MPa，控制终点即到达最大排量时的控制压力为 1.8MPa。该泵在使用前必须使排量控制机构回到零位。另外，在使用中应避免 HD 液压控制装置受到污染，例如液压油中的污染物、磨损颗粒以及系统以外的颗粒都会导致阀芯卡在任意位置，使泵的流量输入不再遵循操作员的指令输入。

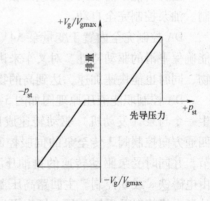

图 5-14 HD 液压控制特性曲线

5.14 与转速有关的 DA 控制（速度敏感控制）

DA 控制（Automotive Drive and Anti Stall Control），是闭式油路纯液压机械控制，是一种静压自动变速机构。

DA 控制可以实现车辆从静止状态到最大速度间的无级变速，驾驶人仅需通过手柄来选择前进、停止还是后退来控制车辆的行进方向，根据不同的加速踏板角度得到不同的车速，使驾驶人可以轻松简单地操作一台车辆。

在发动机转速较低的起步阶段，采用 DA 控制方式的液压驱动车辆也可以发挥出全部的牵引力，避免了发动机过载过热，在当车轮完全被堵住，车辆不能移动时，变量液压泵自动调整斜盘的倾角归零，避免了液压系统过热。DA 控制还能够实现液压刹车，在车辆的低速阶段，液压系统能够显著降低车辆的速度直至停止。

DA 控制包括自动驱动控制和防失速控制。

自动驱动控制：DA 控制的闭式液压驱动系统能够根据发动机转速的变化自行改变变量泵的输出流量，进而调整车速，实现车辆的自动变速功能。仅需操纵加速踏板，即可获得期望的车速调节，不再需要像传统方式的齿轮换挡，就可以实现前进、后退两个方向的连续驱动，简化了操作。使得行驶驱动如自动变速轿车，踩加速踏板起步，随着加速踏板的踩下，驱动泵提供更多的油液让车辆加速。

防失速控制：DA 控制的闭式液压驱动系统能够根据系统的工作压力变化自动控制变量泵的最大输入功率，使发动机不间断地输出最大功率来满足车辆牵引力和速度要求。对于车辆所有的除驱动液压系统之外的影响，如悬架液压系统、转向液压系统以及辅助液压系统，DA 控制都能够调整泵的排量来优先满足它们的功率需求。在发动机过载时自动减小变量泵的排量，能防止发动机熄火和失速。

两种功能不需要泵和加速踏板间连接即可实现，不需要任何操纵杆或电子控制。油泵控制完全自动。

DA 控制完全内置于变量泵 A4VG 和 A10VG 液压泵中，再联合内置的微动阀能确保平滑的驱动特性。对叉车来讲这就允许以最大的驱动舒适性小心地搬取货物，同时也能快速加速，达到高的物料运输量。

DA 控制职能液压原理图如图 5-15 所示。该控制方式内置的 DA 控制阀 5 产生一个与泵（发动机）驱动转速成比例的先导压力。该先导压力通过一个三位四通方向控制阀 3 传至泵的伺服控制缸 2 上。泵的排量在两个方向均可无级调节，并同时受泵驱动转速的排油压力的影响。液流方向（即机器向前或向后）由电磁铁 a 或 b 控制。主回路高压溢流阀/补油阀 4 主要对斜盘快速摆动时出现的压力峰值以及系统的最大压力提供保护，当系统遇有冲击压力超过高压溢流阀的设定压力时，液压油会打开该高压溢流阀溢流至低压侧，使工作压力降低。高压溢流阀的设定压力等于工作压力 + 安全压力（安全压力≥3MPa）。压力切断阀 7 相当于一种压力调节功能阀，当达到设定压力时，将泵的排量调节到最小排量 V_{gmin}。压力切断阀防止高压溢流阀在车辆加速和减速时工作。压力切断阀的设定范围可以是整个工作压力范围内的任何范围。但是，该范围必须设置在比高压溢流阀的设定值低 3MPa 的位置。

主泵的同轴上还安装着一台补油泵 6，其作用是：

① 向闭式油路低压侧补油。

② 供给主泵变量调节用液压油。

③ 测量变量泵（柴油机）转速。补油泵输出流量与发动机转速成正比，根据补油泵流量就可算出发动机相应的转速。

当快速液压结构需要发动机高速转动时，为使车辆速度降低可控，应配置各种微动阀 8。

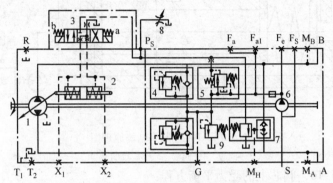

图 5-15　DA 控制职能原理图

1—变量泵　2—伺服控制缸　3—方向控制阀　4—高压溢流/补油阀　5—DA 控制阀
6—补油泵　7—压力切断阀　8—微动阀　9—补油泵溢流阀

图 5-15 中件号 5 为内置的 DA 控制阀，又称速度敏感控制器，其结构原理如图 5-16 所示。DA 控制阀能将原动机的转速变化转换成变量泵的变量控制油压的变化，从而改变变量泵的排量，实现恒功率（恒转矩）控制。DA 控制阀的速度信号，可以很方便地通过测量原动机直接驱动的另一台定量泵（补油泵）的流量获得。定量泵（补油泵）输出与原动机（例如柴油机）转速成正比的流量，在控制器孔板（液阻）7 上形成压差 $\Delta p = p_1 - p_2$，以使控制阀口 6 打开，控制油经变量泵先导阀流向变量控制缸。控制油管路中的压力 p_3 作用在孔板阀芯组件的环形面积（A_3）上（输出的反馈力），方向从左向右，与控制器孔板（液阻）7 前后压差所产生的从右向左的输入力平衡，从而决定孔板阀芯 3 的平衡位置。当原动机转速稳定时，重新关闭控制阀口 6。当原动机的转速下降时，控制器孔板 7 上的压差变小，控制阀口 5 打开，变量缸中的油压降低，直至作用在孔板阀芯 3 上的力重新平衡，控制阀口 5 重新关闭。通过 DA 控制阀的作用，原动机转速和变量控制油压 p 与泵的斜盘倾角形成了比例关系。即原动机转速下降，使变量控制油压按比例下降，进而泵的排量也按比例下降；反之亦然。改变弹簧 2 的预压缩量，就可改变限转矩特性曲线。

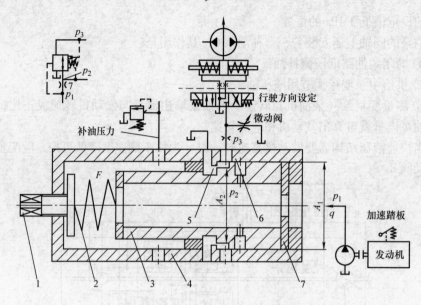

图 5-16   DA 控制阀结构原理图

1—调节螺杆　2—弹簧　3—阀芯　4—阀套　5、6—控制阀口　7—控制器孔板（液阻）

参考图 5-16，阀芯上的受力平衡方程：

$$p_1 A_1 = p_2 A_2 + p_3 A_3 + F \tag{5-6}$$

设 $\Delta p = p_1 - p_2$，又 $A_3 = A_1 - A_2$，则：

$$\Delta p A_1 = p_3 (A_1 - A_2) + F \tag{5-7}$$

$$p_3 = \frac{\Delta p A_1 - F}{A_1 - A_2} = \frac{A_1}{A_1 - A_2} \Delta p - \frac{F}{A_1 - A_2} = k_1 \Delta p - k_2 F \tag{5-8}$$

式中　p_1——DA 控制阀的进口压力；

p_2——DA 控制阀输出的补油压力；

p_3——DA 控制阀输出的控制压力；

A_1——对应进口压力 p_1 的作用面积；

A_2——对应补油压力 p_2 的作用面积；

A_3——孔板阀芯组件的环形面积，$A_3 = A_1 - A_2$；

F——弹簧力；

Δp——节流口前后的压力差。

通过阀板阀口的流量为

$$q = C_d A \sqrt{\frac{2}{\rho} \Delta p} \tag{5-9}$$

由此得

$$\Delta p = \frac{8 \rho q^2}{C_d^2 \pi^2 d^4} \tag{5-10}$$

式中　q——DA 控制阀的入口流量；

　　　C_d——阻尼孔口流量系数；

　　　A——小孔面积，$A = \dfrac{1}{4}\pi d^2$；

　　　d——阻尼孔口的直径。

因此有

$$p_3 = k_1 k_3 \frac{q^2}{d^4} - k_2 F \tag{5-11}$$

其中，$k_3 = \dfrac{q\rho}{C_d^2 \pi^2}$。

由式（5-10）可知，只有补油泵的流量 q 为变量（其与发动机的转速相关），其余参数都是 DA 控制阀的结构参数。当发动机转速稳定时，主泵先导控制压力 p_3 保持不变，变量泵稳定在某一排量保持不变，相当于一定量泵；先导控制压力 p_3 随发动机转速升高而升高，增大泵的排量；反之，泵排量减小。因此 DA 控制也被称为与发动机转速相关的速度敏感控制。

车辆的极限负载保护功能又是如何实现的呢？由前面的分析，我们可以看出，当负载（压力）达到一定程度时，泵的斜盘若能自动向零位回摆，即可实现车辆的极限负载保护。根据泵的工作原理，工作中，泵的斜盘摆动受以下三个力的影响：①对中弹簧的力；②控制油通过变量活塞给斜盘的控制力；③泵工作压力给斜盘的作用力。对于普通的不带 DA 功能的泵，在配流盘无偏转的情况下，由于配流盘的高低压配流窗口相对于斜盘两侧的半圆轨道是完全对称的，由泵的高压侧工作压力对斜盘所产生的作用力矩是平衡的（$F_a \times a = F_b \times b$），因此泵工作压力给斜盘的作用力所产生的力矩为零（即：对斜盘的摆动没有影响），如图 5-17a 所示。

而有 DA 功能的泵，其配流盘的配流窗口相对于斜盘两侧的半圆轨道不是对称的，而是将配流盘沿着传动轴的旋转方向偏转一个角度 $\Delta\varphi$，则高压侧工作压力作用在斜盘上的反推力会增大（$F_a \times a < F_b \times b$），如果作用在排量调节弹簧缸活塞上的控制压力不能给斜盘提供足够的正推力的话，则变量泵会在高压侧工作压力反推力的作用下使斜盘向零位回摆，就实现了车辆的极限负载保护，如图 5-17b所示。

如果把斜盘的受力按照图 5-18 等效成一个"杠杆"的话，就更加方便理解了。图中，6 为泵的工作压力，5 为控制压力。图中的 9，就是常说的"时钟阀（Timing）"，其实它就是一个偏心的螺钉，可以用来调整配流盘的角度（即：调整"杠杆"的支点位置）。对于普通的不带 DA 功能的泵，支点位置在图中 6 工作压力油缸的正下方（力臂为零）。控制压力 p_3 对变量液压缸的作用力与变量液

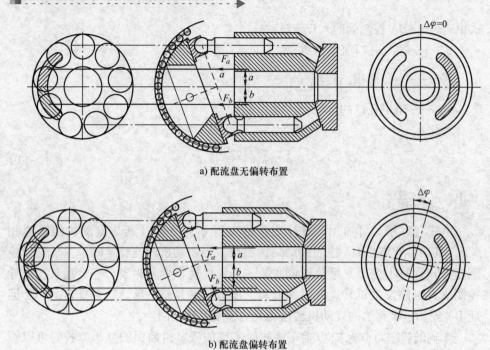

a) 配流盘无偏转布置

b) 配流盘偏转布置

图 5-17　DA 的配流盘

压缸弹簧力和主泵液压回位力平衡，使主泵斜盘倾斜摆动，向液压马达输出压力油。控制压力越高，泵的工作压力越高，泵的排量减小。

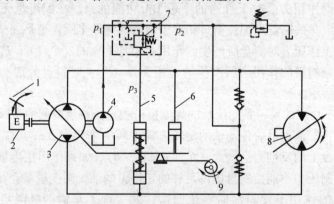

图 5-18　杠杆原理

1—加速踏板　2—发动机　3—主泵　4—补油泵　5—控制压力　6—工作压力
7—DA 控制阀　8—带 DA 控制的液压马达　9—时钟阀

　　在行驶过程中，如果行驶驱动阻力增加（如上坡），则泵输出压力增加，液压马达转矩增大，泵变量液压缸回位力增大，泵斜盘倾角变小，主机速度下降。如果泵输出功率大于柴油机提供的功率，那么柴油机转速下降，泵控制压力减小，泵斜盘倾角减小，主机降速直到此液压马达转矩与柴油机转矩一致。

　　反之，如果行驶驱动力降低（如下坡），液压马达转矩降低，泵输出压力降低，泵开始相反过程，使得车辆加速。

　　特别要说的是，采用速度敏感控制，与大多数恒功率控制方式一样，并不妨碍限压、负载敏感控制等，但当发动机负载较大时，它将超越其他控制而先起作用。

　　DA 控制也能和所有伺服排量控制合并使用，这样既能享受在路面自动驱动的轻松驾驶，又能实现在工作模式独立于负载的精确伺服排量控制。经常和自动驱动或防失速控制相结合的越权控制是机械伺服比例控制（HW）、液压伺服比例控制（HD）和电比例控制（EP）。

　　某些工况，要求车辆行驶的速度很慢，而工作装置的速度很快。比如：叉车在堆放货物时为了堆放准确而又能高效工作，要求行走"微动"，提升（下降）快速。还有一种工况，车辆制动，可以充分利用闭式行走系统静压制动的特性，实现平稳制动。这两种功能，可以通过选择不同的 DA 控制形式，并与合适的制动踏板相互配合来方便地实现。

　　当快速液压工作机构需要发动机高速转动时，为使车辆制动可控，应配置各种微动阀，如图 5-15 所示。

　　在主机行驶时，驾驶人一只脚踩下节气门踏板，另一只脚踩下微动阀调节踏板，此时控制压力随微动阀调节踏板踩下的过程而减小，主机减速，驱动力降低，但柴油机转速不变。微动阀调节踏板踩下越多，主机速度和驱动力越小，到调节踏板最大行程位置（此时微动阀节流口最大）时，p_3 消失，主机停止，此时主机驱动力为零。

　　制动寸进阀可与脚制动联合操作，寸进功能有助于减少脚制动片的磨损。只需要通过寸进功能就能实现静液压驱动的软制动。静液压制动和脚制动一起动作可以实现瞬间的硬制动。泵的控制模块是与制动回路连接在一起的，制动系统的压力增加，会导致行走泵的先导压力减小，从而导致行走泵的斜盘回摆。

　　如果实际情况要求寸进功能要与脚制动分开，那么需要使用旋转寸进阀。此功能最有代表性的应用是，行走速度很慢的条件下，某些工作系统仍需要很高的马达转速。例如路面清扫车，当行走速度比较低时，需要工作泵满流量来驱动毛刷。行走泵的控制部分是通过液压方式与独立的旋转寸进阀相连的。寸进阀既能通过手柄操作，也可以通过踏板操作。推动手柄或踩下踏板，旋转寸进阀的角度会关联增加，减小了行走泵的流量。

　　力士乐还推出了带寸进功能的 DA 控制杆，连续的推动寸进装置，可以把泵伺服缸的先导压力减小到零。通过这种方式，行走泵的能耗（流量和压力）也能在发动机高速旋转的条件下不断减小，寸进功能是与寸进踏板上的行走踏板相关联的。

5.15 A4VSG500EPG型闭式泵的变量控制

图 5-19 为一典型带远程压力控制的电比例排量控制原理图。其主要由 A4VSG 主泵和带远程调压的电比例排量控制模块以及补油泵等组成。

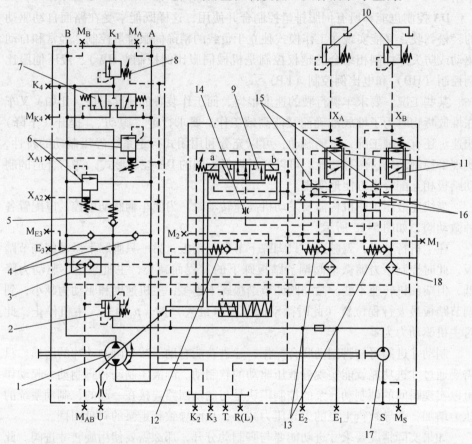

图 5-19 A4VSG500EPG 型闭式泵电比例排量控制原理图

1—主泵　2—控制压力溢流阀　3—梭阀　4—补油单向阀　5—旁通阀　6—主回路高压溢流阀
7—冲洗阀　8—回路冲洗溢流阀　9—电磁比例方向阀　10—远程调压阀　11—压力调节伺服阀
12—单向阀1　13—单向阀2　14—阻尼1　15—阻尼2　16—阻尼3　17—补油泵　18—控制过滤器
A、B—高压油口　S—吸油口　M_A、M_B、M_{AB}—压力油测试油口（封闭）　M_s—吸油压力测试油
口（封闭）　T—回油油口（封闭）　E_1、E_2—接滤器油口（封闭）　K_1—冲洗油口　K_2、K_3—冲洗油
口（封闭）　R（L）—注油＋排气油口　U—轴承冲洗油口（封闭）　E_3—外部补油流量油口（封闭）
M_{E3}—补油压力测量油口（封闭）　K_4—蓄能器油口（封闭）　M_{K4}—回路冲洗压力测试油口（封闭）
M_1、M_2—控制压力测试油口（封闭）　X_{A1}、X_{A2}—高压溢流阀先导油口（封闭）　X_A、X_B—远程调
压先导油口（封闭）

　　主泵 1 是双向斜盘式轴向柱塞变量泵，其与电磁比例方向阀 9 和反馈杠杆和反馈弹簧、远程调压阀 10、阻尼 15 一起构成了带远程压力遥控的电磁比例排量控制变量泵。控制压力溢流阀 2 用来调节和控制泵刚刚启动时的控制压力值，在初始起动时，泵的控制压力油主要由控制压力溢流阀 2 设定，一旦系统高压建立，高压油与补油泵输出的压力油通过单向阀 12 进行比较，控制油则由主压力油路提供，同时高压油通过梭阀使控制压力溢流阀 2 卸荷，补油泵此时仅以补油压力工作，起冲洗和置换作用。初始控制压力根据泵型号不同，压力也不同，基本都在 1.6 ~ 5.0MPa 之间。

　　补油泵 17 通过补油单向阀 4 向泵的低压侧补油，为了避免整个系统温度过高，在主回路中设置冲洗阀（低压优先的冲洗阀 7 + 回路冲洗溢流阀 8 组成），让主回路强制少量溢流至油箱，提高冷却和散热的效果。

　　补油流量要大于泄漏量，多余部分就从冲洗溢流阀溢出。在系统中，影响冲洗溢流阀的冲洗流量参数有：温差 ΔT，补油泵流量 q，油液比热容 c，密度 ρ，冲洗管道的有效面积横截面积 S 等，冲洗的流量一般是补油泵流量的 20% ~ 40%。

　　主回路高压溢流阀 6 主要起到压力保护作用，当系统遇有冲击压力超过高压溢流阀压力时，液压油会打开溢流阀溢流至低压侧，使工作压力降低。

　　电磁比例方向阀 9 用于控制泵的排量无级变化，其与反馈杠杆和反馈弹簧组成闭环位移 - 力反馈系统，用来调节泵的排量无级变化，比例电磁铁 a、b 通电对应泵的流量输出方向，通过改变输入电压（或电流）的大小可实现泵的排量按比例输出。阻尼 15 与远程调压阀 10 组成了 B 型液压半桥，当远程调压溢流阀压力设定值改变，可使压力调节伺服阀弹簧腔的压力发生变化，当系统工作压力超过弹簧腔弹簧压力加上远程调压阀设定压力时，压力调节伺服阀下位工作，输出压力油使液压泵排量减至最低排量，控制原理同开式泵 DR. G 控制原理。

　　与压力调节伺服阀阀口并连的阻尼 16，当压力调节伺服阀阀口切换时，瞬间仍能提供一条控制通道控制泵的排量，即泵在远程调压设定点处仍能完成对排量的控制。

5.16　二次调节技术

　　二次调节系统是以调节一个接在定压网络中的变量液压马达的排量，来调节液压马达轴上的转矩，从而控制整个系统的功率流，达到调速和调节转矩的目的，也就是说，液压马达轴的转向以及轴上能量的流动方向及大小（传动系统向负载提供能量为主动工况，从负载吸收能量为制动工况），在容积传动系统中主要是通过改变泵的流量来实现，而二次调节系统中是通过改变液压马达的转矩来实现。

二次调节静液传动技术是对将液压能与机械能互相转换的液压元件所进行的调节。如果把静液传动系统中机械能转化成液压能的元件（液压泵）称为一次元件或初级元件，则可把液压能和机械能可以互相转换的元件（液压马达/泵）称为二次元件或次级元件。

在静液传动系统中可以把液压能转换成机械能的液压元件是液压缸和液压马达，液压缸的工作面积是不可调节的，所以二次元件主要是指液压马达。

同时，为了使二次调节静液传动技术能够实现能量回收，所需要的二次元件是可逆的静液传动元件。因此，对这类静液传动元件可称为液压马达/泵。

但是，为了使许多不具备双向无级变量能力的液压马达和往复运动的液压缸也能在二次调节系统的恒压网络中运行，目前出现了一种"液压变压器"，它类似于电力变压器用来匹配用户对系统压力和流量的不同需求，从而实现液压系统的功率匹配。

一般来说，大多数二次调节静液传动技术的实现是以压力耦联系统为基础的。目前对二次调节静液传动技术进行研究的出发点是对传动过程进行能量的回收、能量的重新利用，并从宏观的角度对静液传动总体结构进行合理的配置以及改善其静液传动系统的控制特性。

二次调节闭环控制是一种闭环控制静液传动方案。当一台液压马达/泵由具有恒定工作压力的网络无节流地驱动时，所希望的是液压马达/泵转速由闭环控制来实现。对此所需要的转矩则在保持工作压力不变的情况下，通过调节液压马达/泵的排量来实现。

基于能量回收与重新利用而提出的二次调节概念，对改善静液传动系统的效率非常有效。这种调节技术不但能实现功率适应，而且还可以对工作机构的制动动能和重力势能进行回收与重新利用。同时，在恒压网络开式回路上可以连接多个互不相关的负载，在驱动负载的二次元件上直接来控制其转角、转速、转矩或功率。二次调节静液传动系统在控制与功能上的特点为解决静液传动技术中目前尚未解决的某些传动问题和替代有关传动技术提供了有利的条件。

由于恒压油源部分的动态特性较好，所以在对二次调节静液传动系统进行分析与研究时，可以不考虑油源部分的动态性能对系统输出的影响，并且可认为恒压网络中的压力基本保持恒定不变，这样不仅能简化研究的复杂性，同时也能保证研究结果的准确性。

5.16.1　二次调节静液传动系统的组成

二次调节静液传动系统工作原理图如图5-20所示，它主要由二次元件2、变量控制液压缸8、电液伺服（比例）阀7（也可以是其他控制方式）等组成。

恒压油源部分由单向截止阀，恒压变量泵（图中未画出）和液压蓄能器 5 组成。由于恒压油源部分的动态特性较好，所以在对二次调节静液传动系统进行分析与研究时，可以不考虑油源部分的动态性能对系统输出的影响，并且可认为恒压网络中的压力基本保持恒定不变。这样不仅能简化研究的复杂性，同时也能保证研究结果的准确性。

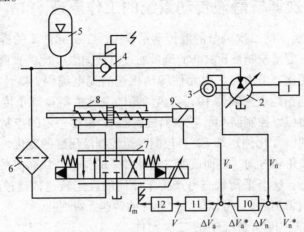

图 5-20　二次调节静液传动系统工作原理图

1—负载　2—二次元件　3—光电编码器　4—单向截止阀　5—液压蓄能器　6—过滤器
7—电液伺服（比例）阀　8—变量控制液压缸　9—斜盘倾角传感器　10—速度控制器
11—斜盘倾角位置控制器　12—控制放大器

图 5-20 所示的二次调节静液传动系统具有如下特点：

1）它是压力耦联系统，系统中的压力基本保持不变，恒压油源的工作压力直接与二次元件相连。因此，在系统中没有原理性的节流损失，提高了系统效率。

2）通过改变二次元件排量 V_2 的大小可改变输出转矩 T_2 大小，从而建立起与之相适应的转速 n_2（ω_2）；通过改变二次元件斜盘的摆动方向（过零点）来改变二次元件的旋转方向。液压泵/马达可在四个象限内运行工作，二次元件既可以工作在液压马达工况，也可以工作在液压泵工况，为能量的回收和再利用创造了条件。

3）液压蓄能器回收的液压能可满足间歇性大功率的需要，在设备的起动过程中能利用液压蓄能器释放出的能量来加速起动过程，提高了液压系统的工作效率。

4）二次元件的排量 V_2 随外负载转矩 T_2 变化而变化，并能达到功率匹配。

5）液压蓄能器使系统中不会形成压力尖峰，可减少压力限制元件的发热，降低用于系统冷却的功率消耗。

6）二次元件工作于恒压网络，可以并联多个互不相关的负载，实现互不相关的控制规律，而液压泵站只需按负载的平均功率之和进行设计安装。

7）二次调节静液传动系统提供了新的控制规律和控制结构。可实现转速控制、转角控制、转矩控制和功率控制。

5.16.2 二次调节静液传动系统的工作原理

在图5-20所示的二次调节静液传动系统中，二次元件2的排量由变量控制液压缸8控制，变量控制液压缸8的流量通过电液伺服（比例）阀7控制。二次元件2转速的变化，可由与二次元件转轴相连的光电编码器3（或其他测量元件）测出并传送给速度控制器10，斜盘倾角的变化由斜盘倾角传感器9测出并传送给斜盘倾角位置控制器11，控制器放大器12根据一定的控制方法产生控制信号控制电液伺服（比例）阀7，再控制变量控制液压缸的变化，用来控制二次元件2的斜盘倾角和方向，进而改变二次元件2的排量，从而使系统稳定地工作在某一工作状态。这个平衡状态可产生于任何的设定转速，通过改变电液伺服（比例）阀7的控制信号，可以使二次元件的转速无级变化。

二次调节静液传动系统中的二次元件（液压泵/马达）对负载转矩或转速变化的反应，最终是通过改变液压泵/马达的排量实现的。这种调节是在输出区的液压泵马达上进行的，调节功能通过液压泵/马达自身的闭环反馈控制实现，而不改变系统的工作压力。为了实现能量回收的目的，二次元件能工作在四个象限内，既有"液压泵"工况，也有"液压马达"工况，如图5-21所示。当二次元件工作于"液压泵"工况时，向系统回馈能量。这里可以改变能量的形式

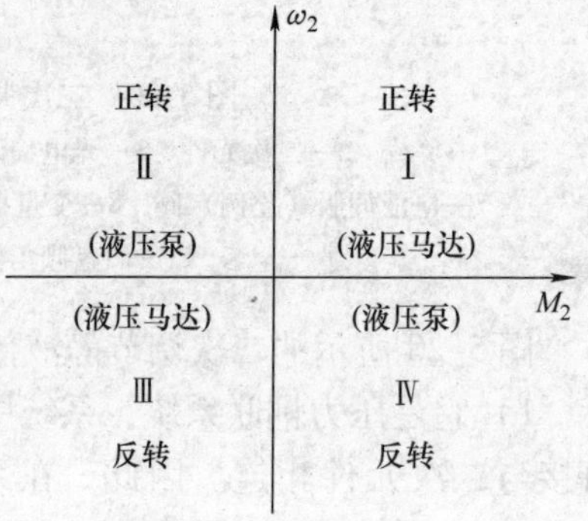

图5-21 二次元件四象限工作示意图

或不改变能量的形式来存储能量，这部分能量既可由液压蓄能器储存，也可以立即提供给其他用户。

5.16.3 二次调节静液传动系统的控制方式

二次调节静液传动系统提供了新的控制规律和控制系统结构。在二次调节静液传动系统中，虽然控制的参数（位置、转速、转矩或功率）不同，但最终执行元件都是相同的，并且都是通过变量控制液压缸来控制二次元件的斜盘倾角。因此，可以通过对不同参数的检测和反馈来实现多种控制功能。

（1）二次调节静液传动系统转速控制 图5-22是液压直接转速控制系统。

在系统中，二次元件 3 直接与恒压网络相连接，测速泵 4 和二次元件 3 同轴相连，作为二次元件的测速装置。测速泵 4 的输出管路接到二次元件变量控制液压缸 2 的右侧，同时并联节流阀（节流阀 5 和固定节流口 6）。当调节节流阀 5 时，变量控制液压缸 2 右侧的压力将发生变化，使二次元件 3 的斜盘倾角也随之改变。在恒压网络中，二次元件 3 的输出转矩是随其斜盘倾角变化的。当二次元件的斜盘倾角改变后，在外负载一定的情况下，二次元件 3 加速或减速，二次元件转速的变化将引起测速泵 4 流量的改变，这时节流阀中节流口处的压力也随之改变，压力的变化使变量控制液压缸的活塞产生位移，推动二次元件斜盘偏转一定角度，于是二次元件 3 的输出转矩也随之调整，当输出转矩与外负载相平衡时，二次元件便稳定在某一恒定转速下工作。

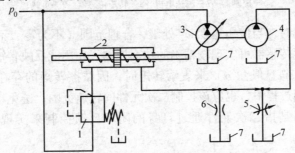

图 5-22　二次调节液压直接转速控制系统

1—减压阀　2—变量控制液压缸　3—二次元件　4—测速泵　5—节流阀　6—固定节流口　7—油箱

（2）二次调节静液传动系统位置控制　在二次调节转速控制系统中加入一条二次元件输出轴的转角反馈回路，即构成图 5-23a 所示的电液位置控制系统。在这个控制系统中包含变量控制液压缸的位移反馈，它作为控制系统的辅助控制变量。

（3）二次调节静液传动系统转矩控制　在恒压网络中，控制二次元件的斜盘倾角为一定值，则相应的输出转矩也为定值，这时可采用位移传感器或转矩传感器。位移传感器检测变量液压缸的位移，如果使其为一定值，根据变量之间的相互关系，则可使输出转矩也为一定值。但是由于黏性摩擦转矩的影响，它不能精确地控制负载转矩。采用转矩传感器则能实现较精确的转矩控制。在转矩调节系统中，也应实行转速检测监控，防止超速。对于像绞车、卷扬机之类的传统液压传动装置，需要有恒定的牵引力，如果采用二次调节静液传动系统，即为恒转矩控制。图 5-23b 为一转矩控制系统。

（4）二次调节静液传动系统功率控制　在二次调节静液传动系统功率控制时，可以有控制压力 p_0、二次元件排量 V_2 和二次元件角速度 ω_2 的乘积为一定值以及控制转矩 T_2 和角速度 ω_2 的乘积为一定值的两条实现功率控制途径。

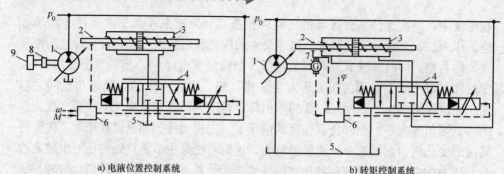

a) 电液位置控制系统　　　　　　　　　　　b) 转矩控制系统

图 5-23　二次调节静液传动控制系统

1—二次元件　2—移传感器　3—变量控制液压缸　4—电液伺服阀　5—油箱

6—控制器　7—测速电机　8—转矩传感器　9—负载

在功率控制时，当使角速度 ω_2 处于一合理范围（不为零、不超速）时，采用转矩和角速度传感器可实现较精确的功率控制。在用能反映转矩大小的变量控制液压缸位移（斜盘倾角 α）来表示转矩时，因摩擦转矩的存在，有一定的误差。在功率控制过程中，也应该控制二次元件的转速范围，避免超速。

恒功率控制是指二次元件通过自身的闭环反馈控制来实现输入功率的恒定，即：

$$P = p_0 q_2 = p_0 V_2 \omega_2 = M_2 \omega_2 = \text{const} \tag{5-12}$$

在二次调节静液传动网络中，系统工作压力 $p_0 = \text{const}$，因此必须保证二次元件的输入流量 q_2 为恒值。这样，实现恒功率控制可以通过两种途径：一是通过检测二次元件的输入流量 q_2 并反馈到控制器，与实际给定值比较，用这个差值来控制二次元件的排量，使输出功率与期望值相符，如图 5-24a 所示；二是通过检测二次元件的转速与变量控制液压缸的位移（排量 V_2），然后，用二者的乘积（流量）与实际给定值进行比较，用来调节二次元件的排量，如图 5-24b 所示。

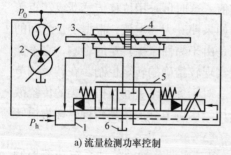　　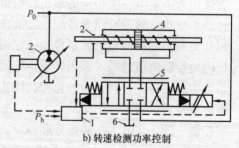

a) 流量检测功率控制　　　　　　　　　　b) 转速检测功率控制

图 5-24　二次调节静液传动功率控制系统

1—控制器　2—二次元件　3—位移传感器　4—变量控制液压缸　5—电液伺服阀　6—油箱　7—流量计

5.16.4　二次调节静液传动系统的应用

由于二次调节静液传动系统具有许多优点，使它在很多领域得到广泛的应用。国外已将其成功应用于造船工业、钢铁工业、大型试验台、车辆传动等领域。

第一套配备有二次调节闭环控制的产品是无人驾驶集装箱转运车 CT40，它建在鹿特丹的欧洲联运码头（ECT）；德国的海上浮油及化学品清污船——科那西山特号，其液压传动设备配备有二次调节反馈控制系统。该系统可以使预选的消沫泵和传输泵设备的转速保持恒定，并使之不受由于传输介质黏度的变化而引起的外加转矩的影响。

德累斯顿工业大学通用试验台，应用了二次调节反馈控制的特点，可以进行能量回收及具有高反馈控制精度。该试验台能满足实际中的严格要求，图 5-25a 为两轴固定的传动元件性能测试试验台，图 5-25b 为三轴固定的传动元件性能测试试验台，它们可以对多种不同形式的旋转试件在接近实际运行工况的条件下进行试验。除对该试验台有较高的动态性能要求外，还对它的节能效果寄予很大希望。

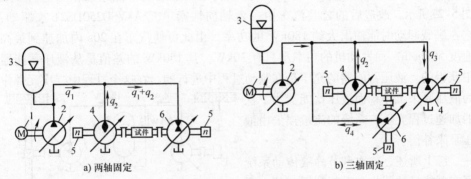

a) 两轴固定　　　　　　　　　　　　b) 三轴固定

图 5-25　传动元件性能测试试验台

1—电动机　2——次元件　3—液压蓄能器　4—二次元件　5—转速仪　6—泵/马达

它还被用于近海起重机的驱动和油田用抽油机的液压系统中。图 5-26 是二次调节静液传动系统应用在液压抽油机中的工作原理图，在液压缸下降的过程中，靠钻杆和抽油泵的重力势能来驱动作为液压马达工作的二次元件 2，电动机 1 和二次元件 2 驱动作为液压泵工作的二次元件 3，二次元件 3 再将压力油压入液压蓄能器 8 中，以便用于在后续的液压缸上升过程中使用。在液压缸下降到终点时，由行程开关 10 控制二次元件 2 的斜盘倾角过零点，而转成液压泵工况工作，利用电磁片换向阀 4 将二次元件 3 的斜盘倾角过零点转成液压马达工况工作。采用了二次调节技术的液压抽油机可具有较高的充填率、较高的循环频率并使钻杆和抽油泵的寿命很长。

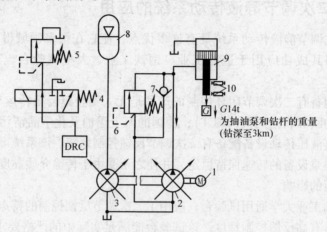

图5-26　二次调节静液传动系统应用在液压抽油机中的工作原理图
1—电动机　2、3—二次元件　4—电磁片方向阀　5、6—溢流阀
7—单向阀　8—液压蓄能器　9—液压缸　10—行程开关

市区公共汽车在配备了二次调节静液传动系统后的节能效果相当显著。如图 5-27 所示，改造后的公共汽车由一台轴向柱塞单元 A4VSO250DS21 来驱动，它在满载起动时能输出大约 180kW 的功率，由此可使汽车在 20s 内加速到最高速度 50km/h。而发动机的功率却只有 30kW，其 150kW 的差值是从液压蓄能器中获得的。液压蓄能器的充压是在制动过程中进行的，在这个过程中二次元件作为液压泵来工作，而液压蓄能器为下次的加速过程充压。系统的流量损失由液压泵来补偿。

综上所述，二次调节静液传动系统可实现能量的回收和重新利用，其主要应用在以下几个方面：

（1）位能回收　如液压驱动的卷扬起重机械。由于卷扬机械中有位能变化，采用二次调节静液传动技术可以回收其位能。其可用于起重机械和矿井提升机械，缆索机械的索道传动，船用甲板机械等。

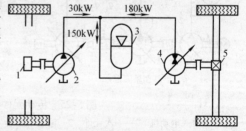

图5-27　二次调节静液传动在公共
汽车驱动中的应用
1—发动机　2——次元件　3—液压蓄能器
4—二次元件　5—汽车后桥

（2）动能回收　如液压驱动摆动机械和试验装置。应用二次调节静液传动技术可对摆动机械在频繁的起动、制动过程中产生的动能，进行回收和再利用。

（3）群控节能　如群控作业机械。对多台周期性工作设备共用一个动力源，这样既节省费用又节约了能源，如图 5-28 所示。

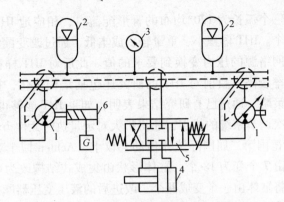

图 5-28　多用户并行二次调节静液传动系统
1—二次元件　2—液压蓄能器　3—压力表　4—液压缸　5—电液伺服阀　6—提升机构

5.16.5　液压变压器

尽管二次调节系统在多个行业得到了成功的应用，但二次调节系统的工作原理决定了负载端是可变量的执行元件，这无疑对于二次调节系统的应用是一种缺憾。为了扩大二次调节系统在实际中的应用，许多研究人员把非变量执行元件和准恒压油源的连接问题作为二次调节技术发展方向上的一个新的研究课题。对该问题的解决基本有两个方案：一个是通过阀来连接，另一个是通过液压变压器来连接。前者引入了节流损失，必然要降低系统效率，且不能回收能量。而对于后者由于采用了液压变压器，理论上没有节流损失，且不限制能量回收，因此得到了研究者的普遍认同，成为了研究的热点。液压变压器概念的提出，是希望把非变量执行元件纳入到二次调节系统中，在恒压网络中连接多负载时可以不受执行元件类型的限制。

对液压变压器的研究实际上是对二次调节系统研究的延伸。

最初的液压变压器是由定量和变量泵/马达同轴相连组成，通过改变变量泵/马达的排量改变液压变压器的变压比。

在此之前所研究的液压变压器仍被称为传统的液压变压器。传统的液压变压器性价比不高，因此并没有使得准恒压网络或者说二次调节系统得到广泛的应用。

1997 年，荷兰工程公司 Innas 制造出了第一台新型液压变压器的样机并与 NOAX 公司在 1997 年的斯堪的那维亚国际流体动力会议（SICFP 97）上正式地提出了基于恒压网络的新型液压变压器工作原理，自此这种变压器被命名为 In-nas 液压变压器，简称为 IHT（Innas Hydraulic Transformer）。

IHT 样机在结构上是以 40°的力士乐斜轴马达 A2FM10 为基础，把配流盘的两个对称口改为三个弧长为 120° 均布的肾形配流口，相应地 IHT 与外界油路的通口数也改为三个。IHT 体积小、重量轻、成本低，通过改变配油盘转角就可以方便地把准恒压网络源的压力变换到要求的值。此后对 IHT 样机进行的效率测试发现高压时效率较高。目前对 IHT 的研究还包括结构优化，控制策略，低速时的性能及控制策略。通过已有研究结果表明，如果 IHT 能够得到成功地应用，不仅充分发挥二次调节系统的优点，还将扩大对定量执行元件市场需求。

2002 年，在德国第二届国际流体传动会议上，Achten 博士对 IHT 又进行了改进。将柱塞数由 7 个变为 18 个，缸体形状由集成式结构改为可自由移动的浮杯形结构，同时将缸体由一个变成两个。改进后的液压变压器摩擦损失更小，启动转矩变小，流量与转矩的波动变小，噪声降低。

目前，国内对液压变压器的研究应该说处于起步阶段，已发表的有关液压变压器的论文正是这项研究的开端，但是还处于认识、吸收国外研究成果的阶段。

5.16.6　二次调节静液传动系统的前景

二次调节静液传动技术由于提供了能量回收和重新利用的可能性，它在许多领域都有应用前景，特别是对液压变压器的进一步研究，开辟了非变量液压执行元件在恒压网络上应用的途径，更加扩大了二次调节静液传动技术的使用范围。在能源日益紧张的今天对二次调节静液传动技术的深入研究具有重要的理论研究意义和实际应用价值。

5.17　电液比例变量泵控定量马达的特性分析

电液比例变量泵和定量马达组成的闭式液压控制系统，在变量泵广泛的输入转速范围内，具有对马达输出转速进行调节的能力。例如，把电液比例变量泵控定量马达系统作为柴油机和恒转速负载之间的动力传递纽带和调速机构，在车辆行驶过程中，通过调节电液比例变量泵来实现恒速输出。

当变量泵输入转速在较大范围（1000 ~ 2600r/min）变化时，要实现马达的恒速控制，主要需克服两种扰动：负载转矩扰动、变量泵输入转速扰动。

5.17.1　泵控马达组成

图 5-29 为变量泵控马达系统的组成原理图。变量泵从柴油机吸收功率，通过输出液压能，驱动定量马达恒转速输出。由于马达为定排量马达，所以马达输入流量直接对应马达输出速度。补油泵用于液压系统冷却、散热和补充泄漏等，并为变量机构提供恒定的控制压力。

柴油机转速或负载的变化均引起马达输出转速的波动。此时，电控单元根据

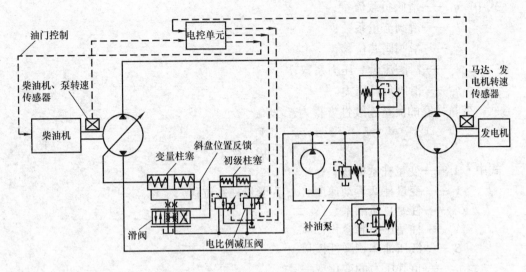

图 5-29　变量泵控马达系统的组成原理图

柴油机转速和马达输出转速的变化调整变量泵的控制信号，电液比例变量控制机构根据控制信号调节变量泵斜盘倾斜角度，来补偿上述变化，保持马达输出转速恒定。变量柱塞、滑阀和斜盘位置反馈组成了一个闭环位置控制系统。变量泵控系统的恒速控制模型主要由两部分组成：变量机构——阀控柱塞位置闭环控制模型；泵控马达模型。

5.17.2　变量泵控马达系统数学模型

（1）变量机构模型　变量机构由电比例减压阀、初级柱塞、滑阀、变量柱塞以及斜盘和斜盘位置反馈装置等组成。当一侧电比例减压阀的输出压力作用在初级柱塞上的作用力小于初级柱塞的弹簧力时，初级柱塞没有位移。因此，主泵处于液压零点，没有流量输出。增加控制信号，初级柱塞输出一个与输出压力成正比的位移，带动三位四通滑阀偏离中位，使变量柱塞的一侧接通回油，另一侧接通控制油压，推动斜盘偏转，主泵输出流量。因此，由电比例减压阀和初级柱塞组成的先导级，其本质上可以简化成一个比例环节。即有：

$$X_{v1} = k_i(I - I_{min}) \tag{5-13}$$

式中　X_{v1}——初级柱塞位移；

　　　k_i——先导级增益；

I、I_{min}——输入控制电流和起调电流。

滑阀的线性流量方程为

$$q_L = k_q x_v - k_c p_L \tag{5-14}$$

171

式中　q_L——滑阀负载流量；

　　　k_q——滑阀流量系数；

　　　x_v——滑阀阀芯位移；

　　　k_c——滑阀流量 – 压力系数；

　　　p_L——滑阀负载压力。

变量柱塞的流量连续性方程为

$$q_L = A_p \dot{x}_p + \frac{V_t}{4\beta_e} \dot{p}_L + C_{tp} p_L \tag{5-15}$$

式中　A_p——变量柱塞面积；

　　　$\dot{x}_p$——变量柱塞运动速度（x_p 为变量柱塞位移）；

　　　C_{tp}——柱塞总泄漏系数；

　　　V_t——柱塞压缩腔容积；

　　　β_e——液压油体积弹性模量；

　　　$\dot{p}_L$——负载压力的变化率。

变量柱塞输出压力和负载压力平衡方程为

$$p_L A_p = m_t \ddot{x}_p + B_p \dot{x}_p + K x_p + F_L \tag{5-16}$$

式中　m_t——斜盘质量；

　　　B_p——柱塞阻尼系数；

　　　K——复位弹簧刚度；

　　　F_L——柱塞负载。

考虑到斜盘位置反馈，有：

$$X_v = X_{v1} - k_f x_p \tag{5-17}$$

式中　k_f——斜盘位置反馈系数。

（2）泵控马达系统建模　泵输出流量方程为

$$q_{fp} = k_{qp} x_p \omega_p \tag{5-18}$$

式中　q_{fp}——泵输出流量；

　　　k_{qp}——泵排量梯度；

　　　ω_p——泵输入角速度。

考虑到变量泵的内、外泄漏和高压腔因压力变化而引起的容积变化，则泵的流量连续性微分方程可以表示为

$$q_{fp} = V_m \omega_m + \frac{V_1}{\beta_e} \dot{p}_1 + c_1 p_1 \tag{5-19}$$

式中　V_m——马达排量；

　　　ω_m——马达角速度；

　　　c_1——泵和马达的总泄漏系数；

　　　V_1——高压腔容积（变量泵油液出口处容积、油管容积和马达油液入口处容积之和）；

　　　p_1——泵输出压力。

马达力矩平衡方程为

$$p_1 V_m = J_m \frac{d\omega_m}{dt} + B_m \omega_m + T_L \tag{5-20}$$

式中　J_m——马达及负载惯量；

B_m——马达阻尼系数；

T_L——马达输出转矩。

（3）斜盘受力分析　斜盘的受力情况比较复杂，其负载力矩是变量泵研究中的一个重要部分。从轴向柱塞变量泵的结构分析可知，斜盘受力矩主要分成 3 个部分：①高压油通过柱塞对斜盘有一个使斜盘倾角变小的力矩；②柱塞与滑靴绕主轴旋转时的离心力矩；③变量柱塞的复位弹簧对斜盘的弹簧力矩，此力矩总是阻碍斜盘的运动。斜盘负载力矩 T 可近似表示为

$$T = 1.28 \times 10^{-5} p_1 - 4.91\alpha \tag{5-21}$$

$$T = F_L R \tag{5-22}$$

式中　α——斜盘倾角；

R——变量柱塞的作用半径。

5.17.3　变量泵控马达系统仿真

对式（5-13）~式（5-22）进行拉普拉斯变换，并考虑到斜盘的负载力矩，用 MATLAB/Simulink 建立变量机构模型，如图 5-30 所示。

变量机构的响应时间直接关系整个系统的调速响应速度，在此利用该模型分析了从零排量到指定排量的响应时间。同时，在变量泵输入转速为 1600r/min、输出压力为 21MPa 的情况下，测

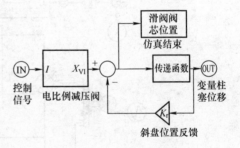

图 5-30　变量机构模型

试了变量机构的响应时间。仿真结果和试验对比如图 5-31 所示。

定义变量泵的实际输出排量与最大排量之比为最大排量比，通过对比结果分析可以得知，最大排量比上升时，复位弹簧的复位转矩增大，变量调节速度下降，其最大排量调节时间最快在 0.5s 以上，仿真和试验结果一致。

变量泵控马达系统的 AMESim 模型如图 5-32 所示。

实际工作状态中，柴油机转速处于不断的波动中。以一个正弦波为变量泵输入转速，基于 AMESim 模型进行了相关的仿真计算。利用 PID 算法作为控制算法。该正弦波的频率为 1Hz，幅值为 ±50r/min，平均值为 1500r/min。仿真结果如图 5-33 所示。可以看出，在 4.2s 后，马达的输出转速即达到设定转速，稳态

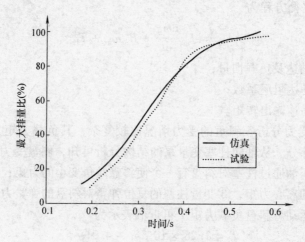

图 5-31　变量机构调节时间

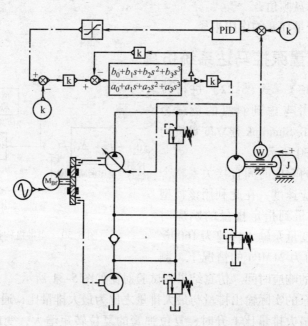

图 5-32　变量泵控马达系统的 AMESim 模型

的波动率为 0.33%，瞬态调整率为 6.5%。

　　在斯太尔 1192 汽车上，利用发电机作为恒转速负载，进行了相关试验。发电机额定转速为 1500r/min。对发电机突加/突减 16kW 负载，监测马达转速的变化。试验曲线如图 5-34 所示。可以看出，加载/减载的过程中，马达转速在 3s 内恢复到设定值，稳态的波动率为 0.29%，瞬态调整率为 6.0%。

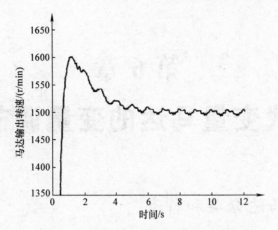

图 5-33　正弦波动转速扰动下的马达输出转速

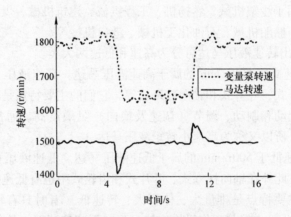

图 5-34　实车加载/减载试验曲线

第6章

柱塞式变量马达的变量调节原理

6.1 液压马达分类和特点

液压马达按不同的分类方法有高速和低速、定量和变量之分,如图6-1所示。其主要应用于注塑机械、卷扬机、工程机械、建筑机械、煤矿机械、矿山机械、冶金机械、船舶机械、石油化工机械、港口机械等。

1）其按输出转速液压马达可分为高速和低速两大类。

① 输出转速高于500r/min 的属于高速液压马达。高速液压马达的基本形式有齿轮式、螺杆式、叶片式和轴向柱塞式等。它们的主要特点是转速较高、转动惯量小、便于起动和制动、调节（调速及换向）灵敏度高。通常高速液压马达输出转矩不大，所以又称为高速小转矩液压马达。

② 输出转速低于500r/min 的属于低速液压马达。低速液压马达的基本形式是径向柱塞式，此外在轴向柱塞式、叶片式和齿轮式中也有低速的结构形式，低速液压马达的主要特点是排量大、体积大、转速低（有时只有每分钟几转甚至零点几转）、因此可直接与工作机构连接，不需要减速装置，使传动机构大为简化。通常低速液压马达输出转矩较大，所以又称为低速大转矩液压马达。

2）按结构类型分为齿轮式、螺杆式、叶片式、柱塞式等。

① 轴向柱塞马达通常是高速液压马达，主要有斜盘式和斜轴式两种类型，其主要特点是：转速较高、转动惯量小，便于起动和制动，调速和换向的灵敏度高，输出转矩不大。轴向柱塞泵除阀式配流外，其他形式原则上都可以作为液压马达用，即轴向柱塞泵和轴向柱塞马达是可逆的。

② 径向柱塞式液压马达多为低速大转矩液压马达，主要类型有内曲线式、曲轴连杆式和静力平衡式。优点：工作可靠，输出转矩大，承受压力高。缺点：结构复杂、制造难度和成本较大。

轴向柱塞马达多用作变量马达，通过改变斜盘倾角，不仅影响马达转矩，而且影响它的转速和转向，斜盘倾角越大，产生的转矩越大，转速越低。采用变量马达，可以达到功率匹配、节能降耗的目的。

176

液压马达输出的转矩，取决于马达的排量和压差。液压马达的输出功率正比于马达转速，在需要高功率输出的场合，适宜选用高速马达（轴向柱塞马达属于高速马达）。液压马达作变量马达用时，可通过改变马达斜盘倾角，改变马达的转矩，同时也改变它的转速和转向。斜盘倾角越大，产生的转矩越大，转速越低。

液压马达是用来拖动外负载做功的，只有当外负载转矩存在时，从液压泵进入液压马达的压力油才能建立相应的压力值，所以液压马达的转矩随外负载转矩而变化。

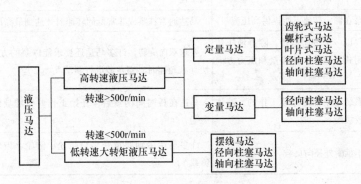

图 6-1　液压马达的分类

6.2　液压马达与液压泵的比较

液压马达与液压泵都是旋转式运动装置，它们依靠密封工作容积变化及液体的压力能来传递能量，液压马达输入液压能输出机械能，液压泵则相反。液压马达是执行元件，液压泵是动力元件。

通常认为，液压马达只不过是泵进行反向能量转换而已，但这只是一种粗浅的理解，实际上，泵和马达在工作要求上有许多不同之处。因此在某些应用场合作为泵的设计却很难当马达使用；许多马达的内部结构都与相应类型的泵有不同的特征。事实上，有些马达根本没有泵中相应的零件。液压泵和液压马达的主要区别见表 6-1。

考虑到压力平衡、间隙密封的自动补偿等因素，液压泵吸、排油腔的结构多是不对称的，只能单方向旋转。液压马达则应能够正、反转，因而要求其内部结构对称；液压马达的转速范围需要足够大，特别对它的最低稳定转速有一定的要求。因此，它通常都采用滚动轴承或静压滑动轴承；其次，液压马达由于在输入压力油条件下工作，因而不必具备自吸能力，但需要一定的初始密封性，才能提供必要的起动转矩。由于存在着这些差别，使得液压马达和液压泵在结构上虽然相似，但不能互逆工作。

考虑到径向柱塞式液压马达多为低速大转矩定量马达，以下内容仅对轴向柱塞式变量马达的变量方式进行讨论。

表6-1 液压泵与液压马达的主要区别

液压泵	液压马达
液压泵提供压力和流量，强调容积效率	液压马达产生转矩，强调机械效率
泵通常在相对恒定的高转速下运转	液压马达的转速范围很宽，可以在很低的转速下较长时间工作
通常希望泵在额定转速下能提供高压流量	马达通常在零或非常低的转速时才达到最高压力
泵轴通常仅以一个方向运转，除静液压传动装置中的闭式泵之外，其流量和压力方向保持不变	要求双向旋转，许多马达还要求能以泵的方式工作，以便（在超速时）对负载进行制动
在大多数系统中泵都是连续工作的，液体温度变化比较缓慢	马达在长时间闲置后，开始工作时可能要经受温度的突变
泵传动轴不承受外径向负载	许多马达主轴要承受来自带轮、链轮、齿轮等的径向负载

6.3 HD 型液压控制（与控制压力有关）

这是 A6VM 型轴向柱塞液压马达的一种与液控先导压力相关的液压控制方式，马达的排量随液控先导压力信号无级变化，主要适用于行走的或固定的机械设备。

图6-2 所示为 HD 液压调节工作原理图，液压马达起始排量为最大排量，液压马达的排量随着 X 口先导控制压力的变化可在最大和最小之间无级变化，改变先导压力的大小就可实现马达排量的控制。其原理为：当向液压马达的 A、B 工作油口的任一油口提供压力油时，压力油都能通过单向阀 2 或 3 进入变量缸 7 的有杆腔，变量缸 7 有杆腔常通高压。当 X 口先导控制压力升高，先导控制压力油作用在先导压力控制伺服阀 1 的阀芯上的力将克服调压弹簧 4 和反馈弹簧 5 的合力，推动先导压力控制伺服阀阀芯向右移动，当先导控制压力升高至液压马达变量起始压力时，伺服阀 1 将处于中位（图6-1 中未画出，6.3 节后同）。如果先导控制压力继续升高，伺服阀芯将进一步右移，伺服阀 1 处于左位机能，液压马达工作压力油经伺服阀 1 进入变量缸 7 无杆腔。由于变量缸 7 活塞两端面积不相等，当两端都受压力油作用时，变量缸 7 活塞将向左运动，固定在变量缸 7 活塞上的反馈杆 6 将带动配流盘及缸体摆动，使缸体与主轴之间的夹角减小，从

而使液压马达排量减小。同时，反馈杆 6 压缩反馈弹簧 5，迫使伺服阀 1 的阀芯向左移动，直到伺服阀 1 回到中位，变量缸 7 无杆腔的油道被封闭，液压马达停止变量将处于一个与先导控制压力相对应的排量位置。HD 控制原理属于位移 – 力反馈原理，利用变量活塞的位移，通过弹簧反馈使控制阀芯在力平衡条件下关闭阀口，从而使变量活塞定位。

当 X 口的控制压力降低，伺服阀芯上的力平衡被打破，弹簧力大于液压力，伺服阀 1 将由中位机能变为右位机能，变量缸 7 无杆腔变为低压，在有杆腔压力油的作用下，变量缸 7 活塞将向右运动，固定在变量缸 7 活塞上的反馈杆 6 将带动配流盘及缸体摆动，使缸体与主轴之间的夹角增大，从而使液压马达排量增大。同时，由于反馈杆 6 随变量活塞向右移动，反馈弹簧 5 压缩量将减小，反馈弹簧作用在伺服阀 1 阀芯上的力将减小，伺服阀芯向右移动直到伺服阀 1 处于中位，变量缸 7 大腔的油道被封闭，液压马达停止变量。综上所述，当先导控制压力在变量起始压力和变量终止压力之间变化时，液压马达排量将在最大和最小之间相应变化。

作为液压马达来讲，排量减小时转速升高，压力增高。这个特性和泵正好相反。

液控变量马达外面不像 HA 控制那样加有单向节流阀，因为马达内部有这样的节流孔（图6-2 中未画出）。将液控变量马达用于起重机，若起升速度不够，可将液控变量控制的油管取掉（马达处于大排量），看速度有没有变化，若有变化，则问题出在控制油路，另一个原因

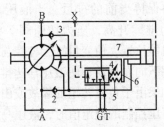

图 6-2　HD 液压调节工作原理图
1—伺服阀　2、3—单向阀　4—调压弹簧
5—反馈弹簧　6—反馈杆　7—变量缸

或者是压力切断值调得太小。若重钩吊不动，压力足够的话，则可能的原因是马达排量偏小，或者马达压力切断值调得太高。压力切断值调得太小，会引起起升速度不够；调得太大，则会出现重钩吊不动的问题。

马达达到压力切断值时，马达的排量会摆到最大值这句话不准确。假设马达的最小排量为 100mL/r，最大排量为 150mL/r，重物的重力产生的转矩 = 马达排量 × 工作压力 = 1200MPa·mL/r，在最小排量 100mL/r 时，工作压力可达 12MPa；在最大排量 150mL/r 时，工作压力则等于 8MPa。若用 HD1D 变量马达，马达切断压力值设定为 10MPa，在这种情况下，马达排量处于多少？工作压力为多少？显然在达到压力切断值时（亦即工作压力），马达排量并没有到最大值，仅为 120mL/r。

6.4 HD1D 型液压控制＋恒压变量调节

HD1D 型变量调节是在 HD 型控制基础上增加了一台压力切断阀 7 而成的，如图 6-3 所示。当液压马达工作压力低于切断压力设定值时，压力切断阀 7 处于左位机能，此时压力切断阀 7 仅相当于是伺服阀 1 与变量缸 5 大腔之间的一段油液通道，液压马达完全受先导压力的控制。当液压马达工作压力升高，达到切断压力设定值时，压力切断阀 7 将处于中位（图 6-3 中未画出）机能位置，此时，变量缸无杆腔油路被封闭，液压马达将保持当前的排量。当液压马达工作压力继续升高，压力切断阀 7 将处于

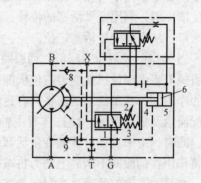

图 6-3　HD1D 液压控制职能原理图
1—伺服阀　2—调压弹簧　3—反馈弹簧
4—反馈杆　5—变量缸　6—变量缸活塞
7—压力切断阀　8、9—单向阀

右位机能位置，使变量缸无杆腔与低压油路接通，变量缸活塞 6 将在小腔压力油的作用下向右移动，使液压马达排量增大。

如果由于负载转矩的缘故或由于液压马达倾角减小而造成系统压力升高，在达到恒压控制的设定值时，液压马达摆向较大的倾角。由于增大排量导致压力减小，控制器偏差消失。随着排量的增加，液压马达产生较大的转矩，而压力保持常值，此值的大小可通过改变压力控制阀 1 上弹簧的预压缩值确定。

液压马达的输出转矩是根据负载的需要而决定的，即对于一个确定的负载来说，所需的马达转矩也是确定的，而液压马达输出转矩是其排量与进出口压差的乘积，在液压马达工作压力高于切断压力设定值的情况下，压力切断阀 7 一直处于右位机能，液压马达排量持续增大，直到液压马达工作压力下降到与切断压力设定值相等，压力切断阀 7 回到中位机能位置，液压马达停止变量。当外部负载减小时，液压马达的控制过程与上述过程相反，这里不再赘述。总之，液压马达的压力切断控制功能就是根据外部负载的变化自动改变液压马达排量，从而使液压马达的工作压力保持在设定范围之内。

先导压力控制与压力切断控制之间的关系是：先导压力控制和压力切断控制不能同时对液压马达起控制作用，在液压马达工作压力低于切断压力设定值时，液压马达将完全由先导压力来控制；当液压马达工作压力达到切断压力设定值后，液压马达将由压力切断控制阀自动控制。

这种具有压力切断功能的先导压力控制变量柱塞液压马达，将人工控制和自

动控制有机地结合起来，克服了传统变量液压马达单一控制方式的缺点，提升了
主机系统的操控性能和安全性能，从而提高了工作效率。

6.5　HA 型高压自动变量调节

在与高压有关的自动控制中（见图 6-4），排量的设定值随工作压力的变化
而自动改变。此种变量方式，当 A 或 B 口的内部工作压力一旦达到控制阀调压
弹簧的设定压力值时，液压马达的排量由最小排量 V_{gmin} 向最大排量 V_{gmax} 转变，
此种控制方式应用最广。控制起点在最小排量 V_{gmin}（最小转矩，最高转速），控
制终点在最大排量 V_{gmax}（最大转矩，最低转速）。

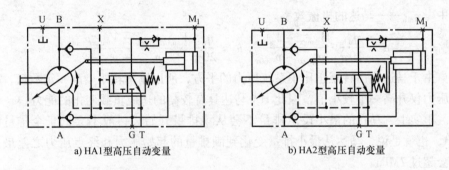

a) HA1 型高压自动变量　　　　　　b) HA2 型高压自动变量

图 6-4　高压自动变量控制职能原理图

A6VMHA 有两种控制方式供选用，无压力增量 HA1 型和压力增量 Δp 为
10MPa 的 HA2 型。

无压力增量可以看成是恒压控制，在最小排量和最大排量时的压力增量
≤1MPa，由图 6-5a 可知，其特性曲线可近似为水平线。压力增量 Δp 为 10MPa
的 HA2 型的特性曲线如图 6-5b 所示，控制过程随压力增加排量也增加，即压力
从控制起点 p_1（排量为 V_{gmin}）增加到 $p_1 + 10\text{MPa}$ 时，其排量为 V_{gmax}。比如从
V_{gmin}（倾盘倾角为 7°）变至 V_{gmax}（倾盘倾角为 25°）时，压力升高 10MPa。

有两种标准结构：控制起点在 V_{gmax}（最小转矩，最高转速）和控制起点在
V_{gmin}（最大转矩，最低转速），控制起点的控制压力在 8～35MPa 之间可调。

假设马达的回油压力为零，由图 6-5 所示的曲线可知：

$$V = kp + c \tag{6-1}$$

$$k = \frac{V_{smax} - V_{smin}}{p_{smax} - p_{smin}} \tag{6-2}$$

式中　V——马达的实时排量（mL/r）；

　　　p——马达的实时压力（MPa）；

V_{smin}、V_{smax}——设定模式下马达排量的最小值和最大值（mL/r）；

p_{smin}、p_{smax}——设定模式下马达排量变化的起调压力和终点压力（MPa）；

c——常数。

将起调点的排量值和压力（V_{smin}、p_{smin}）代入可得

$$V = \frac{V_{\text{smax}} - V_{\text{smin}}}{p_{\text{smax}} - p_{\text{smin}}} p + \frac{V_{\text{smin}} p_{\text{smax}} - V_{\text{smax}} p_{\text{smin}}}{p_{\text{smax}} - p_{\text{smin}}} \qquad (6\text{-}3)$$

因此得到 HA 马达的输出转矩为

$$T = \frac{V p \eta_{\text{mh}}}{20\pi} = \frac{\eta_{\text{mh}}}{20\pi} \left(\frac{V_{\text{smax}} - V_{\text{smin}}}{p_{\text{smax}} - p_{\text{smin}}} p^2 + \frac{V_{\text{smin}} p_{\text{smax}} - V_{\text{smax}} p_{\text{smin}}}{p_{\text{smax}} - p_{\text{smin}}} p \right)$$

$$= ap^2 + bp \qquad (6\text{-}4)$$

式中 η_{mh}——马达的机械效率。

$$a = \frac{\eta_{\text{mh}}}{20\pi} \cdot \frac{V_{\text{smax}} - V_{\text{smin}}}{p_{\text{smax}} - p_{\text{smin}}}, \quad b = \frac{\eta_{\text{mh}}}{20\pi} \frac{V_{\text{smin}} p_{\text{smax}} - V_{\text{smax}} p_{\text{smin}}}{p_{\text{smax}} - p_{\text{smin}}}$$

由于马达输出转矩正比于系统压力的平方，所以输出转矩增高一定数值，系统压力仅升高一个较小值，因此 HA 马达具有较高的适应负载变化的能力。

事实上，马达的最小设定排量不会从零排量开始，一般不会低于全排量的0.3，也就是说，马达从最小排量变化到满排量的起始压力和终点压力之差最多不会超过 7MPa。

HA 马达的起点压力范围为 8～35MPa，终点压力为 18～40MPa，马达压力和排量的控制特性曲线可以在图 6-5 所示的任意两点之间建立一条斜率相同的控制曲线。这样一旦起点压力设定，终点压力也就被确定了。

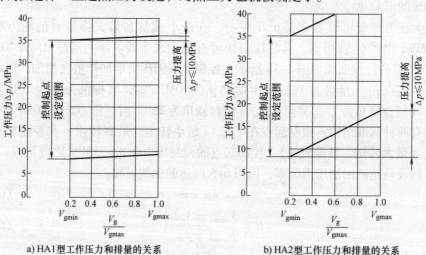

a) HA1型工作压力和排量的关系   b) HA2型工作压力和排量的关系

图 6-5   HA 高压自动变量特性曲线

普通的 HA 马达起点压力是由液压件供应商出厂前设定的，出厂后一般不允许变动，这就使得马达对具体工况的适应性变弱，一种改善的方法是使用 HA.T 马达来实现起点控制压力的实时可调。

HA.T 马达的调节原理是在 HA 马达的基础上增加了一个控制油口 X（即具有优先控制功能）。X 油口为外部先导压力辅助控制，外部先导压力 p_x 可以减小 HA 马达中起点控制压力 p_{min}，使 HA 马达的控制特性曲线向下平移。

p_x 和 p 以加权相加的方式形成最后的控制压力 p'，马达排量与 p 成线性关系。用公式可以表示为 $p' = p - kp_x$，k 一般为 13 或者 1.7，即 0.1MPa 的先导控制压力可以使起点控制压力降低 1.3MPa 或 1.7MPa。这种系统压力与外部先导压力复合控制的方式扩大了原 HA 马达的工作压力区间，从而弥补单一 HA 控制对特殊工况适应性差的缺点。

例如：变量机构起始变量压力设定值为 30MPa，先导压力（X 口）=0 时变量起点在 30MPa。先导压力（X 口）=1MPa 时变量起点（k 取 16）在 14MPa。（30MPa – 16 × 1MPa = 14MPa）

带有优先控制的 HA 的变量有 HA1 和 HA2 两种方式供选用：

HA1——在控制范围内，从控制起点到控制终点工作压力基本保持恒定，$\Delta p = 1$MPa。

HA2——在控制范围内，从控制起点到控制终点工作压力升高，$\Delta p = 10$MPa。

如果控制仅需达到最大排量，则允许先导压力为 5MPa。外控口 X 处的供油量约为 0.5L/min。

"起控点"就是变量机构换转时的压力，虽然叫点，实际上是个范围，比如 15.5 ~ 16.5MPa，低于这个压力是液压马达在最小排量下工作，实际工作中也就是 50% 负载以下的情况，负载变大压力增高时，滑阀（见图 6-4）右移而增加排量，使马达输出转矩与负载平衡，而不会使压力进一步增高，也就是恒压。

HA1 马达的特点：排量变大，转矩变大，若用于起重机则起升速度变慢；排量变小，转矩变小，起升速度变快。工作过程：控制压力升高→排量变大（起升速度变慢）→工作压力变低→排量变小（起升速度变快），这样会引起起升速度时快时慢，引起抖动。实际应用中，通过调节图 6-4 所示中的单向节流阀，可以改变马达的变量液压缸响应特性，改变马达变量液压缸的动态效果，可以避免抖动的发生。

HA1 马达抖动的解决方法有两种：①可以通过调整马达变量压力起调点来解决抖动问题，这只能解决某一个工况。第一次抖动，拧紧控制伺服阀的弹簧调整螺钉；下一次抖动，拧松，不要一直去拧紧，应交替进行。②通过调节单向节流阀来实现，改变阻尼，向内拧，增大阻尼。

HA2 升压变量方式：降低起升抖动，关键是应消除马达变量的波动，可通过调节单向节流阀将阻尼调小，解决抖动问题。

如果调试现场满配重，吊不动，原因：①测量主阀压力，若压力不够，则调整主阀溢流阀；②如果主阀压力达到了，则是马达排量偏小，马达没有变到最大排量，变量终点压力过高；③也可能是单向节流阀阻尼太小，堵住了。

液控变量方式与高压自动变量，排量变化的方向不一样。液控变量马达的排量是从最大排量 V_{gmax} 到最小排量 V_{gmin}。高压自动变量马达的排量是从最小排量 V_{gmin} 到最大排量 V_{gmax}。后面要提到的电控变量马达的排量是从最大排量 V_{gmax} 到最小排量 V_{gmin}。从 $V_{gmax} \rightarrow V_{gmin}$：排量变小、压力升高，有损坏泵和马达的危险，要求有压力切断。从 $V_{gmin} \rightarrow V_{gmax}$：排量变大、压力降低，对起重机来讲有二次下滑的危险。

优先顺序：马达变量作用是提高起升速度，压力切断作用是防止液压系统工作压力过高（损坏马达和泵），按常理应该是压力切断优先。HD 与 D 两种控制方式只有一种方式存在，D 优先；同样电控变量马达：EP 与 D 也只有一种方式存在，D 优先。

6.6　EP 型电液比例调节

电子控制使用比例电磁铁或者比例阀，根据电信号对排量进行连续的控制，被控制量正比于所施加的控制电流。

马达从最小排量变化到最大排量对应的压差 Δp 对系统的性能和效率有较大的影响，它决定着马达的输出特性。Δp 越小，系统越接近于恒压控制，若系统的流量保持稳定，马达是恒功率输出，那么发动机和液压泵也处于恒功率输出状态，能充分利用发动机的和液压系统的性能；Δp 越大，马达偏离恒功率输出的差值越大，对系统的效率有一定影响，因此从功率利用的角度希望 Δp 取一个较小的值。但是如果压差 Δp 过小，将使马达的刚性变差，一个小的压力波动就会引起排量的巨大变化，从而造成较大的速度波动，频繁的速度变化将对液压系统和整机的机械部件造成伤害。

基于以上分析，设想根据不同的工况设计不同的 Δp，一来可以满足具体工况需要，二来也可以充分利用发动机的功率。而要实现压差 Δp 的可变的功能，采用 EP 电比例控制马达是较为简便的方法。

控制职能原理如图 6-6 所示。根据电信号可以无级或者两点控制液压马达排量，其工作原理是向液压马达的 A、B 工作油口的任一口提供压力油时，压力油都能通过单向阀进入变量缸的有杆腔，即变量缸有杆腔常通高压。当比例电磁铁的电流增加时，电磁力作用在比例阀阀芯上，克服调压弹簧和反馈弹簧的合力，推动比例阀阀芯向右移动，比例阀处于左位机能，液压马达工作压力油经比例阀进入变量缸无杆腔。由于变量活塞两端面积不相等，当两端都受压力油作用时，变量活塞将向左运动，固定在变量活塞上的反馈杆将带动配流盘及缸体摆动，使缸体与主轴之间的夹角减小，从而使马达排量减小。同时，反馈杆将压缩反馈弹簧，反馈弹簧作用在比例阀阀芯上的力增大，迫使阀芯向左移动，直到与电磁力平衡，比例阀回到中位（图 6-7 中未画出），变量缸无杆腔的油道被封闭，液压马达停止变量。此时，液压马达将处于比例阀电流相对应的排量位置；当控制电流降低，比例阀芯上的力平衡被打破，弹簧力大于电磁力，比例阀将由中位机能变为右位机能，变量缸无杆腔变为低压，在有杆腔压力油的作用下，变量活塞将向右运动，固定在变量活塞上的反馈杆将带动配流盘及缸体摆动，使缸体与主轴之间的夹角增大，从而使液压马达排量增大。同时，由于反馈杆随变量活塞向右移动，反馈弹簧压缩量减小，反馈弹簧作用在比例阀阀芯上的力减小，比例阀芯向右移动直到比例阀处于中位，变量缸大腔的油道被封闭，液压马达停止变量。综上所述，当控制电流在变量起始压力和变量终止压力之间变化时，液压马达排量将在最大和最小之间相应变化。EP 型电液比例变量控制特性曲线如图 6-7 所示。

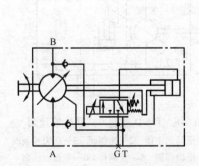 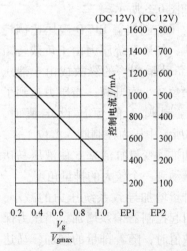

图 6-6　EP 型电液比例变量控制职能原理图　　图 6-7　EP 型电液比例变量控制特性曲线

　　A6VMEP 控制有两种标准结构，控制起点在 V_{gmax}（最大转矩、最低转速）和控制起点在 V_{gmin}（最小转矩、最高转速）。

　　如果仅要求变量液压马达作两点（双速）控制，则只要使电流通断即可得到这两个位置（对第二种标准结构在 V_{gmax} 断电，对第一种标准结构在 V_{gmin} 断电）。

由于所需的控制油取自于高压侧，因此工作压力至少超过供油压力1.5MPa（当怠速时）。假如工作压力小于1.5MPa，需要由一个外部的单向阀通过油口G加上至少高于供油压力1.5MPa的辅助压力。

电控液压马达与液控液压马达相比，增加了一台比例减压阀。液控变量马达的变量缸推力直接由控制压力油（0.6~1.9MPa）提供；电控液压马达控制压力油由比例减压阀提供。

电控变量马达经常遇到的问题是微开口微动时起升抖动和二次起升下滑。所谓微动即起升速度慢，理想情况应该是马达处于最大排量。当手柄在小开口、小电流时，要求马达不变量。解决二次起升下滑的办法是增大马达变量的起始点，方法有二种。方法一：手柄小开口时，马达变量电磁阀没有控制电流，可通过修改控制程序实现；方法二：增大马达变量起始点的控制压力，将压力提高，若原本变量控制压力为0.6~1.9MPa，可调整至1~1.9MPa。

电控变量马达的四个调整点：①最小排量限定螺钉；②最大排量限定螺钉；③压力切断；④马达变量起调点。可根据实际工况需要进行调节。

另有一种电控方式——EP.D液压比例控制，还具有恒压力控制功能，如图6-8所示。

恒压控制覆盖EP.D液压比例控制功能，如果系统压力由于负载转矩（例如负载瞬变）的缘故或由于液压马达摆角减小而升高，当压力达到了压力控制阀3的恒压设定值时，图6-8所示中压力控制阀3上位工作，压力油推动变量缸活塞6使液压马达开始摆动到一个较大的排量角度。

排量增加导致系统压力的减小，从而引起控制器偏差增加。当压力保持常数值时，随着排量的增加，马达的转矩也在增大。

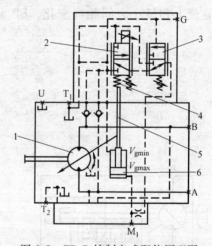

图6-8　EP.D控制方式职能原理图
1—变量马达主体　2—比例阀　3—压力控制阀
4—反馈弹簧　5—反馈杆　6—变量缸活塞

压力控制阀的设定范围：当排量在28~200mL/r时，为8~40MPa；当排量在250~1000mL/r时，为8~35MPa。

6.7　DA型转速液压调节

带速度相关液压控制的A6VM变量马达用来与带DA控制的A4VG变量泵相

结合用于静液压传动。由 A4VG 变量泵生成的与驱动转速相关的先导压力信号，和工作压力一起可用于调节液压马达的排量。泵转速的递增（提高原动机的转速 = 提高泵的转速 = 提高先导压力，即先导压力的递增）会导致马达摆向较小的排量（较低转矩、较高转速），具体取决于先导工作压力。如果工作压力超过控制器上设置的压力设定点，变量马达会摆动到更大的排量（较高转矩、较低转速）。

若按先导压力（轻载，要车跑得快，那就减小转矩，使转速增加），变量起点是在最大排量 V_{gmax} 处（到 V_{gmin}）；若按工作压力（重载，控制压力变小，那就转矩增加，转速减小），变量起点是在最小排量 V_{gmin} 处（到 V_{gmax}）。

加载油口 X_1 和 X_2 上的液控先导压力依靠行驶方向阀而定。泵的输入转速增高时，引起液控先导压力升高，同时也使工作压力升高。将 A4VG 变量泵确定的先导压力引到 X_1 或 X_2 油口，如图 6-9 所示。例如，X_1 接通，行驶方向阀 1 左位工作，先导液压油通过行驶方向阀 1 作用在图 6-9 中的伺服滑阀 2 阀芯左腔，克服弹簧力 + A 口工作压力的合力使伺服滑阀 2 左位工作，A 口的工作压力油推动变量活塞使马达向减小排量方向转变（转矩减小，转速增加）。假如工作压力继续升高，作用在伺服滑阀阀芯右腔的工作压力乘以面积 A_H（见图 6-10）所产生的作用力超过先导压力 p_{st} 乘以面积 A_{st}，伺服滑阀右位工作，变量马达控制柱塞大腔进油箱，则液压马达向增大排量方向转变（转矩增大，转速降低）。忽略掉伺服滑阀弹簧 k_c 所产生的弹性力，由于 A_H 面积与环形面积 A_{st} 的比保持定值为 3/100，因此先导压力 p_{st} 与高压 p_H 的比亦近似保持定值为 3/100（压力比 p_{st}/p_H 有三种：3/100、5/100、8/100）。即先导压力变化 0.3MPa（升或降）相应使工作压力升、降 10MPa。

设计带 DA 变量的驱动装置时，必须考虑 A4VDA 变量泵的技术数据。

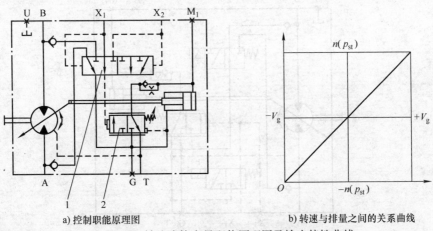

a) 控制职能原理图　　　　　　　　　b) 转速与排量之间的关系曲线

图 6-9　DA 转速液控变量职能原理图及输出特性曲线

1—行驶方向阀　2—伺服滑阀

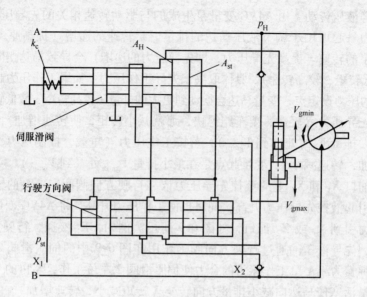

图 6-10　DA 控制的实际结构

在图 6-11 中，增加了开关电磁铁 a，接通行驶方向阀取决于旋转方向（行驶方向），行驶方向阀由压力弹簧或开关电磁铁 a 控制，顺时针旋转时，工作压力在 A 油口，此时开关电磁铁 a 通电。逆时针旋转时，工作压力在 B 口，此时开关电磁铁断开。通过在电磁铁 b 通电，可以对变量装置进行过载控制，使液压马达切换到最大排量（转矩增大，转速降低），我们把电磁铁 b 称为电气最大排量 V_{gmax} 开关。

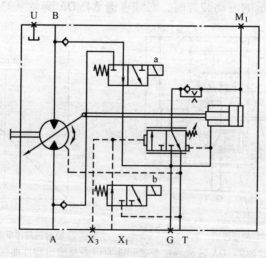

图 6-11　电气最大排量开关

需注意的是，控制初始值和 DA 特性受壳体压力的影响。壳体压力的增加会导致控制初始值的减少，从而实现控制特性曲线的平行移动。

DA 控制主要实现以下功能：①自动无级变速的车辆控制、怠速无排量、发动机升速（车提速）和爬坡自动降速；②自动功率匹配（高负载时自动降速）和合理的功率分配（行走与工作机构）；③极限载荷调节（最大载荷限制）；④人工功率分配；⑤其他如最佳油耗等。

6.8　MO 型转矩变量控制

转矩变量控制主要用来驱动绞车，产生恒定的牵引力，控制起点在 V_{gmin}（最小转矩，最高转速）。

这种变量控制方式通过改变液压马达的排量而得到恒定的转矩。如图 6-12 所示，工作原理是，若系统工作压力减小，那么作用在滑阀左腔的控制压力也减小，设置阻尼孔主要是为了防止工作压力变化太大时对伺服阀产生压力冲击，在控制滑阀弹簧的作用下，伺服阀右位工作，使得

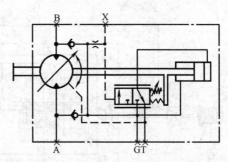

图 6-12　MO 型转矩变量控制职能原理图

变量缸无杆腔接通油箱，此时变量缸有杆腔在工作压力的作用下使液压马达排量增大，可以保持转矩不变。当工作压力增加时，压力油会克服弹簧力推动阀芯向右移动，伺服阀左位工作，使来自于 A 或 B 的压力油进入变量缸的无杆腔，推动变量机构向减小排量的方向变化，变量活塞杆连接的反馈杆压缩反馈弹簧形成力反馈，使工作压力和排量之间满足确定的关系，此时压力增加排量减小仍然保持输出转矩不变。恒转矩常用于绞车驱动上，其使绞车产生恒定的牵引力。如果卷筒上没有拉力，则液压马达在较低的压力下工作，从而先导压力也较低，液压马达排量增大，转速降低，绞车减速运转，直至达到绞车的拉力时保持拉力并停止运转。为限制液压马达的最高转速，在液压马达前面的回路中应设置流量阀或类似元件。作为转矩变量本身的先导控制压力，可采用一个溢流阀调节。X 口的最大供油量约为 5L/min，随先导压力与工作压力之间压差的降低，先导油液流量也减小。

6.9　带卷扬制动阀 MHB⋯E 的马达（单作用式）变量调节

在 HD1D 型液压控制 + 恒压变量控制的基础上，系统添加了制动阀（平衡阀）5，减压溢流阀6和梭阀7，在绞车起升阶段，马达 A 口是高压，B 口是低压，此时高压油通过梭阀7，插装式减压溢流阀6接通制动器制动液压缸，解除绞车制动，绞车带动重物起升，在这个过程当中，单作用滑阀式制动阀5的上位工作，不起制动作用。

出于安全考虑，起升卷扬驱动不允许使用控制起点为 V_{gmin}（标准用于 HA）的控制装置。这也是为了保证能使马达提供最大转矩，防止制动器3打开。马达转矩不够，往往会造成重物下滑。起升阶段液压回路原理图如图6-13所示。

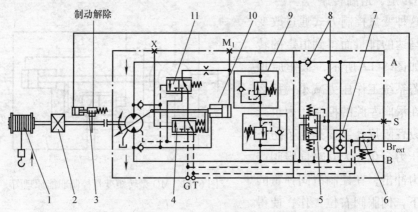

图6-13　带卷扬制动阀 MHB⋯E 的变量马达的起升阶段回路原理图
1—绞车　2—减速器　3—制动器　4—控制阀　5—制动阀
6—减压溢流阀　7—梭阀　8—单向阀　9—高压补油溢流阀　10—变量缸　11—压力切断阀

在绞车下降阶段，液压油反向，此时 B 口是高压，A 口为低压，同样，高压油通过梭阀7，减压溢流阀6接通制动器制动液压缸，解除绞车制动，绞车带动重物下降，但此时，高压油推动单作用滑阀式制动阀5的下位工作（制动阀开启的压力设定值是2MPa，完全开启是4MPa）。为了平衡重物的重力作用，在马达出口和制动阀之间形成了负载压力，起到了平衡和制动作用。制动阀原理与节流阀差不多，其利用内部阀口节流，从而控制流量大小。

实际上，根据力士乐的定义，制动阀和平衡阀属同一个概念（从力士乐 BVD 平衡阀的说明中已经体现），它是在马达带载运行时起动态平衡作用，相当于抵消了负载，而使得马达运行平稳，否则马达在负载的作用下将加速运转，造成马达超速。同时它又有液压锁的功能，能可靠锁住马达。下降阶段的液压回路原理图如图6-14所示。

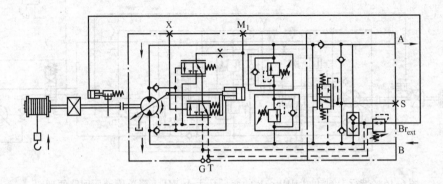

图 6-14　带卷扬制动阀 MHB…E 的变量马达下降阶段的液压回路原理图

6.10　带行走制动阀 MHB…R 的马达（双作用式）变量调节

如图 6-15 和图 6-16 所示。这里，只是将单作用的制动阀换成了双作用平衡阀，双向都可以起到平衡作用。但平衡阀在中位时，也就是泵在中位不输出流量时，这时由于重物的作用，马达工作于泵的模式，如图 6-16 所示，马达 A 口至平衡阀之间的压力会升高，由于马达的内泄漏，马达会产生 2r/min 的低速转动，使重物缓慢下降，此时 B 口被吸空，这时制动应该自动起动，制动绞车使重物停止下降。

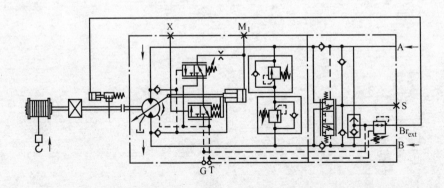

图 6-15　带行走制动阀 MHB…R 的变量马达 A6VM 起升回路

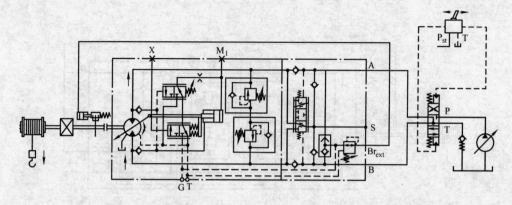

图 6-16　带行走制动阀 MHB···R 的变量马达 A6VM 下降阶段液压回路原理图

第7章

径向柱塞式变量泵的变量调节原理

7.1 径向柱塞式变量泵的种类

根据柱塞的布置方式,柱塞泵可以分为轴向柱塞泵和径向柱塞泵,顾名思义,轴向柱塞泵即是柱塞平行于传动轴布置的柱塞泵,而径向柱塞泵是柱塞垂直于传动轴布置(即沿径向布置)的柱塞泵。它们都具有柱塞泵的特点,又因为结构的不同而在性能上有所区别。

目前常见的径向柱塞泵,按传动系统的结构形式不同,可以分为:缸转式、曲轴连杆式和多边形传动式三类。

按配流系统结构可以分为:轴配流式和单向阀配流式。

其共同特点是柱塞沿垂直于传动轴的径向平面呈辐射状分布,并且在传动环节中设置一定的偏心量,通过转动中心与几何中心的偏心,将传动轴的转动转化为柱塞的径向往复运动,通过一定的配流结构,使液压油在柱塞泵的驱动下定向流动。

径向柱塞泵同单作用叶片泵一样也是通过改变转子与定子间的偏心距 e 来改变泵的几何参数——排量,从而实现变量的,径向柱塞泵的偏心距 e 与泵的排量 V 是一一对应的。

本章将主要以 Moog 公司生产的 RKP – Ⅱ 径向柱塞泵为例,来讨论其变量调节原理。

新一代的 RKP – Ⅱ 泵具有更低的噪声等级,而且泵上装有滑阀型定子,使吸油过程得到改良,吸油量增加,能有效地防止气穴现象。RKP – Ⅱ 泵拥有高可靠性,低噪声和耐用性,快速响应,紧凑的标准化设计更易于应用,良好的吸油特性和低压力脉动。液压油为矿物油时,中压为 28MPa,高压为 35MPa。

7.1.1 RKP – Ⅱ泵的结构组成和工作原理

带压力补偿的 RKP – Ⅱ 泵的结构组成和工作原理如图 7-1 所示。驱动轴 1 通过十字联轴器 2 将驱动转矩传递到星形缸体转子 3,使转子不受其他的横向作用力。转子静压支撑在配流轴4上。位于转子上径向布置的柱塞5，通过静压平衡的滑靴6紧贴着偏心定子7。柱塞和滑靴球铰连接，并通过卡簧锁定。滑靴通过两个定位环8卡在定子上。泵转动时，柱塞和滑靴依靠离心力和液压力压在定子内表面上。当转子转动时，由于定子的偏心作用，柱塞将产生往复运动，它的行程为定子偏心距的2倍。定子的偏心距可由泵体上的径向位置相对的两个柱塞（9、10）和压力补偿器11来调节。油液通过泵体油口进出泵，并通过配流轴上的流道进出柱塞腔。支承驱动轴的轴承在内部只起支承作用，只受外力的作用。补偿器的设置确定了泵的压力，它通过调节泵的流量在零到满流之间变化来维持预先设置的压力。

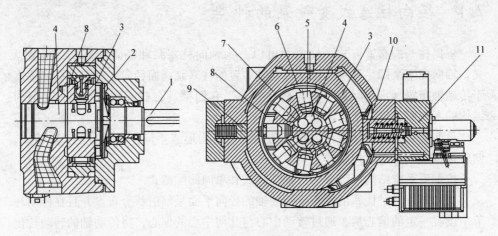

图7-1　RKP‒Ⅱ型径向柱塞泵结构组成和工作原理
1—驱动轴　2—十字联轴器　3—转子　4—配流轴　5、9、10—柱塞　6—滑靴
7—偏心定子　8—定位环　11—压力补偿器

7.1.2　变量调节器（补偿器）选项

该系列泵提供了丰富的调节器选项，以便尽可能地满足不同的需要。表7-1列出了各选项和其简单说明。

表7-1　RKP‒Ⅱ型径向柱塞泵控制选项

序号	调节器选项，型号代码	描述/特性/应用
1	可调整式压力调节器，型号为F	适合于常压系统，可设定常压值
2	远程压力调节器，型号为H1	适合于需要远程调控压力的常压系统
3	带系泊控制的压力调节器，型号为H2	适合于需要通过系泊控制设定不同压力值的常压系统

（续）

序号	调节器选项，型号代码	描述/特性/应用
4	压力和流量组合式调节器，型号为 J	适合流量变化，压力对负载敏感的变量系统
5	带 P→T 切口控制的压力和流量组合式调节器，型号为 R	压力和流量组合式补偿，而且主动减小动态控制过程中的压力峰值
6	机械式行程调节，型号为 B	适合手工调节的定排量系统
7	伺服控制，型号为 C1	适合通过手柄或伺服调节排量的系统
8	恒功率控制（力对比系统）型号为 S1	载荷增加时自动减小排量，从而防止电动机超负荷工作
9	带远程压力和流量控制的恒功率控制型号为 S2	具有 8 所描述的功能外还可以调整压力和流量的最大值
10	内含数字线路板电液可调整调节器型号为 D	适合于流量变化且/或者有压力限制的变量系统

7.2 F 型调节器的工作原理

F 型调节器属于外反馈限压式调节原理，变量控制原理如图 7-2 所示，其控制原理与外反馈限压式变量叶片泵的控制原理相同，当系统压力没有达到压力阀设定的压力值时，压力阀弹簧位工作，泵大腔控制活塞 1 推动定子移动使排量最大，当系统压力超过压力阀设定压力时，压力阀下位工作，控制活塞 1 大腔的油液流回油箱，泵在小腔控制活塞 2 压力油的作用下柱塞推动定子使泵输出到最小排量，通过调节压力阀的调整螺钉可以实现在一定范围的恒压力控制。

外反馈限压式变量径向柱塞泵需配置安全阀，安全阀的最大设定压力一般应该等于泵的设定压力 +3MPa。图 7-2a 中"零行程调整"指的是通过垫片厚度来调节控制活塞 1 大腔内弹簧的压缩量，使得系统工作在设定压力时保证泵零行程输出。

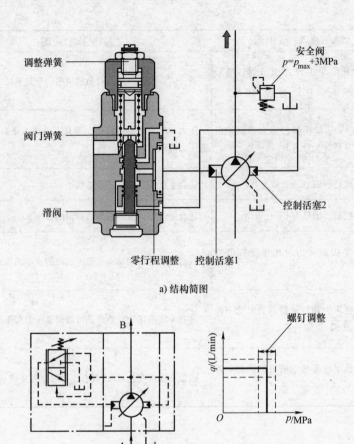

a) 结构简图

b) 调节原理　　　　　c) 特性曲线

图 7-2　F 型调节器调节原理

7.3　H1 型远程压力调节补偿器

如图 7-3 所示，通过把压力阀阀芯钻孔贯通并在其端部设置固定阻尼，并与外控先导溢流阀一起组成 B 型半桥，即可用来控制压力阀弹簧腔的压力，使泵输出的压力实现遥控，控制原理同德国 Rexroth A10VO 开式轴向变量柱塞泵的 DG 控制。先导压力溢流阀可以是手动调节，也可以是比例调节，其流量范围一般要求流量 $q = (0.5 \sim 1.5)\,\mathrm{L/min}$。此时压力阀的调整钉栓已经由厂家出厂设定好，不要再试图改变，压力阀内的调整弹簧也被换成一个软弹簧。同样，系统需设置安全阀，安全阀的最大设定压力一般应该等于泵的设定压力 +3MPa。

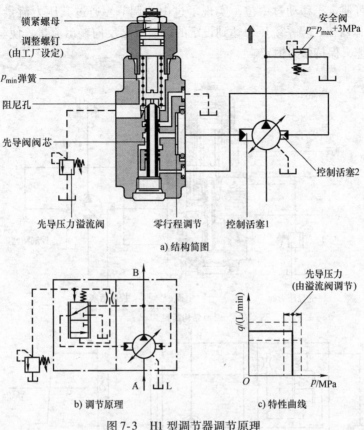

锁紧螺母

调整螺钉
(由工厂设定)

p_{min}弹簧

阻尼孔

先导阀阀芯

安全阀
$p=p_{max}+3MPa$

控制活塞2

先导压力溢流阀　　零行程调节　　控制活塞1

a) 结构简图

B

A　　L

b) 调节原理

先导压力
(由溢流阀调节)

$q/(L/min)$

O　　　　　　P/MPa

c) 特性曲线

图 7-3　H1 型调节器调节原理

7.4　H2 型带系泊控制的远程压力调节补偿器

压力控制也可作为系泊控制提供，系泊控制由压力补偿器和插入至泵体之间的一块中板构成，中板的厚度对应于轴套的偏心，调节原理如图 7-4a、b 所示，单向调节原理同 H1 型。

在船舶、海洋石油领域的系泊绞车、移船绞车上，通常采用了一种远程遥控压力限制回路（RVPL）实现恒张力控制功能。在恒张力系泊绞车以设定的速度收缆过程中，当绞车钢丝绳张力增加到 RVPL 系统设定点时，液压泵的排量将自动减小以维持设定压力；如果这时张力继续增加，RVPL 系统将控制泵越过中点，绞车自动放缆以维持张力的恒定。RVPL 系统就是通过上述带有系泊控制的变量泵拖动定量马达来实现的。

中板的厚度等于定子的偏心，这样设置中板厚度的目的，主要是使泵能够实现对称的双向变量。由图 7-4a 可知，中板加在了补偿器和泵的大变量控制活塞中间，其可使定子移动过中位，实现了过中位调节。通过其压力流量特性曲线图 7-4c 可以看出，当系统压力达到设定的值后泵会反向输出流量，使马达反转，使绞车放缆，保持张力恒定。

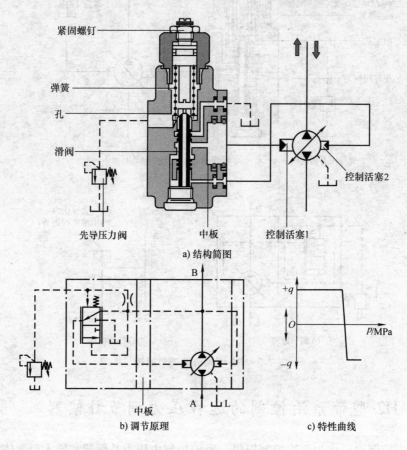

a) 结构简图

b) 调节原理   c) 特性曲线

图 7-4   H2 型调节器调节原理

7.5   J1 型压力和流量联合补偿器（负载敏感型）

负载敏感控制机构主要由泵出口节流阀、先导压力阀和二级公用阀构成。节流阀和二级公用阀完成恒流调节过程；先导压力阀和二级公用阀完成恒压调节过程。此种结构由于采用了公用的二级阀，因此结构简单，调节方便，实现较为容易。

二级公用阀阀芯上腔接节流阀出口，下腔接节流阀入口（即泵出口），与节流阀一起构成一个特殊的溢流节流阀。在负载压力 p_L 小于先导压力阀设定值 p_y

时，先导压力阀不工作。此时负载压力 p_L 的任何变动必将使通过节流阀的流量发生变化，导致节流阀的前后压差 $\Delta p = p_p - p_L$ 发生变化，从而打破了二级公用阀阀芯的平衡条件，使阀芯产生相应的动作，进而使定子的位置发生一定的变化，使泵的输出流量稳定在变化之前的流量，因此进入系统的流量不受负载的影响，只由节流阀的开口面积来决定。泵的出口压力 p_p 追随负载压力 p_L 变化，两者相差一个不大的常数 Δp，所以它是一个压力适应的动力源。

当负载压力达到先导压力阀的调定压力 p_y 时，先导压力阀开启，液阻 R 后关联两个可变液阻——先导阀的阀口和二级公用阀阀口，液阻 R 上的压差进一步加大，因此二级公用阀芯迅速上移，使定子向偏心减小的方向运动，使输出流量迅速降低，维持负载压力近似为一定值，在此过程中由于先导阀的定压作用，流量检测已不起控制作用。

图 7-5 中节流阀可以是手动的也可以是电比例调节的。压力先导阀可以是手

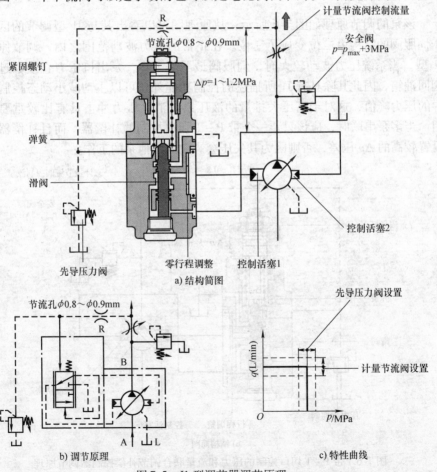

图 7-5　J1 型调节器调节原理

动的也可以是电控比例压力阀，要求其流量范围为 0.5 ~ 1.5L/min。

图 7-5 中，阻尼孔的直径为 $\phi0.8 ~ \phi0.9$mm，泵出口安全阀的设定压力为 $p = p_{max} + 3$MPa，节流阀的压差设定值为 1.2MPa，同样，这样的设定值实际上就是能使变量泵起调的最低压力值，随着泵排量的增加此压差值也会随着增加。通常这个值在出厂时已经调整好了，所以在实际使用中不要再调整图中流量阀弹簧的压力设定值。

调整图 7-5 中节流阀的开度，可以使泵的压力 – 流量曲线上下移动，注意此种流量控制方式的流量控制精度并不高。调整远程压力阀的设定值，可以使泵输出的最高压力左右移动。实际工作时泵会输出负载所需的流量和负载所需的压力再加上 1.2MPa 的节流阀压差。

7.6　带 P – T 切口控制的压力和流量联合调节补偿控制器

该泵的调节原理如图 7-6 所示，从原理图可以看出其与 J1 型调节的区别在于伺服阀的结构由二位变成了三位。在正常的压力波动范围之内，调节原理同 J1 型，当系统压力波动较大时，伺服阀最下位工作，泵出口压力直接通过伺服阀回油箱，因此其除具有 J1 所描述的控制功能外还可以主动减小动态控制过程中的压力峰值，这对于高压大排量的液压系统消除压力冲击具有比较重要的作用。当多泵串联时，应该只装一个带 P – T 切口控制的补偿器，而且补偿器必须设置较高的 Δp 压差，否则因为其失压会影响到其他泵的工作。

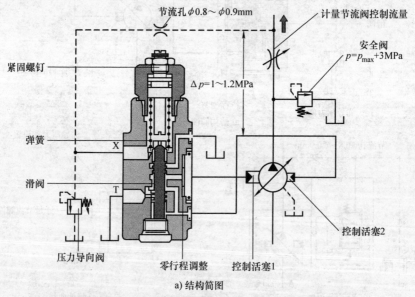

a) 结构简图

图 7-6　带 P – T 切口控制的压力和流量联合调节补偿控制器调节原理

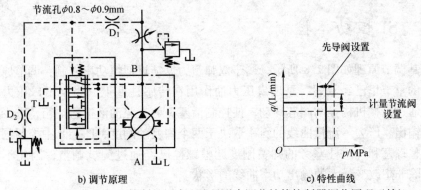

b) 调节原理　　　　　　　　　c) 特性曲线

图 7-6　带 P－T 切口控制的压力和流量联合调节补偿控制器调节原理（续）

7.7　C1 型伺服控制

　　C1 型伺服控制通过手动操作控制手柄机械地调整排量，如图 7-7 所示。手柄通过齿轮齿条机构移动伺服阀阀芯轴套，使阀芯产生一个与控制手柄角度成比例的开度，此时伺服阀输出压力油作用在泵大腔上产生偏心，压缩泵内弹簧使压力与偏心 e 对应，排量的大小则由操纵杆控制。

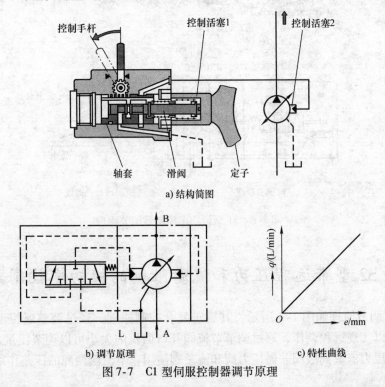

a) 结构简图

b) 调节原理　　　　　　　　　c) 特性曲线

图 7-7　C1 型伺服控制器调节原理

7.8　S1 恒功率控制

其调节原理如图 7-8 所示，属于双弹簧力反馈近似恒功率控制，调节原理在前面的章节里已经叙述。泵出口压力油作用在传感柱塞上，当泵出口压力增加时，通过机械机构推动阀芯移动，使控制活塞 1 的大腔油液接通油箱，减少泵的排量输出。压力 – 流量曲线的斜率取决于两个弹簧的刚度，图 7-8 中控制阀左端的调整螺塞和传感柱塞旁的弹簧刚度调整螺栓已经通过测试调整，因此不要改变，除非想改变最大的输出功率曲线的形状。

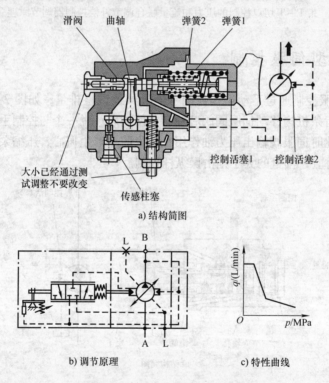

a) 结构简图

b) 调节原理　　　　　　　　c) 特性曲线

图 7-8　S1 型恒功率控制器调节原理

7.9　S2 型带远程压力和流量限制的恒功率控制器

S2 调节原理如图 7-9 所示，其属于复合控制原理，通过调整遥控溢流阀的压力可以实现远程调压，通过调节节流阀开口面积的大小可以调节流量，图 7-9 中二位压力流量伺服阀兼做压力阀和流量阀使用，节流阀两腔的压差作用在该压力流量阀芯的两端，只要泵的压力没有超过远程溢流阀的设定压力，节流阀出口压力就会通过 ϕ0.8mm 阻尼孔作用在该伺服阀的右端，压力流量伺服阀会根据节流阀出口压力的变化自动调节泵的排量，使节流阀压差保持恒定，从而保证负载流量恒定。功率阀可调节输出功率保持恒定，即一旦系统输出功率超过了功率阀的设定值，则功率阀左位工作，使泵的排量减小。该系统是压力调节优先，因为一旦超压，压力流量伺服阀左位工作，切断了功率阀的控制油路，功率阀不会再起调整作用。

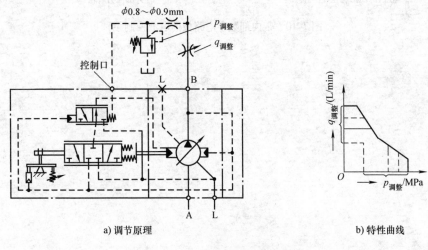

a) 调节原理　　　　　　　　　　　　　b) 特性曲线

图 7-9　S2 型复合控制器调节原理

7.10　D1 - D8 带内部数字电路板的电液控制泵

　　该泵配置了比例阀，压力传感器、位置编码器（可检测定子的偏心），内嵌流量、压力调整、整定、综合功率控制和诊断电子放大器，可对泵的流量和压力以及输出功率进行动态和更为精确的控制，控制方式可以为模拟信号（0～10V）式或通过 CAN 总线的数字式，如图 7-10 所示。该泵既能作为 CAN open 装置运行，又能作为传统的模拟装置运行，因此可以与各种 PLC 结构兼容。在作业中可更改压力控制器的参数，从而可优化多缸连续机器过程的性能。其中压力控制，有 16 个可选参数设置。用户可通过人机界面（HMI）或便携式计算机诊断常见故障。数字控制对于要求高动态和高可靠性的机器应用领域（比如注射成型和金属成型）而言，是非常灵活且非常先进的解决方案。D2 控制当主泵系统压力较低时由辅助泵（齿轮泵）提供控制油，当主泵系统压力建立以后，控制油切换为主泵提供。

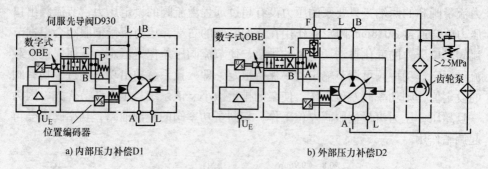

a) 内部压力补偿D1   b) 外部压力补偿D2

图 7-10   带内部数字电路板的电液控制泵

204

第8章

柱塞式变量泵与变量马达的实际应用

8.1　柱塞式变量泵和变量马达的正确选用

8.1.1　柱塞式变量泵变量方式的选择

实际上，选择什么样的柱塞式变量泵，与期望的系统性能要求有很重要的关系，也与所选择的执行元件（比如液压马达）的性能有关系。一般可根据以下几种情况来选择变量泵。

（1）根据液压系统的工况特点　一般来说，液压系统有如下几种典型工况：

1）执行机构连续运动，中间停歇时间短，不同运动速度相差不大。

2）执行机构连续运动，中间停歇时间短，不同运动速度相差大。

3）执行机构连续运动，中间停歇时间短，不同运动所需要的驱动力相差大。

4）执行机构间歇运动，中间停歇时间长且需要保压。

5）执行机构间歇运动，中间停歇时间长，不同运动之间需要的驱动力差别大。

弄清上述工况后，设备对液压动力源受控参数（压力、流量、功率）的要求就确定了，就可按以下原则确定柱塞式变量泵的变量方式：

1）对运动速度相差大的系统，可考虑选用流量控制泵；对需要保压且中间停歇时间长的系统，可考虑选用压力控制泵。

2）对同时有大范围调速和调压要求的系统，可考虑选用压力－流量复合控制泵。

（2）根据液压系统的自动化程度　液压系统运行过程中，泵出口参数不需要调整时，可根据控制操作信号的来源选用手动或机动操作的变量泵。泵出口参数如需要按照工艺过程调整，可选用电动或电液动操作的变量泵。对于采用计算机控制的液压系统，还要注意选用带计算机控制信号接口的电液动控制变量泵。

（3）根据原动机的转速特性（机械特性）和功率特性　原动机转速基本恒

定（如三相交流电动机）时，可用排量控制泵代替流量控制泵。输出功率基本恒定的原动机（如柴油机）适于驱动恒功率泵，以充分利用原动机的功率。

（4）根据泵出口受控参数的精度和响应速度 一般来说，对泵出口受控参数的精度和跟随输入信号的快速性有高的要求时，要选用带伺服阀或电反馈比例阀控制的柱塞式变量泵；只作为传动系统的动力源，对快速性无特殊要求的系统，采用带有开环控制结构比例阀控制的变量泵即可。

（5）根据液压控制阀进口对动力源的要求 对阀控系统，要注意液压控制阀进口对液压动力源控制参数的要求。如流量伺服阀、电液比例方向控制阀的进口，均要求进口压力保持恒定，显然这时应选用压力控制变量泵构成的恒压源才能较好满足控制要求。

8.1.2 柱塞式变量马达的选择

在液压系统设计方面最理想之处在于使整体效率与期望的应用性能相匹配。这要求设计时首先要选择合适的液压马达，然后再选择泵，以满足系统预期性能要求，整个系统的设计应根据所选择的液压马达而改变。

如何选择液压马达是第一个过程，因为应用设计最佳实践要求从负载需求开始，然后再回到选择将流体动力输入到液压马达的泵，以实现所需的性能目标。

每种液压马达都具有特定的性能。因此，知道具体的应用要求和每种液压马达特性是达到设计目标的第一步。然后，有必要评估设计选择的液压马达的优缺点以及所需的整个系统的复杂程度。

使用条件对选择马达影响很大，研究马达的典型类型和特点可作为在一定应用条件下初选马达的方法。但由于不同厂家的相似结构产品在性能上也会有某些差别，因此，最后选用时还应查阅制造厂的资料。

马达的作用是把液压能转换为机械能，即将液体压力转化为转矩。转矩是压力的函数，或更确切地说马达的输入压力取决于阻力矩的大小。在一定的输入压力下，马达的输出转转矩与其排量成正比；在一定的输入流量情况下，马达的转速与其排量成反比。换句话说，减小变量马达的排量将使输出转矩下降而使其转速升高。这表明变量马达可在低速时驱动重载荷，而在轻载荷时能保持高速运转。

液压马达可以带负载停车而不损坏，但可能因为液压马达停车使泵的输出流量通过系统的溢流阀溢流，导致系统过热。尽管带负载停车的马达不断被加压（如卷扬机或起重机中的马达）也不会造成破坏，但仍应尽量避免突然制动或起动。

液压马达的惯性矩非常大，尤其是高速马达更是如此，但它仍可在千分之几秒内达到最高工作转速，这种加速度可使机械驱动系统的某个部位产生冲击载荷，反过来又影响马达。

最后，这一切都要回到预期使用性能。实际使用中有些工况会比较恶劣，而另一些工况则比较好。例如，如果将一台低效率轻载的液压马达用于重载的工况，则液压马达的寿命将小于针对这种环境设计的重载马达的寿命。其实更重要的是要了解所选择的液压马达需要多大的工作压力和流量才能达到预期的使用性能。

在马达实际使用时还需要考虑变量速率和压力的限制。当马达驱动大惯性负载时，可采取限制操作者快速改变泵的排量的措施，保护系统免受反复出现的压力冲击。尽管溢流阀可以起保护作用，但由于系统的冲击，使溢流阀反复动作而造成能源浪费和系统过热。

助力操纵系统有时要安装变量速率限制装置，不管操作者动作是否迅速，泵的变量速率都限制在适当值。规定泵的流量增加或减少的最大速率是为了限制负载加速（或制动）的最大速率，使其不超过溢流阀的调定值。

在完全处于停车状态的某些系统从停车至起动时，需要另一种限制超调压力的控制装置，在系统压力达到额定值之前，它将先于操作者发出的任何控制信号把泵的排量减小到零。该系统的压力预定值小于溢流阀的调定值，从而避免了负载停车时液体通过溢流阀产生能量损失。

限超调压力控制装置在减小因快速操作引起的系统压力冲击方面具有与变量速率控制相同的作用。当操作者突然大幅度地改变排量时，变量速率由限超调压力控制装置给定，这样就可以保持超调压力不超过该值，从而保证了最大加速度或制动速度不超过溢流阀的调定值。

柱塞式液压马达有多种类型，包括低速大转矩（LSHT）和高速低转矩（HSLT）马达。在许多场合，马达要在相当高的转速下连续运转，通风机、发电机和压缩机用马达就是这种例子。马达的转速高而稳定，负载可能是均匀的，如通风机的驱动；也可能变化很大，如压缩机或发电机。

高速马达具有与定量泵相似的零件，尽管内部结构有某些细节的改进，满足了双向运转或其他特殊工况的需要，但其基本工作原理仍然相同。高速马达的四种基本类型是：斜盘柱塞式、斜轴柱塞式、叶片式和齿轮式，本书后面重点讨论柱塞式液压马达的选择，叶片式和齿轮式不在本书中讲述。

斜盘式轴向柱塞液压马达被归类为 HSLT。斜盘式轴向柱塞马达的高效率和适应高压系统的特点使它在车辆和建筑设备、船舶起重机和各种重型液压设备领域得到广泛应用。

中高压斜盘式轴向柱塞马达可在非常宽的转速和压力范围内工作，其总效率可以达到 90% 以上。高压斜盘式轴向柱塞马达也具有相似的情况。这类马达的最佳性能出现在转速和压力的中间范围，这是马达经常工作的区域，但在其他工作区域，它的性能变化也不大。

斜盘式轴向柱塞马达的高容积效率使它在一定的流量下即使转矩发生变化也能保持较稳定的转速。它们还具有良好的制动和过载能力，这一特性对车轮驱动、回转机构、卷扬机和其他许多应用都是重要的。高容积效率使斜盘式轴向柱塞马达在高温时对油的黏度变化不敏感，其效率在较宽的温度范围内不受影响。如同斜盘式轴向柱塞泵一样，这类马达的输出轴也是支承在轴承上，因此它可以承受由带轮、齿轮或链轮产生的较大的侧向载荷。

斜轴式柱塞液压马达也被归类为 HSLT。它们的特性、优缺点类似于轴向柱塞马达。它们和轴向柱塞马达一样，可以是定量的，也可以是变排量的，改变排量的命令可以是电信号，液压信号或两者的组合。

选择液压马达时，以下所有问题都很重要：

1）使用需求是什么？

2）负载和所需的切断和运行转矩值是多少？

3）轴速度和功率是多少？

4）工作压力和流量是多少？

5）排量是固定的还是可变的？

6）工作温度是多少？

7）是否有潜在的泄漏？

8）噪声级别？

9）液压马达设计的可靠性如何？

10）将使用什么类型的控制——机械或电子？

11）安装的简易性是否重要？

12）是否容易维护？

13）轴承类型和预期寿命是多少？

14）预期的液压马达寿命是多少？

15）是用于开式还是闭式回路？

16）有什么样的抗污染潜力？

在回答以上问题的基础上，还要根据具体使用情况选择变量马达，例如：如根据工作需要，转矩和转速按一定比例变化，可选 HS 双速变量马达，其变量活塞的行程可以用手动或液动远距离操纵。当用于车轮驱动或许多其他用途时，直接的机械连接可能是困难的。最简单的控制方法是采用一个二位液动阀，由它控制马达是处于全排量位置还是第二级较小排量（通常为全排量的 50% 左右）位置，以便根据工作需要使转矩和转速按 2:1 变化。

液控 HD 变量马达特别适合既可轻载快速移动，又可以重载慢速工作的工业机械使用。例如车辆的车轮驱动，重载在粗糙路面上行驶时，通常要求马达在低速大转矩工况工作，而轻载在平坦路面上行驶时，又要求马达在高速工况工作。

马达的输出功率等于转矩和转速之积。这个数值显然又与输入压力和流量有关，为了最大限度地提高效率，充分利用输入马达的全部有用功率是必要的，而无须考虑马达轴上的负载变化。

与高压相关的 HA 变量马达，通过测量马达的入口压力，检测马达的负载状况并相应地调整马达排量。当负载升高时，马达为全排量，使输出转矩增大，马达转速降低；当负载减小时，使排量变小以获得较高的转速，此种控制方式近似于恒功率控制。

有这种要求的简单例子就是钻机，由于地层结构不同，它遇到的阻力也会发生变化，因而马达转矩也要随之变化。当在这种系统中使用定量马达时，随着负载的变化马达的输出功率也发生波动，系统的功率容量很难全部用上。这时可用变量马达代替定量马达。当转矩减小时，马达自动减小排量以提高转速。由于马达的输出功率是转矩乘转速的函数，这就使得输出功率保持不变，液压功率浪费较少。转速的增加又使工作进度加快，从而提高了设备的生产率。

有些情况需要对马达转速进行非常精确的控制，典型例子如液压驱动的应急发电机，它发出的交流电频率的波动必须控制在非常窄的范围内。在这种系统中，当电器设备切换时负载瞬时变化很大，这就有必要用液压恒速控制装置快速而准确地跟随功率大小的瞬时变化同时保持频率几乎不变。这种情况下可选用 EP 型电液比例排量控制，或采用二次调节技术，通过对马达排量进行控制，来间接控制马达转速，为达到控制精度，使用高容积效率的柱塞马达，通常是斜轴式柱塞马达，整个系统由一个恒压源供油。

若要实现自动功率匹配，可考虑采用与速度相关的 DA 控制，泵转速的递增（提高原动机的转速 = 提高泵的转速 = 提高先导压力，即先导压力的递增）会导致马达摆向较小的排量（较低转矩、较高转速），具体取决于先导工作压力。同时，如果工作压力超过控制器设置的压力值，变量马达会摆向更大的排量（较高转矩、较低转速）。

MO 型变量马达转矩控制，具有某些重要特性，例如，它能以几乎不变的拉力在绞车上收、放绳索，即使在操作者控制调整时，这种拉力也不发生变化；在挖掘机回转机构驱动中，操作者用这种控制形式给对着开挖工作面的挖斗施加一个预选的恒定压力；在起重机回转机构驱动中，当遥控阀手柄位于中间位置时，起重臂将在负载上方自动对准中心，这时才给钢丝绳施加拉力。如同液压控制变量方式一样，转矩控制也可以直接采用电液伺服和微机控制。

斜盘式（斜轴式）轴向柱塞马达如同斜盘式泵一样，有壳体泄油管，以便把泄漏油送回油箱。在作单向旋转马达使用时，可将壳体泄油管接到马达出油口。不管哪种接管方式都必须注意防止泄油压力过高或背压冲击，因为这可能造成油封损坏。

径向柱塞马达属于 LSHT 分类。这类液压马达具有垂直于输出轴布置的柱塞。通常，柱塞将骑靠在凸轮上，凸轮机械地连接到输出轴。当液压油进入马达时，柱塞将迫使凸轮旋转。这类液压马达能够在低速下产生高转矩，低至每分钟半转。应用包括履带挖掘机的履带驱动、起重机、绞车和地面钻井设备。

一般来说，这类液压马达是定排量的。然而，一些型号也可以是变排量的。有些通过改变工作柱塞的数量来实现这一点，其他形式改变柱塞作用于其上的凸轮的内部几何形状。

径向柱塞的主要特点：

① 输出转矩高；

② 输出速度低；

③ 低速时输出转速更平稳（无"齿槽效应"）；

④ 通过减少或消除需要在系统中使用的齿轮箱或其他机械结构来简化系统设计。

使用时需根据径向柱塞变量马达的特点来正确选用。

8.2 柱塞式变量泵和变量马达在开式回路中的应用

8.2.1 柱塞式恒压变量泵在盾构机液压推进系统中的应用

1. 盾构机液压系统简介

盾构机的绝大部分工作机构主要由液压系统驱动来完成，液压系统可以说是盾构机的心脏，起着非常重要的作用。这些系统按其机构的工作性质可分为：

① 盾构机液压推进及铰接系统；

② 刀盘切割旋转液压系统；

③ 管片拼装机液压系统；

④ 管片小车及辅助液压系统；

⑤ 螺旋输送机液压系统；

⑥ 液压油主油箱及冷却过滤系统；

⑦ 同步注浆泵液压系统；

⑧ 超挖刀液压系统。

以上 8 个系统除同步注浆泵液压系统在 1 号拖车、超挖刀液压系统在盾壳前体为两个独立的系统外，其余 6 个液压系统都共用一个油箱，并安装在 2 号拖车上组成一个液压泵站。有的系统还相互有联系。下面介绍一下盾构机液压推进系统的组成和工作原理。

2. 盾构机液压推进系统的组成

盾构机液压推进系统由液压泵站，调速、调压机构，方向控制阀组及推进液压缸组成，30 个液压缸分 20 组均布地安装在盾构中体内圆壁上（见图 8-1），并分为上、下、左、右四个可调整液压压力的区域，为盾构机前进提供推进力，通过调整四个区域的压差来实现盾构机的转向及纠偏功能。

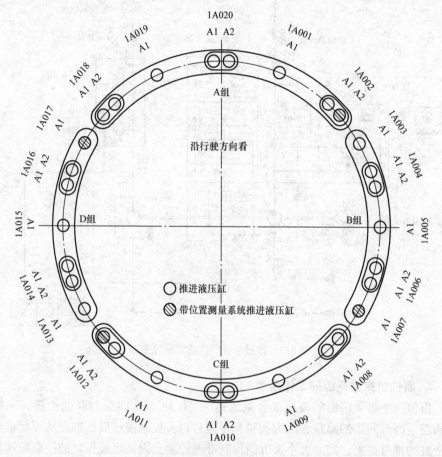

图 8-1　盾构机液压缸分布

如图 8-2 所示，推进系统的液压泵站是由一 DRG 型恒压变量泵（1P001）和一定量泵（1P002）组成同轴双联泵，驱动功率为 75kW，恒压变量主泵为盾构机的前进提供恒定的动力。恒压变量主泵的设定压力可通过液压泵上的电液比例溢流阀（A300）调整，在起动时可将电液比例溢流阀（A300）的压力调整至 0，将起动阀（A349）断电，这样可使两台泵都可以空载起动。控制阀上的阻尼与电液比例溢流阀（A300）构成 B 型半桥用以控制控制阀弹簧腔的压力，变量液压缸无杆腔的旁通阻尼通过牺牲一部分流量换取变量的稳定性。流量在 $0 \sim q_{max}$ 范围内变化时，调整后的泵供油压力保持恒定。主泵的安全压力由插装式溢流阀（阀1V001）设定为40MPa，恒压式变量泵常用于阀控系统的恒压油源以避免溢流损失。

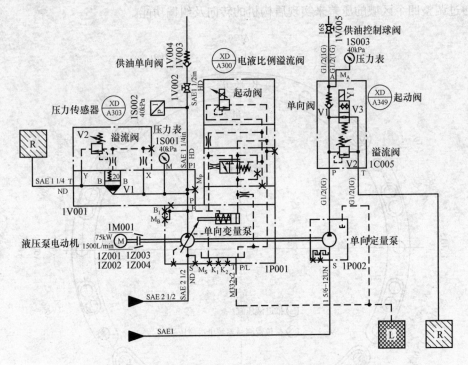

图 8-2　推进系统恒压油源原理图

3. 盾构机推进系统的工作原理

由恒压变量泵输出的高压油分别送达 A、B、C、D 四组并联的推进方向控制阀组，经过阀组的流量、压力调整和换向后再去控制推进液压缸，从而使推进液压缸的推进速度、推力大小及方向得到准确控制。因每组液压缸的控制原理都一样，下面就以 A 组中的第一个液压缸控制为例，介绍其作用和工作原理。

四组阀组中的电液换向阀的液控油由定量泵（1P002）经减压阀（1V030）提供（见图8-3）。如图8-4所示，主泵输出的高压油经高压管路由 B 组的 P 口进入，一路经 F1（过滤）→比例调速阀 A110（流量调整）→经电液换向阀 V3进入推进液压缸，电液换向阀 V3 电磁铁 Y1 通电控制液压缸伸出，电磁铁 Y2 通电控制液压缸缩回。另一路经直通阀 A120 锥阀跨接流量阀不走 A110 直接进入方向阀，其中 A100 压力阀可实现该组液压缸的压力调整。液压油不走比例速度调节阀 A110，而是走阀 A120 则可实现液压缸的快进，方向阀左侧插装阀可实现液压缸的快退要求，这样可提高工作效率。A418 为推进液压缸底端预卸荷阀（回油阀），可以通过方向阀的阀口阻尼卸荷掉液压缸的压力，避免换向冲击。阀组中还有液控单向阀 A798 起液压锁的作用，实现压力锁定，调定压力 37MPa 的载荷溢流阀，保护液压缸不超载，压力传感器和液压缸行程传感器用于指示和控制。

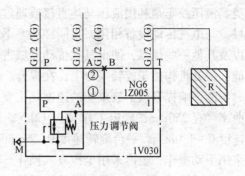

图 8-3 减压阀模块

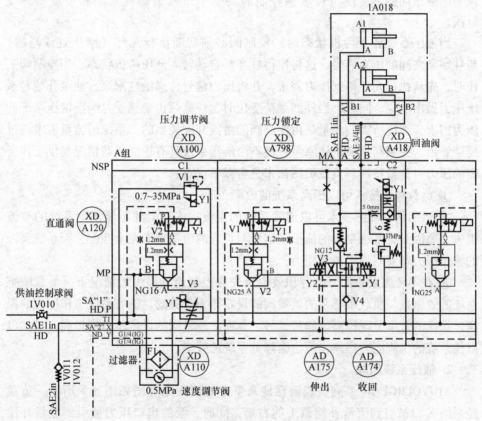

图 8-4 液压缸的调速和调压回路

8.2.2 采用负载敏感控制技术的绞车液压系统

1. 绞车简介

绞车是用于提升、下放重物的动力设备，主要有电动绞车和液压绞车两大类。液压绞车是利用液压马达直接或通过减速箱来拖动滚筒的一种新型的提升机械。与电气传动设备相比，在同样功率下，由于液压装置功率密度大、结构紧凑以及其他一些优点，使得其在传动领域占的份额越来越大。绞车系统具有如下功能：提升机构位于旋转平台上，在提升、下放重物时平台也需要旋转，平台旋转时不能影响提升或下放重物的速度。主要参数有储缆长度 50m，缆绳直径 8mm，曲率半径 250mm，额定工作拉力 12kN，平台回转阻力矩 1600N·m，收、放缆速度 0~1.0m/s，平台旋转速度 0~6r/min，二者均能无级调速；整个系统既能采用手动操作，也能采用电控方式操作。

负载敏感系统是一种能够感受系统压力、流量需求，提供负载所需的流量和压力的液压回路。实现负载敏感控制需要一个负载敏感柱塞泵和负载敏感控制阀。

当液压系统处于待机状态时，控制阀必须切断执行元件（液压缸或马达）与柱塞泵之间的压力信号，这将使得柱塞泵自动转入低压待机状态。当控制阀工作时，先从执行元件得到压力需求，并将压力信号传递给柱塞泵，使泵开始对系统压力做出响应，同时，当外部载荷变化时，柱塞泵也要感受并响应液压系统的压力需求，系统所需的流量是由控制阀的滑阀开度控制的。系统的流量需求通过反馈管道、控制阀反馈给柱塞泵，使整个液压系统具有根据负载情况提供工作所需的压力 - 流量特性。负载敏感技术具有以下优点：

① 负载敏感技术可以提高系统的效率；

② 运用负载敏感技术可以消除系统的溢流损失，但并不能消除系统的节流损失。原因是，系统泵源的流量输出可与负载的流量需求完全匹配，而系统泵源的输出压力却要略高于负载压力；

③ 在不考虑泵源部分的容积效率及先导控制流量损失的情况下，负载敏感系统的效率是与负载敏感泵的流量阀的设定压力有关的，随着系统工作压力的提高，系统的效率呈现提高的趋势；另一方面，流量阀的设定压力值提高，虽然可以使系统的供流能力提高，但也会降低系统的效率。

2. 液压系统组成

A10VOLRGF/31 系列负载敏感柱塞泵等效液压原理图如图 8-5 所示，负载经泵的 X 口被引到流量补偿器 1 的右端，同时，泵的出口压力被引到流量补偿器 1 的左端和流量补偿器 1 的左端，流量补偿器 1 两端的压力差由其调定弹簧设定。这种系统是利用检测液压泵出口压力和负载压力之间的压差和反馈这个压差来控制泵流量的输出，使它适应于负载流量。

当系统工作时，梭阀将两台马达（见图 8-6）的最大负载驱动压力 p_{LH} 反馈至泵的负载敏感口 X，于是泵的输出压力为 $p_{LH} + \Delta p$，并始终跟随负载的变化，泵源的压力过剩值为 Δp，系统不存在溢流现象。在多路阀的进油口处串联一个定差减压阀作为压力补偿器，可实现精确速度控制。因此，比例阀与压力补偿器便可以精确地控制液压缸的运动速度。

　　泵的流量能自动适应负载流量。还有一个问题必须说明的是负载压力是如何反馈到泵上的，这就要牵涉到另一个元件——负载敏感控制阀。下面以 PSV 型比例多路阀为例来介绍。PSV 型比例多路阀具有以下优点：可无级调速；速度与负载变化无关；满足多个执行元件同时工作；具有手动和电控两种控制方式；具有负载敏感功能，与负载敏感变量泵相配合，液压系统效率高，发热少；集成性高，节约安装空间，整机重量轻等。其原理如图 8-5 中单点画线框所示。

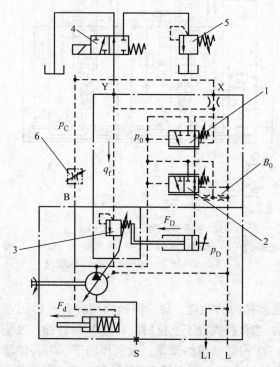

图 8-5　A10VOLRGF/31 系列负载敏感柱塞泵等效液压原理图
b）LRGF 泵的液压原理图
1—流量控补偿器　2—恒压控制阀　3—恒功率阀　4—方向阀　5—溢流阀　6—节流阀

　　在图 8-6 所示的系统中，实际工作时共有两个执行机构：卷筒马达和回转马达，因此选择的是两路比例多路阀，加上主块 5-1，在功能结构上共有 3 部分。主块 5-1 包含安全阀和减压阀，安全阀限定进入阀组的最高压力，减压阀为后续的换向阀 5-2、5-3 的换向提供液压推力。与执行机构相连的 5-2、5-3 均

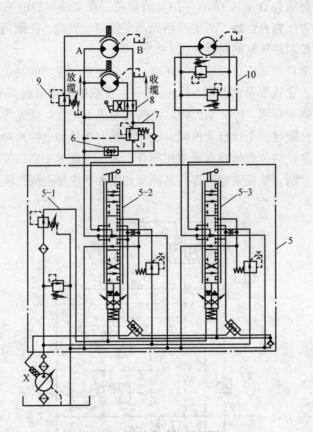

图 8-6　绞车液压原理图

5—多路阀　5-1—进油联　5-2、5-3—工作联　6—梭阀　7—平衡阀
8—手动方向阀　9—减压阀　10—双溢流阀

具有手动和电液比例换向的功能，每一路换向阀含有一台压力补偿器和一台梭阀。以 5-2 为例，当该路阀处于上位时，马达 B 口进油，处于收缆状态，此时 B 口的压力经过 5-2 内部油道的反馈，分别作用于压力补偿器和梭阀。压力补偿器与换向阀的节流口串联，形成调速阀的功能，因此经过换向阀的流量仅取决于阀芯开口大小；作用于本路梭阀的压力与其他路梭阀的压力进行比较，压力值最高者反馈到液压泵的 X 口（负载敏感口），使泵的输出压力比该压力略高，以保证最高负载回路的效率。梭阀的采用，主要解决了多负载同时工作时最大负载的驱动问题。

　　如图 8-6 所示，液压系统的执行机构主要有两部分，一是驱动卷筒旋转的马达（卷筒马达），数量为两台，可互为备份，二是驱动平台回转的马达（回转马达）。卷筒马达通过手动换向阀 8 来切换。图示状态，上马达处于工作状态，下马达由于其 A、B 口互通，处于浮动状态，且能保持其内部充分润滑。如果由于某种原因上马达卡死，可操纵阀 8，使其左位工作，就可使下马达投入使用。动力源为采用电动机驱动的变量柱塞泵，主要控制元件为两路比例多路阀组，分别用来控制卷筒马达和回转马达。

3. 液压系统工作原理

卷筒马达收缆：比例阀换向阀 5 - 2 上位，压力油由 5 - 2 经平衡阀 7 的单向阀、手动方向阀 8 进入马达 B 口，再经 5 - 2 回油。同时压力油经梭阀 6、减压阀 9 进入马达制动器，使制动器打开。卷筒马达放缆：比例阀方向阀 5 - 2 下位，压力油由 5 - 2 进入马达 A 口，回油经手动方向阀 8 进入平衡阀 7 平衡负值负载压力，再经 5 - 2 回油。同时压力油经梭阀 6、减压阀 9 进入马达制动器，使制动器打开。

收、放缆速度由 5 - 2 的开口度控制。回转平台正、反转控制直接由比例阀换向阀 5 - 3 控制，并且没有负值负载问题，其原理比较简单，要说明的是在平台紧急制动情况下，需要加装缓冲溢流阀 10，当产生较大冲击压力时使溢流阀打开，实现缓冲，并向马达低压腔补油，以防止产生气穴现象。

8.2.3　在全液压潜孔钻机推进与回转液压系统中的应用

1. 潜孔钻机简介

潜孔钻机是钻凿矿物或岩石的一种工程机械，20 世纪 60 年代后期，国外一些新型钻机的推进、回转机构采用了液压马达驱动，其传动效率可达到 80% 以上，且承载能力强，可以无级变速和无级调压，能获得最优的转速和合理的轴压力；此外，履带行走、钻具回转推进、钻架顶升补偿、钻机调平、起落钻架、稳车、接送钻杆等机构均采用液压传动，全液压潜孔钻机还应用了液压冲击器和液压行走装置，提高了钻机的机械化和自动化程度，有利于提高钻机的作业效率。

2. 推进及回转工作液压系统组成

全液压潜孔钻机推进及回转机构工作液压系统原理图如图 8-7 所示，系统采用三位六通电磁方向阀，电磁方向阀中位功能为卸荷，并可实现系统的低压启动，随着多路阀芯的移动，系统建立起压力。并配以先导控制，控制具有多种功能，并使得大流量的主回路得以简化。

全液压潜孔钻机工作液压系统可选动力源为柴油机，带动两台由复合变量液压泵 A10VO45DFLR，其中推进与回转部分工作系统分别由一台泵供油，工作时动力源的转速保持不变，该泵的额定压力为 25MPa，峰值压力可达到 31.5MPa。

DFLR 复合变量泵是一种全新控制形式的变量泵，其内部机械伺服变量机构按三通阀控差动缸的原理设计（见图 8-8a），内部机构主要由流量控制阀 V_L、

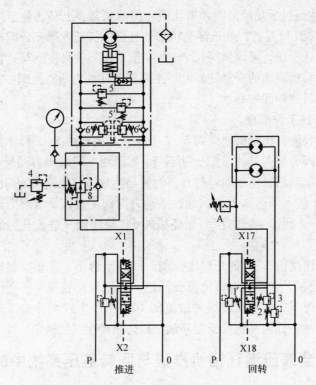

图 8-7　潜孔钻机推进及回转部分工作液压原理图
1、1′、2、3、4、5、5′—溢流阀　6、6′—顺序阀　7—梭阀　8—减压阀

恒功率控制阀 V_c、恒压控制阀 V_p 及差动缸组成。

　　该液压泵的特性曲线如图 8-8b 所示，其工作特点是：在工作初期阶段恒流量阀工作，使泵工作在恒流量段，而泵的恒功率控制和恒压控制则分别由负载压力反馈控制实现，在达到设定压力之前恒功率阀起作用，相当于恒功率变量泵；达到设定压力之后，恒压阀开始起作用，相当于恒压变量泵。此特点与潜孔钻机的工况特点十分相似，在工作初期，系统建立压力，需要一定流量，泵工作在恒流量段，随着工作的进行，钻孔过程消耗的功率基本保持不变，泵工作在恒功率段，使得系统功率得到充分利用，当工作出现异常（如卡钻）时，系统压力急剧上升，反馈到泵使得变量泵工作在恒压段，输出流量降低同时系统产生溢流，保证了系统的安全与稳定。因此，系统选定的这种泵综合了恒压变量泵与恒功率变量泵的特点，具有装机功率小（最大功率曲线远低于 C 点）、系统发热小（达到最大压力之后，实现恒压变量泵的功能）、运行功率因数高、流量大、液压功率损失小等优点，在正常工作中甚至可省去系统的溢流阀，使系统在无溢流或少溢流的情况下运行，实现系统运行全过程的节能。

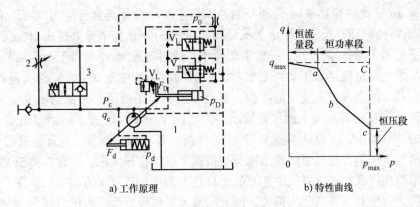

a) 工作原理　　　　　　　b) 特性曲线

图 8-8　DFLR 复合变量泵

潜孔钻机中作为液压源的 DFLR 复合控制变量泵的不同工作状态及其变量机构调节原理如下。

（1）恒流量段　在液压系统启动的初期、轻载或空载情况下，泵工作在恒流量段，此时泵排量处于最大状态，为工作过程做准备。如图 8-8a 所示，其调节原理为：当负载压力 p_c 低于恒功率阀 V_c 开启压力时，处于关闭状态，无流量通过，因此流量阀阀芯两端压力 $p_0 = p_c$，流量阀 V_L 处于右位，差动缸中的压力 $p_D = 0$，此时差动缸机构推动泵的斜盘处于最大角度，即变量机构处于排量最大位置。此时泵处于定量工作段。

（2）恒功率段（行走工况）　在钻机行走时，调节电磁方向阀 3 工作在左位，此时可调节流阀 2 不参与工作，当负载压力升高到恒功率阀的开启压力后，泵工作在恒功率段；图 8-8a 中，其调节原理为当负载压力升高到 p_c 能克服恒功率阀 V_c 的弹簧预紧力时，恒功率阀 V_c 通流，此时泵工作在恒功率段。由于有流量通过，于是 $p_0 < p_c$；当阀芯开启到一定值，使得 $p_c - p_0$ 的压差决定的作用力大于 V_L 的弹簧预紧力时，V_L 处于左位，有流量经 V_p 流向差动缸，此时，$p_D > 0$，此时泵变量机构进入恒功率 p_d 段。由于 p_D 的作用，当柱塞作用力 $F_D > F_d$ 时，推动斜盘角度 θ_c 变小，泵的排量也跟着减小；与此同时，通过变量缸的机械反馈，使 V_c 的弹簧一大一小预压力等效地增大（类似于双弹簧恒功率泵控制原理，这里的 V_c 阀也采用了双弹簧），从而在泵的斜盘与 V_c 之间形成一个位移角度 - 力反馈，最终使 θ_c 稳定在某一个平衡角度上。如图 8-8b 所示，由于弹簧力与位移成正比，所以 $a \sim b$ 是直线；当工作到 c 点时小弹簧起作用，刚度增加，故变量泵在 $b \sim c$ 段工作。

（3）压力流量控制（DFR）阶段（钻孔作业工况）　在钻孔作业过程中，调节电磁方向阀 3 工作在右位，电磁方向阀无流量通过，此时泵排出的流量经过可调节流阀 2 进入回转系统，如图 8-8a 所示，由于经过可调节流阀时存在压降，

使得 $p_0 > p_c$，此时恒功率阀 V_c 断开油路，当系统压力升高到流量阀设定压力后，流量阀 V_L 换向到左位工作，由于流量阀 V_L 两端分别接在节流阀进出口，压差大小由流量阀 V_L 的弹簧设定，一般取值较小，此时流量阀 V_L 相当于一个负载敏感阀，当泵的输出流量大于负载要求时，节流阀两端的压差变大，使得流量阀 V_L 阀芯右移，控制油进入变量缸大腔，推动泵的斜盘角度减小，泵输出流量降低，直到输出流量在节流阀上的压差重新与流量阀 V_L 的弹簧力达到平衡为止，由于阀芯的位移很小，可以认为流量阀 V_L 的弹簧力基本保持不变。这样，通过泵内的自动调节机构，使得泵的输出流量与负载需求流量相匹配，没有溢流损失，系统效率得到提高。在该系统中，泵的出口压力同样与负载压力相匹配变化，仅比负载压力高出节流阀的压力损失，而泵的最大工作压力可以由压力阀 V_p 来控制，可以无级调节压力阀 V_p 的弹簧压力，达到控制系统最高压力的目的，同时，在系统中压力阀 V_p 具有优先工作权，即在未达到阀 V_p 的设定压力时，阀 V_p 工作在右位，开口最大，此时阀 V_p 仅起通流作用，主动变量缸由流量阀控制压力，而当系统的压力升高到压力阀 V_p 的设定压力时，由于阀 V_p 的弹簧刚度很小，于是阀芯快速换向到左位工作，此时由阀 V_p 直接控制变量缸，系统压力直接输入变量缸，泵斜盘角度被推到最小，泵的排量降到最低，此时，流量阀 V_L 的负载传感功能不工作，由此可知，在系统的压力小于压力阀 V_p 设定的压力时，可实现负载传感功能，而压力阀 V_p 则起到防止系统过载的作用，可以近似认为此时的变量泵功能相当于一个限压式恒压变量泵。

3. 推进液压系统回路分析

当液压油进入推进系统工作油路时，初始状态为多路阀中路卸荷（见图 8-7），溢流阀 1 作为安全阀，其设定压力为 26.5MPa。正常工作状态下，控制油路 X2 进高压油，多路阀工作在下位，油液经过减压阀 B 和单向阀进入推进马达的左腔，实现推进马达的正转，回油由马达右腔经顺序阀、多路阀下位到回油管路。推进力可在 4~20kN 范围内变化。此推进回路具有以下几个特点：该系统采用泵控液压马达系统设计方案，在正常工作负载转矩基本保持不变的情况下，马达的输出转矩和回路工作压力 p 都恒定不变，马达的输出功率与转速 n 成正比，而用泵出口的节流阀可调整泵的最大排量，控制液压马达的转速，从而实现恒转矩调速；钻孔工作过程中推进速度较低，而钻杆提升回退时马达转速则较高；正常工作时，进油管道的压力由负载决定，为了保护液压元件不受压力冲击而损坏，在进回油管道之间对称跨接了两个高响应的溢流阀 5（用作安全阀），其规格为允许系统过载时把泵的最大流量从高压管道注入低压管道，可防止气穴现象发生和防止系统遭受压力冲击；梭阀 7 两端连通马达的进出管道，起到了起动与停机时的缓冲作用；推进马达正转时，减压阀起调压稳压作用，保持工作回路的稳定，该减压阀同时外连一个远程溢流阀 4，还可实现远程调压控制；两个对称连接的平衡阀 6 及 6′可起到液压锁的作用，使回路在启动和停止时不受冲击并可起到锁止的作用。

4. 回转液压系统回路分析

如图 8-7 所示，在工作初始状态，回转回路多路阀处于中位卸荷状态，当正常工作时，多路阀在控制油路 X18 的作用下下位工作，回转马达左路进油，右路回油，实现正转，而多路阀下位时反转则用于接卸钻杆。在正常回转工作状态下，回转压力一般保持在 10MPa 左右。回转动力系统由两台排量为 195mL/r 的 OMSS160 液压马达作为动力，通过一级直齿圆柱齿轮减速后，可输出 0～50r/min 的连续可调转速，提供约 250N·m 的正常工作转矩。溢流阀 2、3 作为系统的背压阀，调定压力为 16.5MPa。该回路充分利用泵控液压马达系统的优点，通过改变泵的排量来控制传送给负载的动力，功率损失小，效率高，改善了整机性能。

5. 推进及回转控制油路液压系统

全液压潜孔钻机的液压控制油路系统由一台定量泵独立供油，保证了控制系统的稳定工作。如图 8-9 所示，当钻机处于工作状态时，通过操作使 5YA 工作在右位，推进控制压力油经 4YA 下位到 X2，使推进工作回路多路阀（图 8-7）工作在下位，回转控制压力油通过 X18 使得回转工作回路多路阀工作在下位，保证了正常钻孔的进行。当钻孔过程中出现卡钻情况时，回转工作回路压力上

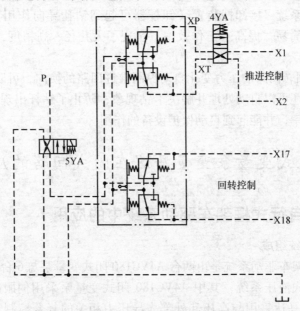

图 8-9　推进及回转控制部分液压原理图

升，在回油路上接压力继电器 A，如图 8-7 所示，调定该继电器的压力为 16MPa，当回转压力上升到大于此设定值时，压力继电器动作接通二位四通电磁换向阀 4YA 换向，如图 8-9 中所示，此时 X1 端接通压力油，使得推进回路多路阀换向到上位工作（见图 8-7），从而实现推进马达的反转提升钻杆，冲击器处于强吹排渣状态以消除卡钻，当回转压力下降到设定的卡钻临界压力后，推进控制回路再次回到正常工作状态，推进器恢复正常推进，钻头重新接触到孔底继续作业，因此，这种控制方案自动化程度高，不仅能防止卡钻对钻孔作业的影响，还可以自动处理并解决卡钻问题。

通过以上分析可知全液压潜孔钻机具有以下特点：

1）系统选用了 DFLR 复合控制变量泵，能充分利用恒功率泵和恒压泵的优势，最大程度地降低了供油系统的能耗损失，使得系统具有更好的节能效果，并能很好地适应潜孔钻机的工况特点。

2）推进及回转工作液压系统采用泵控液压马达的方案，通过改变泵的排量来控制传送给负载的动力，功率损失小、效率高、改善了整机性能，利用正常工作及提升钻杆时潜孔钻机推进马达负载基本保持不变的特点，用泵出口的节流阀调整泵的排量，控制液压马达的转速，实现了不同工作情况下的调速。

3）全液压控制的推进及回转系统广泛使用多路阀配以先导控制，具有控制的多功能化，使得大流量的主回路得到了简化，并通过液压控制的举升液压系统、补偿液压系统、接卸杆装置（卸杆器可起到钻孔导向作用）等联合工作，使得操作变得简易，提高了工作效率，实现了大孔径、高精度、高效率的深孔钻凿。

4）通过回转回路的压力变化自动控制推进回路的换向，可防止卡钻对钻孔作业的影响，还可以自动处理并解决卡钻现象，防止了钻杆出现卡死停工现象，提高了工作效率，并能起到自动保护设备的作用。

8.3 柱塞式变量泵变量马达在闭式回路的应用

8.3.1 在自行式框架车驱动系统中的应用

1. 液压系统组成

自行式框架车驱动系统是由两台 A4VG180 闭式变量泵与 6 台 A6VM107 变量马达组成的闭式液压系统，其中 A4VG180 闭式变量泵采用伺服超驰控制方式，A6VM107 变量马达采用与高压和外部先导压力相关的复合控制方式（HA2T），马达经过驱动桥将转矩传至轮胎，驱动桥带减速与差速功能。

闭式液压回路中设置了冲洗阀，主要用来在泵和马达工作时不断地在低压侧管道中置换掉部分已经工作过的高温油液,降低闭式系统内油液工作温度,以改善回路的工作品质。闭式变量泵中集成了一套补油系统、两台高压溢流阀和压力切断阀,其中补油系统由一个定量泵,两台单向阀和一台补油溢流阀组成。补油系统能够及时补充闭式系统中由冲洗阀置换的高温油液、泵和马达的容积损失以及为变量泵控制机构提供油源,补油泵能够建立一个最低补油压力。两台高压溢流阀用于限制变量泵斜盘快速摆动时出现的峰值压力以及两个工作口的最大压力。压力切断阀对应一种压力调节,在达到设定值之后把液压泵的排量调整为零,用于在车辆加速或是减速时防止高压溢流阀的开启,压力切断阀的设定压力范围覆盖整个压力工作范围,通常压力切断阀的设定压力比高压溢流阀的设定压力低 3MPa。自行式框架车闭式液压驱动系统简化后的原理图如图 8-10 所示。

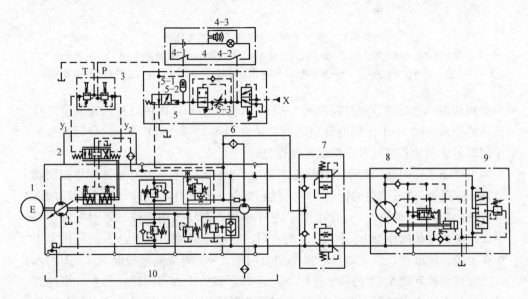

图 8-10　自行式框架车闭式液压驱动系统简化后的原理图

1—发动机　2—变量泵　3—液压先导控制阀　4—预警电气系统　5—液压延时控制阀组　6—过滤器
7—驱动限速阀　8—变量马达　9—冲洗阀　10—液压油箱

2. 液压延时预警控制系统

液压延时预警控制系统的原理图如图 8-11 所示,包括了车辆预警电气系统和液压延时控制阀组。其中,预警电气系统由常闭式压力继电器 4－1、常开式压力继电器 4－2、车辆起动预警器 4－3 和直流电源 4－4 串联组成;液压延时控制阀组集成了二位三通液控方向阀 5－1、蓄能器 5－2、流量控制阀 5－3 和二位三通导压操作型方向阀 5－4,控制压力 X 为车辆驻车解除控制压力。

回路中流量控制阀 5－3 是一个全流量可调型压力补偿流量控制阀,并且带

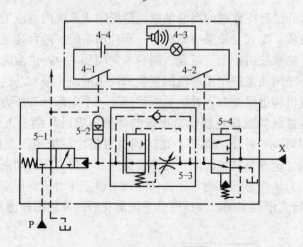

图 8-11 液压延时预警控制系统的原理图

4－1—常闭式压力继电器 4－2—常开式压力继电器 4－3—车辆起动预警器 4－4—直流电源
5－1—二位三通液控方向阀 5－2—蓄能器 5－3—流量控制阀 5－4—二位三通导压操作型方向阀

单向阀功能。通过调节流量控制阀 5－3 中节流阀的开口度可以精确地调节二位三通液控换向阀 5－1 的延时开启时间。结合图 8-10 和 8-11 所示，自行式框架车闭式液压驱动系统延时启动预警过程为：

当准备工作完成，起动发动机 1 车辆准备行走时，首先操作液压先导控制阀 3，确定车辆前进或倒退的行进方向，然后解除车辆的驻车制动（驻车制动阀图中未画出），在解除驻车制动的同时，驻车解除控制压力引至液压延时控制回路中二位三通导压操作型方向阀 5－4 的入口，在驻车解除控制压力 X 的作用下工作在上位，油液经二位三通导压操作型方向阀 5－4 到达流量控制阀 5－3 的入口，在流量控制阀 5－3 的节流作用下，入口之前的压力很快建立起来，当达到预警电气系统中常开压力继电器 4－2 的设定压力时，继电器触点闭合，车辆起动预警器 4－3 电源线路接通，开始报警，警示车辆周围的工作人员或辅助设备车辆即将起动，请注意即时远离车辆。

油液经流量控制阀 5－3 到达二位三通液控换向阀 5－1 的液控口，同时流入并联接入的蓄能器 5－2，在流量控制阀 5－3 中节流阀和压力补偿阀的作用下，流量控制阀对进油流量具有较高精度的调节，通过调节进入由流量控制阀 5－3 出口与二位三通液控换向阀 5－1 的液控口之间以及与蓄能器 5－2 组成密闭容积，使得压力建立过程滞后，从而控制二位三通液控换向阀 5－1 的开启，当二位三通液控换向阀 5－1 开启后液压先导控制阀的 P 口流量接通，流量经液压先导控制阀 3（见图 8-10）到达闭式液压变量泵变量控制伺服比例阀的一个液控口，进而控制闭式液压变量泵输出排量，车辆行走。

同时，在车辆开始行走时，液压先导控制阀 3 的 P 口压力已经建立起来，当达到常闭压力继电器 4 - 1 的设定压力时，继电器触点断开，车辆起动预警器电源线路切断，预警过程结束。

当车辆停止时，二位三通导压操作型方向阀 5 - 4 恢复到下位工作，驻车解除控制压力 X 被切断，蓄能器 5 - 2 中的油液经流量控制阀 5 - 3 中的单向阀和二位三通导压操作型方向阀 5 - 4 流回油箱，二位三通液控换向阀 5 - 1 的控制压力消失，恢复左位工作，液压先导控制阀 3 的 P 口接回油箱，闭式液压变量泵变量控制伺服比例阀控制压力切断，停止排量输出，车辆恢复到驻车状态。

3. 伺服超驰控制技术

自行式框架车闭式液压驱动系统中，实现所谓超驰控制就是当自动控制系统接到事故报警、偏差越限、故障等异常信号时，超驰逻辑（Override Logic）将根据事故发生的原因立即执行自动切换手动、优先增、优先减、禁止增、禁止减等逻辑功能，将系统转换到预先设定好的安全状态运行，并发出报警信号。

在自行式框架车闭式液压驱动系统中运用伺服超驰控制技术是将车辆自动驱动及失速控制（DA 控制）与液压伺服比例排量控制（HD 控制）组合起来使用，使操作者既能够享受车辆在路面自动驱动的轻松驾驶，又能够实现在工作模式下独立于负载的精确伺服排量控制，从而获得精确的理想车速控制。与高压和外部先导压力复合控制（HA2T）变量马达的工作特性是根据负载压力的变化来自动调整马达的排量：当负载转矩增大使系统压力升高时，变量马达将自动增加排量，使系统压力重新降低到比原来略高的水平；当负载转矩减小使系统压力降低时，变量马达将自动减小排量，使系统压力重新升高到比原来略低的水平。

采用伺服超驰控制方式的 A4VG180 闭式变量泵液压原理，如图 8-10 中所示的变量泵 2，其由伺服比例控制阀、速度敏感控制阀（DA 控制阀）、排量调节弹簧缸、单向溢流阀、压力切断阀、主变量泵以及补油泵等组成。其中由伺服比例控制阀、速度敏感控制阀、变量缸等组成的变量调节机构决定了主变量泵的动态响应。

4. HA2T 控制方式变量马达的特性

整个排量改变过程中，尽管外负荷变化很大，但系统的工作压力只有少量的变化，从而使变量泵与发动机始终在各自的额定工况点附近工作。车辆闭式液压驱动系统原理图如图 8-10 所示，采用 HA2T 控制方式变量马达的工作压力与排量控制特性如图 8-12 所示。

马达排量比的调节范围为 $\beta_m = 0.3 \sim 1$，对应系统工作压力范围为 $p_{mc} \sim p_m$，p_m 为地面附着力对应的系统最高工作压力。系统工作压力在 $p_b \sim p_m$ 之间时，其中，p_b 为车辆额定牵引力对应的系统额定压力，马达保持全排量工作，有最高的传动效率，牵引力与系统工作压力呈线性关系；负载压力低于额定压力 p_b 时，马达排量减小，最小排量比 β_m 限制在 0.3 左右，对应系统工作压力为 p_{mc}，因为更小的 β_m 值将使系统的传动效率急剧降低，且当负荷波动时，由于马达变量机构的反应滞后将使系统产生压力冲击；当系统压力在 $p_{mc} \sim p_b$ 之间时，车辆牵引力与系统工作压力的平方成正比；当系统压力低于 p_{mc} 时，马达排量比 β_m 保持在 0.3 左右。

在图 8-12 中，马达变量的控制压差 Δp_H 决定着马达输出特性曲线的形状。Δp_H 越小，系统压力接近恒定不变，马达接近恒转矩输出，对变量泵和发动机而言系统压力恒定意味着恒功率输出，随着 Δp_H 增大，系统压力降低，变量泵吸收发动机的功率减小，降低了发动机有效功率的利用率。然而 Δp_H 过小将引起马达排量的变化对系统工作压力十分敏感，使马达输出

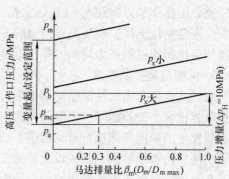

图 8-12　HA2T 控制方式变量马达控制特性

特性刚度减小，结果是很小的负载变化将引起马达排量和输出转速的巨大波动，这样很不利于负载波动较大的自行式框架车驱动系统的稳定工作。从提高发动机和液压传动装置的动力性和经济性考虑，希望变量马达的控制压差 Δp_H 越小越好，但从提高闭式液压驱动系统抵抗负荷变化的速度刚度和工作稳定性方面考虑，又希望 Δp_H 较大，综合两方面的考虑，取适中的控制压差 Δp_H 是比较合理的，系统中 HA2T 控制方式的变量马达 Δp_H 为 10MPa。

在某些特殊的工况下，HA2T 控制方式的变量马达需要在马达的 X 油口引入外部控制压力，进行先导压力辅助控制，也叫做越权控制，引入外部先导压力 p_x 可以减小系统高压工作口压力 p 控制的排量调节初始压力设定值 p_a，如图 8-12 所示，使控制特性曲线平行下移，即 p_x 与 p 两者以加权相加的方法成为最终的控制压力 p'，最终马达的排量与 p' 成正比。例如车辆在空载工况下在路况较差的路面上行驶时，系统压力较低，马达在小排量下工作，抗负载扰动能力差，工作很不稳定，这时就可以在变量马达的 X 口引入外界控制压力，人为干预马达排量的调节，让马达工作在大排量下，增加车辆行驶的稳定性。还可以在车辆坡道起步的情况下，通过越权控制将马达调定在最大排量下工作，人为增加车辆的起动转矩。

5. 伺服比例控制模式（HD 控制）

A4VG180 闭式变量泵的伺服比例排量控制，又称 HD 控制，是与两条先导压力控制油路（y_1 与 y_2 油口，见图 8-10）中的压差 p 相关，两端的先导压力差 p 的大小决定了伺服比例阀打开的方向和阀口开度，通过控制伺服比例阀阀口的开

度可以改变排量调节弹簧缸中柱塞的位移，进而改变泵斜盘的倾角，达到改变泵排量的目的。同时变量柱塞的位移又能够影响到伺服比例阀阀口的开度，该控制系统是一个位置反馈式闭环控制系统，具有结构紧凑，响应快速等优点，且便于远程控制。

伺服比例控制阀能够将输入的先导压力信号转化为伺服比例阀芯的位移量，由阀芯的位移变化进而导通控制油路（来自 DA 控制阀）与排量调节弹簧缸，排量调节弹簧缸中柱塞的位移量通过反馈机构作用于伺服比例控制阀阀芯。反馈机构——拨叉，由弹簧、弹簧拉杆和反馈杠杆组成，其中弹簧拉杆分为左拉杆与右拉杆两部分。由伺服比例控制阀阀芯、排量调节弹簧缸、拨叉组成了位移反馈系统。

6. 转速与压力复合控制模式（DA 控制）

防失速控制 DA 控制的闭式液压驱动系统能够根据系统的工作压力变化自动控制变量泵的最大输入功率，使发动机不间断地输出最大功率来满足车辆牵引力和速度要求。对于车辆所有的除驱动液压系统之外的影响，如悬架液压系统、转向液压系统以及辅助液压系统，DA 控制都能够调整泵的排量来优先满足它们的功率需求。在发动机过载时自动减小变量泵的排量，避免发动机熄火。

发动机在额定状态下工作，系统压力未达到恒功率起调点压力时，变量泵在最大排量状态下工作，可以获得较高的车速。爬坡时随着车辆工作载荷的上升，变量泵排量自动减小，车辆行驶速度自动降低，变量泵能够近似实现恒功率控制，保持发动机持续工作在额定状态下。

DA 控制仅对闭式液压驱动系统中的变量泵产生作用，泵的排量输出和加速踏板无直接关系，整套控制过程由 DA 控制阀与时钟阀协同完成，无须其他操作装置。

7. 伺服超驰控制工作过程分析

在自行式框架车闭式液压驱动系统中，A4VG 变量泵运用的新型伺服超驰控制技术是在泵的排量控制中同时运用了转速与压力复合控制（DA 控制）和伺服比例控制（HD 控制）。其中，转速与压力复合控制（DA 控制）优先于伺服比例控制（HD 控制），伺服比例控制限制了变量泵的最大排量，即车辆的最高行驶速度。同时，DA 控制的自动驾驶功能和极限负载功能仍然适用。这样驾驶人在操作车辆的过程中既拥有路面车辆驱动时的操作简易性，又能实现工作模式下独立于负载的精确伺服排量控制。

变量泵的伺服比例控制阀在给定压差下，即给定了变量泵可能达到的最大排量，但此时变量泵能否达到此最大排量还受到 DA 控制的制约，在发动机转速达到一定值的时候，提供的控制压力足以克服变量泵中排量调节弹簧缸对中弹簧力和工作压力作用在斜盘上的反馈力时，变量泵的排量将维持在这个可能达到的最大排量上不变，将不随发动机转速的继续升高而增加，体现了变量泵的超驰控制特性。此时还可以通过调节伺服比例阀的先导控制压力精确调节变量泵的排量，进而准确控制车辆的行驶速度。

在发动机工作在高转速区且工作压力未达到恒功率起调点压力时，DA 控制阀能够提供足够大的控制压力来克服排量调节弹簧缸的对中弹簧力和工作压力的反馈力矩，此时通过调整伺服比例控制阀的先导压差能够实现变量泵排量的精确调节，即实现了独立于负载的精确伺服排量控制。

在自行式框架车闭式液压驱动系统中，运用伺服超驰控制技术很好地解决了车辆其他工作系统（悬架系统、转向系统以及辅助系统）与驱动系统功率需求间的矛盾。当车辆的其他工作系统需要大功率工作，而驱动系统要低速微动时，与系统工作压力和发动机转速相关的 DA 控制就显现出了不足，在发动机大功率下无法满足车辆低速行驶。而独立于负载与发动机转速的伺服比例控制方式恰好可以弥补 DA 控制在这种工况下的不足。在这种工况下，发动机工作在大功率输出的高转速区，如果不采用超驰控制方式，变量泵将输出大排量，车辆快速运行，将无法满足车辆低速行驶的工作要求，操控性差。但是变量泵配置了超驰控制特性后，通过在发动机高转速区，调节伺服比例控制阀的先导压力，就可以实现变量泵的精确排量调节，进而获得希望的车速控制。

8. 多功能油源设计

工程机械工况复杂，液压系统的设计趋于复杂化，综合多方面的考虑，同一台设备不同执行机构的液压系统可能会用到多种控制方式，例如负载敏感控制与恒压变量控制，目前，同一台设备的液压系统要用到这两种控制方式就需要在系统分别至少配置一台负荷传感变量泵和一台恒压变量控制变量泵，不能用一台泵同时满足这两种控制方式的要求。自行式框架车的液压传动系统中也存在这样的问题，为了提高车辆转向系统的响应，采用了闭中心式无反应全液压转向器，需要配置恒压变量控制方式的变量泵，而车辆悬架液压系统采用了负载传感控制系统。按照传统的方法这就需要给车辆转向液压系统与悬架液压系统配置两种不同控制形式的油源。然而车辆的悬架液压系统与转向液压系统在任何时候都不会同时工作，配备两台泵就会造成巨大浪费。

为了克服自行式框架车悬架液压系统与转向液压系统油源配置控制形式的矛盾，提供了一种负载敏感液压泵的恒压变量控制系统，如图 8-13 所示。在一台负载敏感泵的负载反馈回路上设置一个控制模块，该控制模块可以使液压泵既可以实现负载敏感的控制模式又可实现恒压变量的控制模式，一泵多用，既可以当负载敏感泵使用又可以当恒压变量泵使用。解决了同一系统多种控制方式必须配置多泵的难题。不仅结构简单，安装方便，而且能有效地降低成本。

在负载敏感泵的基础上添加一个控制模块，通过该控制模块使液压泵工作在负载敏感控制方式下或恒压变量控制模式下，控制模块集成了二位三通电磁球阀、节流孔、二位二通电磁球阀、溢流阀。

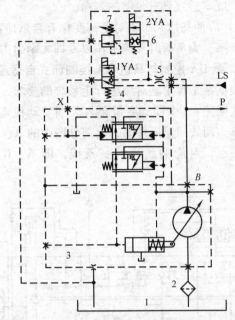

图 8-13　负载敏感液压泵的恒压变量控制系统
1—油箱　2—过滤器　3—负载敏感泵　4—二位三通电磁球阀
5—节流孔　6—二位两通电磁球阀　7—溢流阀

控制模块的默认控制方式为负载敏感控制，即液压泵为负载敏感控制，由悬架液压系统负载反馈回来的控制油从 LS 进入控制模块中二位三通电磁球阀的常开口，再到负载敏感泵的控制口 X，此时，液压泵配合悬架液压系统中的负载敏感多路比例阀实现负载敏感控制。当 1YA、2YA 同时得电时，负载反馈控制口 LS 与液压泵控制口 X 之间的连接被二位三通电磁球阀 4 切断，由液压泵工作口并联的另一路控制油通过节流孔、电磁球阀接入液压泵的控制口 X，同时经过二位三通电磁球阀接到溢流阀 7 的入口，由液压泵的负载敏感阀、控制模块和液压转向器完成恒压变量控制模式，系统工作压力由控制模块中的溢流阀 7 设定。

8.3.2　DA–HA 闭式控制系统在车辆液压驱动系统中的应用

1. 简介

牵引车辆的自适应控制，即车辆液压驱动系统根据外界负荷的变化自动调节行走速度，使发动机的有限功率适应很大范围的外部负荷变化，功率得以充分利用且不超载。下面介绍应用泵 DA 控制与马达 HA 控制的自适应闭式液压行走系统。

车辆液压驱动系统主要由发动机、变量液压泵以及变量液压马达组成。对变量液压马达的任何控制方式总的要求（即实现牵引车辆动力性、燃料经济性和作业生产率指标）为：

1) 应使液压马达和液压系统多数时间内在效率较高的中、高压区间工作，压力范围为 $(0.5 \sim 1.2) p_H$（p_H 为液压元件额定压力），使元件的工作能力充分发挥，成本适宜且有足够的寿命。

2）应使马达和车辆对负荷变化有自适应能力，小负荷时高速工作以提高作业生产率，大负荷时低速工作以发挥大牵引力。

2. 泵 DA 控制与马达 HA 控制闭式自适应行走系统

根据某工程车辆对液压行走系统的要求，选用 2 台变量泵和 4 台变量马达组成闭式回路，2 个闭式变量泵与柴油发动机之间通过分动箱连接。图 8-14 为车辆的单边闭式回路原理图，上部分图中的 A、B、C、D、E 与下部分图中对应点为同一点，对应的线为同一条线，即 A、B、C、D、E 对应点相连，构成系统图。

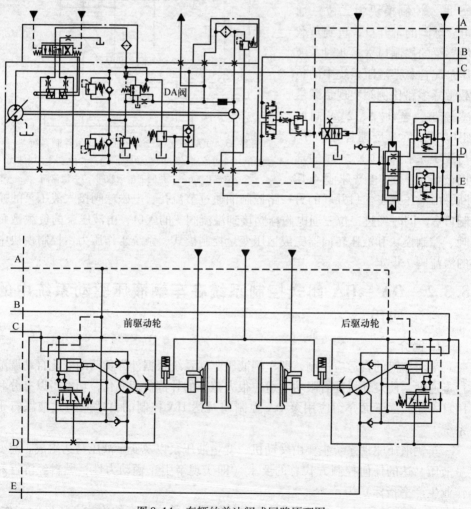

图 8-14　车辆的单边闭式回路原理图

动力由发动机传到分动箱，带动泵旋转，液压油进入变量马达带动马达旋转，从而带动轮边减速器，将动力传给轮胎，实现车辆的行走。变量泵采用 DA 控制方式，变量马达为高速马达，采用 HA 控制方式，通过轮边减速器驱动后车 4 个车轮。全车采用左右侧单独驱动的方式，即 2 个变量泵分别与左右侧前后 2 个高速变量马达构成闭式回路。在轻载行车时，马达处在自由轮状态（即不经过分流阀）；在重载行车时，轮子如出现打滑可按住面板上的"流量分配阀"（即经过分流阀）。

3. 泵的 DA 控制与马达 HA 控制的匹配

（1）泵的 DA 控制　使用带有 DA 控制功能的变量泵时，将发动机转速提高，使车辆开始行驶；当行驶阻力增大时，为了使发动机不致过载，DA 控制会调节行驶速度，使之与发动机的可用功率相匹配；同理，因工作机构同时工作而需消耗发动机的一部分功率时，也会产生同样的效果，即防止发动机过载或避免发动机熄火。在低于发动机怠速及其向上 200~300r/min 的转速范围内，使泵的排量为零，即在驾驶人未踏下"加速踏板"时车辆不会行走。而在允许的范围内，即发动机在当前转速下最大输出转矩（功率）大于泵排量最大时的负载时，DA 控制将使泵排量变为最大，从而达到可能的最大负载率。

DA 阀的结构和原理前面章节已经做了详细介绍。设 V 为泵的排量，K_0 为常数，K_2 为时钟调节参数，系统流量为 q，DA 阀输出压力为 p_3，DA 阀对中弹簧等效压力 p_Z，当流量 q 增加时，压差 Δp 增加，阀芯左移，控制窗口开大，控制压力 p_3 下降，这样便得到一个与 q 的二次方成正比的 p_3 控制压力。又因为 q 与传动转速成正比，故而得到的 p_3 与转速的二次方成正比。控制压力通过方向阀进入变量泵的变量液压缸，变量液压缸中的 p_3，与泵出口压力 p 存在平衡关系：

$$V = V(p_3, p_Z, p) = K_0(p_3 - p_Z - K_2 p) \tag{8-1}$$

（2）马达的 HA 控制　由于闭式系统的系统压力是由负载和马达的排量共同决定的，因此，同时希望马达通过排量的变化使系统在工作的多数时间内能够工作在效率较高的中、高压范围内。

HA 通过控制反馈当前的系统压力来控制马达的排量，其工作原理和控制特性曲线见图 6-5。

本系统采用 HA2（马达压力增量 $\Delta p_{HA2} = 10MPa$）马达，在 HA 控制曲线的起点压力以下，马达保持最小排量不变，压力随负载变化；在控制曲线的终点压力及以上，马达保持最大排量不变，压力随负载变化。工作压力介于起点和终点之间时，马达排量按控制曲线变化。

马达的最小排量比限制在 0.3 左右，因为更小的排量将使传动效率急剧下降，且当负载波动时由于马达变量机构的反应滞后将使系统产生压力冲击。所以，本系统中设定马达起调压力为 14MPa，排量 0.045L/r；压力为 24MPa 时，排量最大，为 0. 16L/r。

当采用 HA 控制方式来调节马达排量时，在负载增大使系统压力升高时，自动增大马达排量使压力重新降低到比原来略高的水平；而在负载减小使系统压力降低时，自动减小马达排量使压力重新升高到比原来略低的水平。

（3）DA – HA 匹配　对于安装了全程调节器的柴油发动机，在节气门开度一定时，可以近似认为提供的转矩不变。以重载坡度工况为例，重载坡度下的参考速度指的是节气开度最大时的速度，因而车辆在参考坡度下的重载行驶速度取决于此时的系统压力、变量马达的排量以及变量泵的排量。对于采用 HA2 控制方式的变量马达，系统压力 p 和变量马达排量 V_m 的关系为

$$V_m = \begin{cases} V_{mst}, & p \leqslant p_{st} \\ V_{mst} + \dfrac{p - p_{st}}{\Delta p_{HA2}}(V_{mmax} - V_{mst}), & p_{st} \leqslant p \leqslant p_{st} + 10\text{MPa} \\ V_{mmax}, & p \geqslant p_{st} + 10\text{MPa} \end{cases} \tag{8-2}$$

式中　V_{mst}——起始设定排量；

　　　V_{mmax}——马达最大排量；

　　　p_{st}——变量马达初始调节压力。

因此，为确定此时变量马达的排量，需要首先确定此时变量马达工作在哪种状态下。HA2 控制是根据外负载来自动改变马达的排量，即外负载的大小决定了马达的工作区间。在起点上，马达的排量为调节起始排量，压力为调节起始压力，此时马达输出的转矩为

$$T_{mst} = \frac{1000\, V_{mst}\, p_{st}\, \eta_{mmh}}{2\pi} \tag{8-3}$$

式中　T_{mst}——马达在调节曲线起点输出的转矩；

　　　η_{mmh}——变量马达的机械液压效率。

在终点上，马达的排量为最大排量，压力较调节起始压力增加了调节范围 Δp，对于 HA2 控制的变量马达，其压力调节范围 Δp_{HA2} 为 10MPa。因此，在调节终点上马达输出的转矩为

$$T_{msp} = \frac{1000\, V_{mmax}(p_{st} + \Delta p_{HA2})\, \eta_{mmh}}{2\pi} \tag{8-4}$$

式中　T_{msp}——马达在调节曲线终点输出的转矩。

因此，首先应判断马达处于哪个工作区间，每个驱动马达上的负载转矩 T_{m1} 为

$$T_{m1} = \frac{F_1 r_1}{n_1 i_1 \eta_m} \tag{8-5}$$

式中　F_1——牵引力；

　　　r_1——轮胎半径；

　　　n_1——马达个数；

　　　i_1——轮边减速器传动比；

　　　η_m——轮边减速器效率。

若 $T_{m1} \leqslant T_{mst}$，则 $p = \dfrac{2\pi F_1 r_1}{1000 n_1 i_1 \eta_{mmh} \eta_m V_{mst}}$；

若 $T_{mst} \leqslant T_{m1} \leqslant T_{msp}$，则

$$p = \frac{2\pi F_1 r_1}{1000 n_1 i_1 \eta_{mmh}\left[V_{mst} + \dfrac{p - p_{st}}{\Delta p_{HA2}}(V_{mmax} - V_{mst}) \right]} = \frac{2\pi T_{m1}}{1000\left[V_{mst} + \dfrac{p - p_{st}}{\Delta p_{HA2}}(V_{mmax} - V_{mst}) \right]}$$
(8-6)

得此时的系统压力为

$$p = \frac{2\pi}{1000}\left[\frac{(V_{mmax} - V_{mst})p_{st}}{2(V_{mmax} - V_{mst})} + \frac{\Delta p_{HA2} V_{mst}}{2(V_{mmax} - V_{mst})} + \right.$$
$$\left. \frac{\sqrt{(\Delta p_{HA2} V_{mst} - V_{mmax} p_{st} + V_{mst} p_{st})^2 - 4(V_{mmax} - V_{mst})\Delta p_{HA2} T_{m1}}}{2(V_{mmax} - V_{mst})} \right]$$
(8-7)

若 $T_{m1} \geqslant T_{mst}$，则 $p = \dfrac{2\pi F_1 r_1}{1000 n_1 i_1 \eta_{mmh} \eta_m V_{mmax}}$

采用 DA 控制的液压泵，此时的排量也与系统压力有关，DA 控制是根据发动机能够提供的转矩来调节泵的排量。

泵的输出压力即为系统压力 p，此时由分动箱输入单个泵的转矩为

$$T_{pi} = \frac{1000 V_p p}{2\pi \eta_{pmh}}$$
(8-8)

式中　V_p——闭式变量泵的即时排量；

　　　η_{pmh}——变量泵的机械液压效率。

则发动机上的负载转矩为

$$T_E = \frac{n_2 T_{pi}}{i_2 \eta_2} = \frac{1000 n_2 V_p p}{2\pi \eta_{pmh} i_2 \eta_2}$$
(8-9)

式中　n_2——泵的个数；

　　　i_2——分动箱的传动比；

　　　η_2——分动箱的效率。

设 T_{E0} 为发动机能够输出的力矩，$\dfrac{n_2 V_{pmax} p}{2\pi \eta_{pmh} i_2 \eta_2} \leqslant T_{E0}$，则 $V_p = V_{pmax}$，若

$\dfrac{n_2 V_{pmax} p}{2\pi \eta_{pmh} i_2 \eta_2} \geqslant T_{E0}$，则 $V_p = \dfrac{2\pi T_{E0} \eta_{pmh} i_2 \eta_2}{n_2 p}$。

车辆的即时运行速度为

$$v_v = \frac{n_2 V_p n_E \pi r_1 \eta_{pmh} \eta_{mmh}}{108 n_1 V_m i_1 i_2} \tag{8-10}$$

式中　n_E——发动机转速。

由上述结果可见，采用 DA – HA 控制策略的闭式行走系统，可以自动适应负载的变化。系统压力的变化较为平缓，且在大多数工况下，均能保证系统有较高的压力，马达有较小的排量，从而使车辆拥有较高的液压效率和时间效益，同时发动机与变量泵的匹配还能有效防止发动机因负载过大而熄火。

8.3.3　在盾构机刀盘旋转液压系统中的应用

1. 刀盘旋转系统组成

刀盘旋转系统可分为补油回路、主工作回路、外部控制供油泵、主泵外部控制回路、马达外部控制回路。刀盘旋转系统是为刀盘切割岩石或土壤时提供转速和转矩，要求根据岩石质地的变化转速能够方便地调整。为了得到较大的功率和转矩，该系统采用 3 台 315kW 的双向变量液压泵并联，带动 8 台双向两速低速大转矩液压马达。下面分别介绍各回路的作用及工作原理。

2. 补油回路

补油回路：因主工作回路是闭式回路，加之系统功率大，需要进行补油和散热，所以设置了一套补油回路对其进行补油和散热。为增大散热效率，补油回路采用了 11kW 低压大流量的定量泵来带走闭式回路中的大量热量，同时也对其进行了补油。补油回路的液压原理图如图 8-15 所示。补油泵从油箱泵出的油经过滤器（AQ1000）进入主泵油路，并通过两个单向阀分别对闭式回路的低压端进行补油。从马达返回的携带热量的低压油又回到主泵。补油回路中还设有蓄能器和压力传感器，蓄能器的作用是保证回路的压力平稳。

3. 主泵回路

主工作回路由主泵系统和 HA 控制液压马达组成，如图 8-16 和图 8-17 所示。主泵是一台 315kW 的双向变量泵，在主泵的主回路中有补油单向阀、载荷溢流阀及低压排放阀，主泵的控制回路有主泵斜盘伺服液压缸及双向伺服控制阀，伺服阀的控制油取自主泵的补油泵，以便实现换向和无级调速。两个补油单向阀分别向低压侧进行补油，另一个带弹簧符号的单向阀是当两侧回路都较高或相等时（如：主泵斜盘角度为 0°时），补油直接通过它，并经溢流阀返回油箱。调定压力 38MPa 的载荷溢流阀当载荷过大时使过高的压力油泄至低压侧，以达到保护系统不受损坏。冲洗阀用于将闭式系统多余的热油经低压侧排放回油箱。溢流阀在此被远程调设定为 1.8MPa，这是为保证排放出的压力油与油箱之间形成约 1.8MPa 的压差。远程调压通过方向阀 CV1051 可以设定主泵的工作压力分别为 34MPa + 主泵压力阀阀芯两端的压差和 24.5MPa + 主泵压力阀阀芯两端的压差两种压力。

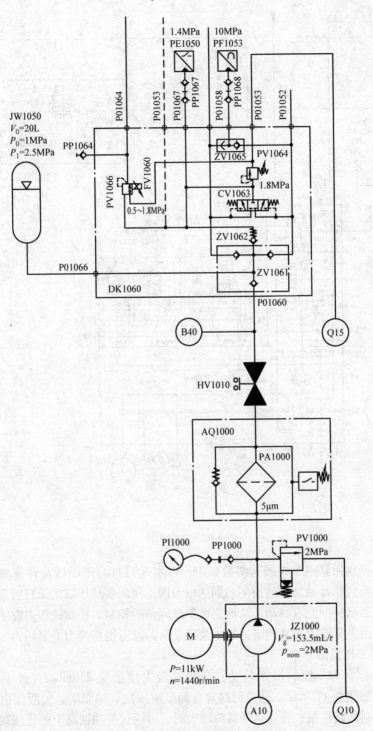

图 8-15　补油回路的液压原理图

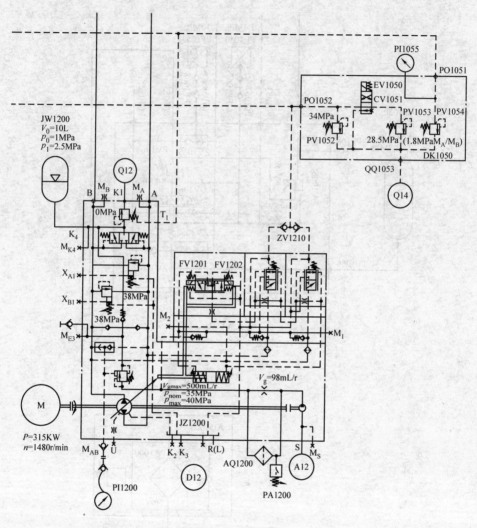

图 8-16　主泵系统

主泵控制回路用于控制其斜盘倾角，以实现刀盘的正反转及转速的无级调整。由主泵同轴补油泵来的控制油到达伺服阀，使伺服液压缸的无杆腔进油和排油来实现活塞杆的左右移动，从而完成斜盘倾角的控制。控制油压力在主泵未建立压力时由主泵溢流阀来调定，当主泵建立压力以后则切换为主泵压力。

4. 主工作回路

共有 6 台 HA 控制形式马达，马达的最大排量是 250mL/r，最小排量是 75mL/r，如图 8-17 所示。马达回路含有伺服液压缸、伺服阀，伺服阀由补油回路外部控制回路控制，当马达外载荷增大时，可通过补油回路上的比例减压阀调

整外控压力，使马达排量随着外控压力增加而增大，提高转矩降低转速。来自补油泵单向阀 ZV1062 的补油流量经过一个 1.0mm 的阻尼孔与马达壳体连接，并经马达壳体泄漏油口流回油箱，可对马达壳体进行冷却。

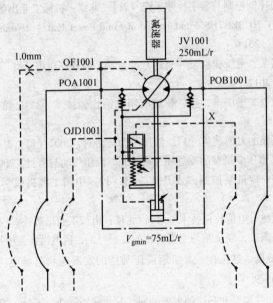

图 8-17　HA 控制液压马达

刀盘旋转液压系统总图如图 8-18 所示（见书后插页），可供读者参考。

参 考 文 献

[1] 黎啟柏. 电液比例控制与数字控制系统 [M]. 北京：机械工业出版社，1997.

[2] MURRENHOFF HUBERTUS. Fundamental of Fluid Power Part1：Hydraulics [M]. Archen：Shaker Verlag，2014.

[3] 吴晓明，高殿荣. 液压变量泵（马达）变量调节原理与应用 [M]. 2版. 北京：机械工业出版社，2012.

[4] 吴根茂，邱敏秀，王庆丰，等. 新编实用电液比例技术 [M]. 杭州：浙江大学出版社，2006.

[5] 俞云飞. 液压泵的发展展望 [J]. 液压气动与密封，2002（1）：2-6.

[6] 徐绳武. PCY恒压变量泵的改进和发展 [J]. 液压气动与密封，2005（1）：6-9.

[7] 刘钊，张珊珊. 变量泵控制方式及其应用 [J]. 中国工程机械学报，2004，2（3）：304-307.

[8] 路甬祥，胡大纮. 电液比例技术 [M]，北京：机械工业出版社，1988.

[9] 喜多康雄，齐佩玉，变量泵与变量马达的发展 [J]. 机电设备，1991（4）：25-31.

[10] 杨球来，许贤良，赵连春. 大扭矩液压马达的发展现状与展望 [J]. 机械工程师，2004（3）：6-9.

[11] 徐绳武. 轴向柱塞泵和马达的发展动向 [J]. 液压气动与密封，2003（4）：10-15.

[12] 杨华勇，张斌，徐兵. 轴向柱塞泵/马达技术的发展演变 [J]. 中国工程机械学报，2008，44（10）：1-8.

[13] 胡燕平，彭佑多，吴根茂. 液阻网络系统学 [M]. 北京：机械工业出版社，2003.

[14] W. 巴克. 液压阻力回路系统学 [M]. 译者不详. 北京：机械工业出版社，1980.

[15] 胡军科，王华兵. 闭式液压泵的种类及选型注意事项 [J]. 建设机械技术与管理，2000（3）：33-34.

[16] 冯刚，江峰. 负载感应系统原理发展与应用研究 [J]. 煤矿机械，2003（9）：27-29.

[17] 侯刚. 多功能的DFR控制 [J]. 流体传动与控制，2004，6：41-43.

[18] 黄新年，张志生，陈忠强. 负载敏感技术在液压系统中的应用 [J]. 流体传动与控制，2007（5）：28-30.

[19] 莫波，雷明，曹泛. 恒功率恒压泵变量机构的调节原理 [J]. 液压与气动，2002（6）:5-6.

[20] 徐绳武. 恒压变量泵的节能、应用和发展 [J]. 液压与气动，1998（3）：5-11.

[21] 黄铜生. 用于闭式回路中斜盘式轴向柱塞变量泵的控制方式 [J]. 农业装备与车辆工程，2008（11）：58-60.

[22] 董伟亮，罗红霞. 液压闭式回路在工程机械行走系统中的应用 [J]. 工程机械，2004